作者简介 ▶ ▶ ▶

汪阗，地球记忆工作室创始人之一，昆虫学研究者，野生动物生态摄影和保护工作者，自然博物科普工作者。担任北京自然博物馆外聘教师，北京四中等多家中小学外聘科学指导教师。主要研究类群为中国蜻蜓目昆虫，著有《北京蜻蜓生态鉴别手册》等科普图书。

U0299173

地球记忆工作室

The

Stories

of

Insects

汪 阗 ◎ 著

虫行天下

繁盛的六足传说

清华大学出版社
北京

图书在版编目（CIP）数据

虫行天下：繁盛的六足传说 / 汪阗著. — 北京：清华大学出版社，2019
ISBN 978-7-302-51862-4

Ⅰ.①虫…　Ⅱ.①汪…　Ⅲ.①昆虫学—普及读物　Ⅳ.①Q96-49

中国版本图书馆CIP数据核字（2018）第285215号

责任编辑：胡洪涛
封面设计：施　军
责任校对：刘玉霞
责任印制：杨　艳

出版发行：清华大学出版社
　　　　网　　　址：http://www.tup.com.cn, http://www.wqbook.com
　　　　地　　　址：北京清华大学学研大厦A座　　邮　　编：100084
　　　　社 总 机：010-62770175　　　　　　　邮　　购：010-62786544
　　　　投稿与读者服务：010-62776969, c-service@tup.tsinghua.edu.cn
　　　　质量反馈：010-62772015, zhiliang@tup.tsinghua.edu.cn
印 装 者：小森印刷（北京）有限公司
经　　销：全国新华书店
开　　本：165mm×235mm　　印　张：17.75　　字　　数：305千字
版　　次：2019年3月第1版　　印　次：2019年3月第1次印刷
定　　价：128.00元

产品编号：080435-01

序

　　昆虫是地球上最为庞大的动物类群，它们形态各异、五彩缤纷。从古至今，不知道有多少人被这一类小小生灵展现出的魅力深深折服。

　　关注昆虫，不仅可以领略大自然的神奇，还对解决民生问题及经济建设有着十分重要的意义。昆虫不仅与农业生产及安全密切相关，而且与遗传学、仿生学、生态学、医学等有着广泛的联系——昆虫学在自然科学领域中有着十分重要的地位。

　　中国是世界上昆虫种类最丰富的国家之一，然而中国的昆虫学及相关研究领域尚有诸多空白。因此，培养昆虫学人才至关重要。从娃娃抓起，让小朋友们关注身边的昆虫，引导他们科学地观察、了解昆虫世界并思考科学问题是我们的责任。

　　汪阗是一名自幼与昆虫结缘的"爱虫人士"。他从小便开始在少年宫学习昆虫知识，到大学选择了自己心仪的昆虫学专业。在求学期间，他利用课余时间深入研究自己关注的昆虫类群，用相机记录在野外发现的各类昆虫，并积极从事昆虫学的科普工作，撰写了昆虫科普书籍及众多昆虫科普文章。

　　大学毕业后，汪阗与其好友们共同创建了"地球记忆工作室"，将普及自然科学知识当成自己的事业。其新作《虫行天下：繁盛的六足传说》从昆虫概述、昆虫形态、昆虫分类、昆虫文化及昆虫的观察方法这5个方面介绍了昆虫学的基本知识；全书行文深入浅出，图文并茂。

　　在该书付梓之际，本人有幸先睹为快。我衷心希望该书能得到众多青少年昆虫爱好者的喜爱，也期待能有更多的读者关注昆虫、喜爱昆虫、研究昆虫，并投身于中国昆虫学的研究事业中，一起去发现、探索这些六足动物的神奇世界，一起为我国科技的腾飞与民族复兴做出更大贡献！

彩万志

中国农业大学昆虫学系教授

2018 年 8 月

前　言

　　《虫行天下：繁盛的六足传说》这本书终于和大家见面了！蓦然回首，感慨良多……

　　我从很小的时候，便与昆虫开始了第一次的亲密接触。说实话，当时的场景已记不太清楚。据父母回忆，那会儿我还在上幼儿园，有次放学和小伙伴们一起用木棍掏沙堆玩，忽然不知从哪里出现了一条毛毛虫——这是我第一次与昆虫如此近距离的"交流"，也是我真正第一次开始观察昆虫。正当我仔细观看的时候，不知是谁用手里的木棍狠狠地戳了它一下，瞬间，一股绿色的汁液便从它的身体里流出。这个场景深深刺激了我，那天晚上我一直没敢合眼，脑海里不断涌现那个画面。

　　我和昆虫的首次接触是这样狼狈不堪。父母实在看不惯一个男孩子胆量这么小，从那时起，几乎每个周末全家便一起出去，父亲和我到公园里追逐蝴蝶和蜻蜓，母亲则在一边为我们呐喊助威。到了秋天，我和父亲还会一起忍受着蚊子的叮咬，去乱石堆和瓦砾中寻找可以斗架的蟋蟀。

　　也许是冥冥之中的安排，也可能是昆虫本身不可抗拒的魅力，我很快就喜欢上了它们。此后，我便与这些各种各样的小家伙们结下了不解之缘。四年前大学毕业，在经历了各种人、各种事情、各种波折后，我结交到一批可以完全信赖且志同道合的挚友。我们希望可以一起将爱好变成自己的事业，同时为彼此难得的友谊留下印记，故而创建了一个可以专门为孩子们培养自然博物学兴趣、传授博物学知识与精神的平台，取名"地球记忆工作室"。我很感恩上天的眷顾。在这几年真正开始从事自然博物学工作之后，我不仅认识了许多和我童年十分相似，对自然有着极大热情的孩子们，还结交了一大批与我们有着相同理念的家长朋友们。当然，由于兴趣与工作的原因，我还结识了众多从事自然博物学的业内人士，让我了解到原来有这么多人在和我们做着同样有趣的事情。

　　在工作室，每一名老师根据自己的兴趣特长负责自然博物学中的一个领域，有昆虫、植物、两栖动物、爬行动物、鸟类、古生物……最近，我们还加入了负责天文领域的伙伴。当我们相互探讨、设计各项活动时，每一位老师会撰写出自己负责类群的相关内容，一起创作一套自然博物学科普书籍的想法也油然而生——这就是本系列书籍的缘起。

关于本书的内容，我将其划分为 5 个部分，也就是书中的 5 个章节。第 1 章概述了昆虫及昆虫学的基本知识，向大家介绍了究竟什么是昆虫、与昆虫相似的动物都有哪些以及人类研究昆虫学的发展历史等；第 2 章介绍了昆虫的身体结构，着重描述了昆虫触角、口器、翅和足的各类形态与功能；第 3 章简单介绍了昆虫的分类，包括昆虫 30 余个家族的识别方法、有趣的习性及一些分类上的最新变动等；第 4 章介绍了中国的昆虫文化，阐述了昆虫在人类"吃、穿、住、行"等方面的关系；第 5 章介绍了一些与昆虫进行互动的方法，主要包括发现昆虫、饲养昆虫及拍摄昆虫的技巧与注意事项等。

当然，昆虫学是一门极为深奥的学科，仅仅通过一本书是不可能将它们全面详尽地呈现出来的，每一名从事昆虫研究的人或昆虫爱好者也会穷其一生持续不断地探索与学习。我们衷心地希望各位读者可以加入我们之中。如果你有什么新的想法、新的思路或有一些对昆虫的好奇和困惑，也可以到"地球记忆工作室"中（可通过微信公众平台，搜索"地球记忆工作室"）联系我们，期待着我们一起前往野外，共同去探索和发现它们的奥秘！

在本书的编写过程中，我得到了很多良师益友的帮助。如果没有他们，想要完成本书简直是天方夜谭。在此，我要向这些热心帮助我的人士致以最诚挚的感谢！

感谢中国农业大学昆虫学系彩万志教授对本书进行了审阅和校对，提出了诸多指导性的意见和建议，并在百忙之中为本书慷慨作序。彩老师在我的昆虫之路上一直给予了莫大的帮助、关怀和鼓励。在此，请允许我向彩老师表达我深深的感激之情！

感谢国家动物博物馆科普策划总监张劲硕博士、中国国家地理《博物》杂志视觉主管、中国著名自然摄影师唐志远先生和昆虫科普作者三蝶纪女士为本书撰写推荐语。两位兄长和三蝶姐在我的科普道路上一直给予了诸多的关怀与鼓励，让我可以在事业上蓬勃发展，在此，我要特向这三位一路帮助我的前辈谨致谢忱！

在本书中，我还受到了诸多至交好友的热情帮助，他们为本书提供了大量精美且极为关键的图片。如果不是他们的无私奉献，想要在书中呈现众多昆虫家族的生态照片几乎是一件不可能完成的事情。在此我要向这些老朋友们表示感谢！他们是：地球记忆工作室崔世辰、王弋辉、高翔；地球记忆工作室外聘教师、"酷虫星球"创始人陈尽；中国农业大学副教授李虎；中国科学院动物研究所刘晔；中国科学院昆明研究所董志巍；西北农林科技大学王吉申；"蜂言蜂语"创始人张旭；日本仓敷艺术科学大学王传齐；四川蝶类灰蝶科自由学者陈鸣跃以及自然博物学爱好者文楠。另外，著名琥珀虫珀收藏家夏方远先生，"石探记"科学团队专家组成员、"缅甸晓蛇"发现者贾晓女士为本书提供了大量的精美虫珀图片。正是这些朋友们的无私帮助，才能使得本书呈现出最完美的效果！

为了能够亲自观察、拍摄到各式各样的昆虫类群，我们需要持续前往野外进行考察与探索。在此，感谢崔世辰、王弋辉、高翔、苏亮、陈尽等好友长期以来的陪伴与帮助。

地球记忆工作室刘怡霄、王紫东、马秀琼、周思佳等好友为本书进行了检查与校对工作，使本书行文更加流畅，特此感谢他们的辛苦付出。

清华大学出版社为我们提供了一个可以与各位喜爱自然博物学人士交流的机会和平台，并在本书出版过程中给予了莫大的帮助与支持，在此一并致谢！

最后，我要深深地感谢我的父母，感谢他们对我多年来的默默支持和鼓励，如果没有他们的辛劳付出，就没有我现在的一切。我还要谨将此书献给我最思念的外公、外婆，他们虽已离我而去，但留给我的种种温暖记忆，将伴随我一生，永藏心间！待此书出版之际，望两位老人可以在天国听到孙儿最缅怀的心声……

2018 年 6 月

书籍说明

1. 随着目前分子生物学、系统演化等深入研究，昆虫分类学有着较多变化。如目前国际学者大多数赞同将之前半翅目昆虫与同翅目昆虫合并；食毛目作为食毛亚目并入虱目等，但考虑读者阅读方便，本书仍采用之前的分类体系，特在此说明。

2. 本书中一小部分分类系统，由于当今已发生较大变化，作者在原系统上略作改动。

3. 本书所使用的生态照片均为原创，除标明摄影者姓名外，其余一切照片均由作者拍摄。

4. 为了方便读者查阅，本书中大量昆虫中文名称之后都相应附了其拉丁文学名，书写格式参考了《昆虫分类》（郑乐怡、归鸿主编，南京师范大学出版社，1999年出版）。

目　录

第一章

走进昆虫世界

> 人类当今社会对昆虫的依赖比历史上任何时候都更为紧密。
>
> ——莫里斯（Morris）

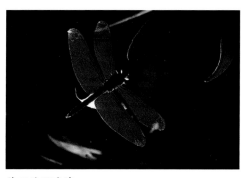

美丽的网脉蜻

也许，你可能并没有见过畅游于海洋中的鲨鱼、蝠鲼；也许，你可能并没有见过隐匿于丛林中的蜥蜴、游蛇；也许，你可能并没有见过翱翔于天际的金雕、秃鹫；也许，你可能并没有见过奔驰于草原上的野马、羚羊……但是，相信任何一个人都不能说他从没有见过昆虫。飞行于花朵间的美丽蝴蝶；栖息于水边挺水植物上的蜻蜓；冬储大白菜中越冬的瓢虫；甚至是我们熟睡时不停在耳边吵闹的蚊子——可以说，昆虫几乎无处不在。也正因如此，在我们的生活中，不可能不与各类昆虫相遇。既然没有办法躲避它们，为什么我们不去试着了解这些随处可见的小家伙们呢？或许，当我们知道了它们有趣的奥秘之后，会发现昆虫独一无二的魅力，甚至深深地被其所吸引，慢慢地眷恋它们、爱上它们。

第一节 昆虫，大自然的伟大产物

根据古生物相关研究，人类从起源时算起至今的历史最长也不过四五百万年。而在距今 4 亿年左右的泥盆纪，古老的昆虫就已经出现了。那个时期比恐龙的出现还要早约两亿年。由此可见，昆虫是一类历史极其悠久的生物类群。在它们生存的悠悠岁月中，地球环境不断经历沧海桑田，昆虫家族一路披荆斩棘，挑战各类环境，在大自然的考验中不断演化，告别了三叶虫、告别了恐龙、告别了猛犸象、告别了剑齿虎，一直走到了今天。可以说，它们是大自然最伟大的产物之一。

把昆虫说成大自然最伟大的产物并不是空穴来风。要知道，很多早期出现在地球上的远古生物，无论动物还是植物，能坚持活到今天的已然不多，而能像昆虫一样到目前为止依然保持数量庞大更是难上加难。当然，这种对昆虫的评价并不能体现它们真正的辉煌。想要了解昆虫，我们就先从昆虫究竟有多少说起。

距今约 0.99 亿年的已灭绝奇翅目昆虫琥珀　　距今约 0.99 亿年的革翅目昆虫琥珀

昆虫——最繁盛的动物家族

说起昆虫的数量，首先要简单地介绍下"虫"字的历史。在古汉语中，"虫"字除了描述昆虫外，更多的是泛指动物。例如，古时人们将老虎称为"大虫"；将蛇称

昆虫是世界上最繁盛的动物类群

为"长虫"；将鱼类称为"鳞虫"；将鸟类称为"羽虫"；就连我们人类也被称为"倮虫"。通过这些例子，我们便不难发现，古时中国人几乎将所有动物统称为"虫"，而在"虫"字前面会加上一个字来描述这类动物的特点。"昆虫"这个词同样可以用这个规律来解释。"昆虫"中的"虫"字同样是动物之意，而"昆"字是什么意思呢？《大戴礼记》中有十分直接的解释："昆，众也"。也就是说，"昆虫"可以直接解释为"繁多的动物"。

不仅如此，在古时候，人们为了区别昆虫与其他动物，一般在描述昆虫时会将"虫"字写作"蟲"，以此来直观地说明昆虫数量繁多。其实，还有一点更为有趣，我们今天的"昆虫"一词，在古时还写作"蜫蟲"，当人们看到这个词时，就仿佛看到一堆小昆虫扎堆聚在一起，更为直观地描述了昆虫种类繁多的样子。

篆书"虫"字写法

通过"虫"字的介绍，我们对昆虫的数量有了一个感性的认识。接着，咱们再利用数据来介绍昆虫庞大的数量。

昆虫的数目繁多一般体现在三点上，即种类多、数量多和基因量多。这里要先解释一下种类和数量的差别。拿我们人来举例，全世界所有人加在一起有 70 多亿，但人的种类只有一个，即现代人。也就是说，人这个物种的种类是 1 种，数量是 70 多亿。其中，种类的划定在生物学中有着严格的定义：在生物分类学上认为只有存在生殖隔离，即不能繁育出后代或不能繁育出可育后代才被定义为不同种类的生物。例如七星瓢虫和柑橘凤蝶不可能进行生育，因此七星瓢虫和柑橘凤蝶是两个物种；再比如马和驴，虽然马和驴在人工条件下可以繁育出后代骡子，但骡子却并不能进行生育，因此马和驴也同样是不同的两个物种。

回到昆虫，截至目前，科学界普遍认为昆虫已被发现的数量应该已经超过了 100 万种。这里说的"已被发现"是指在分类学出版物中作为新种记录、描述过的昆虫物种，而被人们发现却没有正式论文发表过的还并不能算在已知昆虫中，如今每年仍然有大量的昆虫新种通过论文被发表出来。因此，在地球上究竟有多少种昆

被人类发现的昆虫种类已超过 100 万种　　　　昆虫种类比所有非昆虫动物种类总和还多

虫，只能一直被很多分类学家不断推测。科学家们利用各类生物统计学方法推测出昆虫在地球上的理论种类量在 300 万 ~8000 万种。这个数据之所以偏差较大，是因为计算方法和统计地域的昆虫丰度不同。

　　就拿我们人类已经发现的 100 多万种昆虫来说，这个数字是什么概念呢？这里举一个简单的例子。

　　包括人类在内的脊椎动物在世界上一共有 5 大家族，分别是鱼类、两栖类、爬行类、鸟类和哺乳类。其中，全世界鱼类有 20000 多种，两栖类有近 5000 种，爬行类有近 4000 种，鸟类有 8000 余种，而哺乳类有近 6000 种。这说明已发现的昆虫种类数量是全世界所有脊椎动物种类数量总和的 23 倍还多。

　　如果这样还不能说明昆虫在自然界的数量地位，这里还有一个生物统计学的数据：分类学家指出，目前已发现的昆虫种类数量比全世界除了昆虫以外的所有动物种类数量加在一起还要多！昆虫种类占据了全世界所有动物的 66%~80%，如果随机抽取地球上 5 种动物，将有 4 种可能是昆虫。因此，格兰（Gullan）曾说过一句十分有意思的话："如果按照习惯性的统计规律，我们甚至可以把地球上所有动物都看成是昆虫。"

　　说完了昆虫的种类，再来谈一谈昆虫的个体数量。大家可以猜想一下，已发现的昆虫种类就已超过 100 万种，那地球上究竟有多少只昆虫呢？还真有科学家对此进行过推测，结果十分惊人。科学家们经过一系列计算，认为全世界的昆虫个体总数量应不低于 500 亿亿

很多蚂蚁一窝的数量就有几万到几十万只

只。注意！这里是两个"亿"字。为了更加直观地描述，可以将其换算为重量进行比较。如果将昆虫个体总重量进行称重，它们的总重量大概是全世界人类总重量的13倍。根据这个数据，我们便可以大致想象出世界上究竟有多少只昆虫了。其实也难怪，毕竟一个成熟的蚁窝最多就能达到50万只蚂蚁，我们可以想一想全世界有多少个蚁窝呢？

上文已经较为详细地阐述了昆虫种类和数量的庞大，我们也知道了这类伟大生物在地球上的繁荣程度。那么，昆虫为什么会具有如此高的多样性？它们在地球上生存了几亿年，现在仍然是全世界最繁多的生物类群，这里面到底有什么样的原因呢？科学家们在不断探究中推测出了以下几个主要原因：

第一，历史长。昆虫在地球上已经生存了4亿多年，它们在这漫长的岁月中不断演化，以适应各式各样的环境。虽然有很多古昆虫类群已经灭绝，但不断分化出的新种类将远多于灭绝的种类。因此，经过不断演化，昆虫进化出了极高的多样性，在漫长的历史中积累了大量的种类。

大多数昆虫的体型都较小

第二，体形小。除了在石炭纪时期，为了适应地球高氧环境而演化出较大的体形外，昆虫家族一般体形都很小。虽然它们因为体形小易成为许多动物的觅食对象，但实际上却有着极大的优势。体形娇小是很多动物进化成功的因素之一，这让它们在特定的环境中会比大型动物更容易寻找和占据到重要的生态位。例如，一棵树的食物量也许只能满足哺乳动物一顿饭的需求，而如果换做是昆虫，那便是一个热闹的世界：首先，会有很多幼虫啃食植物的叶片；在树的根部也许会有蝉类等昆虫栖息；树干中则会栖息着如天牛、吉丁虫等昆虫的幼虫；许多的植食性昆虫又可以吸引来众多的肉食性昆虫；甚至在大量幼虫的周围还会有寄生蜂、寄生蝇等昆虫；而到了满树开花之时，众多的访花昆虫也会接踵而至……可以看出，体形小不仅可以在同等食物环境下供给更多的个体数量，还可以形成相互作用，供给不同昆虫种类。

第三，繁殖力强。昆虫的繁殖能力是有目共睹的。首先，昆虫有着十分多样性的繁殖方式：两性生殖、孤雌生殖、幼体生殖、卵胎生生殖及胎生生殖等，从而可

以应对多种环境。另外，昆虫产卵的数量以及生命周期较短也会让它们快速累积起庞大的种群。

第四，扩散能力强。昆虫无疑是最早进化出翅、最早飞向蓝天的生物类群。这一形态进化对它们在地球上快速扩散起到了极为重要的作用。不仅如此，翅这一结构还有助于昆虫逃避天敌、躲离恶劣环境。

昆虫是最早飞上蓝天的动物

第五，适应力强。昆虫演化出各种形态的种类，可以扩散至地球上几乎任何角落，这让其成为分布最广的动物类群。除了适合昆虫生存的森林、湿地等环境外，在极地、冰川、沙漠等环境中也都发现了大量的昆虫，目前全世界唯一还没有发现昆虫的环境是深海。当然，这也并不能说明深海中没有昆虫分

昆虫的适应能力极其强大

布。广泛的分布得益于昆虫极其强大的适应能力，举个例子：在含盐量极高的盐水中，就分布着极其耐盐的昆虫类群；甚至在原油中，也有昆虫生存。除了演化出可以在恶劣环境中生存的昆虫种类外，大部分的昆虫在幼年期也具有很强大的适应能力。一旦突然遇到不适于生长的环境变化，很多昆虫会进行休眠和滞育来抵御。除此以外，昆虫的适应力强还体现在极为多样性的基因量。庞大的基因量让它们在面临"灾难"后种群可以快速恢复。就像我们给农作物施加农药，总会有一些个体对其具有免疫能力。在环境选择下，这些昆虫会进行正常繁殖，产下的后代则大部分会带有抗药能力，从而让整个种群恢复到正常数量……总而言之，昆虫适应能力的强大在整个动物家族都较为罕见。

假如地球上没有了昆虫

毫无疑问，假如地球上没有了昆虫，后果将不堪设想。甚至可以说，如果昆虫灭绝，那整个地球也会变为一颗"死球"。这并不是危言耸听。昆虫作为整个地球上

昆虫是重要的植物传粉媒介

最为庞大的生物类群，它们无论在食物链，还是在生态系统中都占据了主要的地位。对植物来说，虽然昆虫会取食很多植物，甚至对植物造成致命的伤害，但同时昆虫在植物繁殖时还扮演着"媒婆"的角色，为大量开花的植物授粉，这类植物也因此被称为"虫媒植物"。与昆虫扮演相同角色的还有一些哺乳动物和自然界的风，也就是我们说的"兽媒植物"和"风媒植物"。但据植物学家统计，在这些异花授粉的植物中，"虫媒植物"要占到 85% 以上。我们可以想象一下，如果昆虫灭绝，便会有大量的植物因此灭绝，而取食植物的动物也会灭绝，取食这部分动物的动物同样会走向灭绝，这就是所谓的食物链或生态系统的崩溃。

除了在生态系统中有着不可或缺的作用外，昆虫还对整个地球环境起到了处理废物的作用。昆虫取食的食物种类十分多样化，其中包括了粪食性和腐食性，它们以动物粪便和动物尸体为食。假如地球上没有了这些昆虫，那会有什么样的后果呢？我们不妨以一个真实的故事来进行说明。

澳大利亚本来并没有分布牛类动物，在 1770 年前后，移民到此的新澳大利亚人发现这里有着十分广阔的土地，地面密布着丰富的植物，是极为理想的天然牧场。而且，在整个澳大利亚区域，很少有大型的食肉动物分布。因此，这些移民便从澳大利亚境外引入大量的牛。牛大量的繁殖，让整个澳大利亚的养牛业和畜牧业迅速发展，并带来了极为可观的经济利益。

然而好景不长，由于缺失天敌和环境优越，引入的牛大量繁殖，产生的牛粪快速地堆积，慢慢地甚至将整个天然牧场完全覆盖。这史无前例的巨量牛粪阻挡了植物的光合作用，牧草大量成批死亡，饲养的牛也成批饿死。除此以外，这些牛粪还无时无刻地扮演着微生物的"温床"，整个澳大利亚满是滋生的蚊蝇以及各类传染疾病，环境卫生受到了严峻的考验。政府和科学家们虽然投入了

小小的蜣螂曾经拯救了澳大利亚的"牛粪之灾"

大量的人力和物力，却只是事倍功半。这种尴尬的问题一直持续到了 20 世纪初仍没有解决。

就在生态环境面临崩溃的紧迫之际，科学家们无意间想到了以粪为食的昆虫——蜣螂。这类昆虫不仅繁殖速度较快，且可以以大量牛粪作为食物来源，进而达到控制牛粪数量的效果。于是，科学家们献计给了政府，本着试一试的心态，澳大利亚政府从中国引进了大批蜣螂投放于各个天然牧场之中。果然，牛粪在几年的时间内得到了有效控制，牧场又恢复了生机盎然的面貌，甚至有了之前"肥料"的堆积，牧草长得比以前更好。终于，小小的蜣螂解决了澳大利亚的"牛粪之灾"。今天，我们还能在澳大利亚的一些广场中，看到竖立着的蜣螂纪念碑，这是在纪念它们为澳大利亚环境做出的贡献。

昆虫在自然界还扮演着维持生态平衡的重要角色。对人类来说，昆虫还在医学、工业原料、仿生学对象等一系列地方充当主力军。因此，现在的科学界早已没有了"害虫"和"益虫"的说法，即使是人们最厌恶的苍蝇和蚊子，一旦它们灭绝，对整个地球生命而言同样会造成巨大的灾难。

当然，昆虫对于整个地球的作用还远不止这些，在之后我会为大家一一阐述。这些并不起眼的小昆虫在地球上的重要程度值得我们每一个人认真思考。试想一下，假如地球上没有了昆虫，人类还能继续维持多久？

所有的昆虫在大自然中都有着不可或缺的作用

第二节　昆虫的真身

　　昆虫种类繁多，并且有大量的节肢动物与昆虫在外部形态上较为相似。因此，我们有必要先清楚昆虫到底是指哪些动物，并且寻找到几乎世界上每一种昆虫都具备的特点加以辨认，从而在众多的动物中快速、准确地将昆虫识别出来。在本节中，笔者将详细地为各位读者介绍昆虫这类生物的形态特征以及昆虫中较为特殊的类群。

昆虫纲动物的共同点

　　昆虫，在生物分类学上是指动物界节肢动物门昆虫纲的动物总称。所谓节肢动物，我们可以简单地理解为身体分为若干节的生物，如蜘蛛、蜈蚣、螃蟹等都是这个家族的成员。由于昆虫纲动物同样隶属于节肢动物门，因而所有的昆虫身体各部分也均分节。昆虫学的英文"Entomology"则更好地说明了这一点。Entomology 一词来源于希腊语，如果加以分析，我们可以发现其中的"en"等同于英文中的"in"；而"tom"则等同于英文中的"cut"。这两个词所组成的"切入"之意，即可理解为昆虫的身体像若干细线分别勒入后的形态一般，也就是分节的意思。

节肢动物门的蜘蛛

节肢动物门的螃蟹

　　从昆虫还是胚胎时起，它们的身体便已由 20 个体节构成。在卵中孵化

后，这些体节之间以节间褶相互连接在一起，并且这些体节分别集合成三大体段，即头部、胸部和腹部。但是，这并不等于说昆虫只有三个体节，昆虫的头部是由 6 个体节愈合而成，胸部是由 3 个体节愈合而成，而腹部则是由 11 个体节愈合而成的。

昆虫的身体分为头、胸、腹三个部分

这三大体段各司其职，并在一些体节中着生有很多相对应的重要附肢。昆虫的头部被称为感觉与取食中心，重要的附肢有触角、上颚、下颚、下唇等；胸部是昆虫整体的重心所在，并具有前足、中足、后足等进行运动的重要附肢，因而被称为运动中心；腹部被称为代谢与生殖中心，内含各种器官，并着生有外生殖器、尾须等重要附肢。

大部分昆虫成虫具 2 对翅

昆虫纲动物区分于其他节肢动物的最大特征便是大部分成虫具翅。在所有的节肢动物乃至无脊椎动物中，唯一可以飞行的生物便是昆虫。大多数昆虫都具有 2 对翅，少有 1 对或无翅，且所有的翅均长在胸部。

昆虫家族还有一大特点便是成虫均为 3 对足，虽然有些特殊的类群也许在形态上观测不到 3 对足，但也仅仅是有

昆虫成虫具有 3 对足

些足发生了退化。也正是这个特征，中国研究昆虫的最高科研平台——中国昆虫学会在以前的名称就叫做"六足学会"。

综上所述，如果我们要想从众多的生物中将昆虫辨认出来，便只需要记清楚这些规律：昆虫是指在成虫阶段身体宏观分为头、胸、腹三个部分，并且大多数具 2 对翅和 3 对足的节肢动物。

昆虫家族中的特殊明星

虽然我们已经介绍了昆虫纲动物的识别特征，但实际上仍有很多的昆虫外部形态与常规的昆虫特征存在差距。这些昆虫或在形态上有了特化，或其形态在其生活史的不同阶段发生了改变，这会给刚刚接触昆虫的人们带来识别上的困扰。在此，我们将那些昆虫中的"特殊明星"进行列举，并加以说明。

我们就昆虫纲动物最明显的器官——翅的特殊类群首先来进行说明。昆虫纲动物区分于其他节肢动物乃至无脊椎动物最明显的特征就是成虫具翅。但在整个昆虫纲动物中，有两个目的昆虫是不具翅的，那就是石蛃目和衣鱼目。这两个目的昆虫原来同属于缨尾目，但由于其在系统发育上具有很多明显区别，故而被分为两个独立的目。这两类家族本身就不具有翅的结构，是所有现存昆虫中最为原始的类群。但由于在系统发育上与所有其他昆虫较为一致，如头部幕骨具后臂；胸足基节与腹板间无关节；足上附节分节等特征，故而仍为昆虫纲成员。

除了上述两类较为特殊的类群外，我们仍然可以在有翅类的昆虫中寻找到

无翅昆虫的代表——衣鱼

无翅昆虫的代表——石蛃

很多竹节虫成虫亦不具翅

很多无翅的种类。如缺翅目昆虫中的缺翅型在成虫期就不具有翅的结构；很多寄生性昆虫如跳蚤、鸟虱等翅已完全退化；很多竹节虫在成虫期不具翅；膜翅目蚂蚁的一些个体终生无翅，即使有翅的繁殖蚁也不会在成虫期一直存在翅的结构；一些雌性的蟑螂成虫不具翅；甚至一些甲虫如萤火虫的雌虫在成虫期亦不具翅等。因此，我

们要了解到，虽然成虫具翅的昆虫占据绝大多数，即使有少数比例具有无翅的"特殊案例"，但由于昆虫纲动物本身种类极为繁多，因此"特殊案例"在自然界的种类和数量上仍不为少数。

除去本身无翅的类群和有 4 翅的常规类群外，还有一些家族虽然有翅，但翅的数量却缺少一对，即只有两个完整的翅。其中，我们最熟悉的类群便是双翅目昆虫。双翅目昆虫在生活中极为常见，代表类群为蚊、蝇、蠓、虻和蚋等。这些昆虫的后翅特化成为平衡棒，在飞行时主要起到保持身体平衡的作用。但由于平衡棒是后翅所特化，因此双翅目仍然是昆虫家族的成员。

双翅目昆虫仅有一对完整的前翅　　　　　　蛱蝶科昆虫乍一看仅有 2 对足

双翅目昆虫是仅有完整的前翅，还有一个昆虫家族是具有完整的后翅，这便是捻翅目的雄虫。捻翅目昆虫被称作蝙，它们雄虫的前翅特化成棍棒状，后翅则极为完整；但雌虫由于长期进行内部寄生等习性，故而形态完全特化为蛆状，没有翅结构。这一类昆虫与甲虫的关系较近，但由于它们体型极小且为寄生性，一般很难见到。

阐述完翅的特殊类群，我们再说一说有关足较为特殊的昆虫类群。昆虫在成虫期时的足共 3 对，分别为前足、中足和后足，所以昆虫又称作"六足动物"。但是在庞大的昆虫家族中，总会有一些形态上较为特殊的类群，就连六足这样的标准特征也不例外。

在鳞翅目中，就有一些物种从外观上看仅有 2 对足，即仿佛只有中足和后足，如蛱蝶科的物种。当一只蛱蝶停落时，我们仅仅能看到它只有 4 个足在支撑着身体，而不见其前足。实际上，蛱蝶科昆虫是有前足的，只不过其前足退化，极为短小，故而根本不能起到支撑身体等作用。除此以外，还有一些昆虫的成虫期根本不具有足，例如捻翅目的雌虫。上文已经提到，捻翅虫的雌虫长期进行内寄生，形态特化

极为严重，不仅没有翅，同样也不具有足的结构。

综上所述，虽然昆虫纲动物的特征为身体分为头、胸、腹三个部分，两双翅及三对足，但由于本纲动物种类庞大，栖息环境和生态习性多样化，故而会有一些种类在外部形态上发生了特化或退化，但由于在系统发育上与所有其他昆虫类群较为一致，因此这些物种仍属于昆虫纲的成员。

第三节　常与昆虫搞混的那些"表兄弟"

在平时的生活中，我们经常可以看到很多和昆虫形态极为相似的生物。这些生物大多数隶属于节肢动物门，从系统发育上来说可以算是昆虫的"远房表兄弟"。虽然我们已经了解了昆虫纲动物的特征，但为了能让大家更加系统全面地了解昆虫所隶属的节肢动物家族，将其进行简单介绍。

节肢动物门动物是世界上第一大生物家族，包括1个已灭绝的三叶虫家族和现生的4个大家族，即六足亚门、螯肢亚门、甲壳亚门和多足亚门。同时，它们又是分布最广泛的生物家族，因此我们仅将常见的节肢动物类群进行简单介绍。

六足亚门代表——长叶异痣蟌

螯肢亚门代表——大腹圆蛛

甲壳亚门代表——头盖玉蟹

多足亚门代表——少棘蜈蚣

常见的节肢动物类群

八足走天下——蛛形纲

蛛形纲动物顾名思义就是长得和蜘蛛比较相似的生物类群。除了蜘蛛外，蝎子、蜱螨、盲蛛、伪蝎、鞭蝎、避日蛛等都是这个家族的成员。蛛形纲动物在整个节肢动物家族中数量仅次于昆虫纲生物，全世界已发现有 7 万多种。

蛛形纲动物代表——珍奇扁蛛

和昆虫不同，它们在身体上宏观仅分为头胸部和腹部。也就是说，这些生物的头部与胸部愈合在了一起，不像昆虫有着明显的节段。除此以外，蛛形纲动物成年时有 4 对足，比昆虫纲动物多了 1 对足。在地域分布上，它们并没有昆虫分布广泛，仅有少部分在水中生活，绝大多数都生存在陆地上。

蛛形纲动物的食性较为复杂，绝大多数为肉食性，但也有以血液为食的蜱类。在蛛形纲生物中，有一些物种具有

蛛形纲动物代表——伪蝎

毒液，如蜘蛛和蝎子等。它们的毒性一般不强，但却不乏可以直接将人类致死的物种，如鼎鼎大名的"黑寡妇"蜘蛛或金蝎等。当然，这些生物进化出毒素的最大作用是捕食猎物及自卫，当人类不招惹它们时，一般情况是不会遭到攻击的。但是请注意，在你没有完全认清这些危险的物种时，千万不要在野外随意采集、逮捕它们，否则将会有极大的安全隐患。

远古传奇——肢口纲

如果你生活在南海沿海地区，如广西和海南，那么一定对肢口纲生物鲎（音：hòu）较为熟悉。鲎，隶属于肢口纲剑尾目，是一类极其古老的子遗物种。在中国，最具代表的物种为中华鲎，亦称三刺鲎。它们主要生活在海里，在求偶或产卵时会扩散至沙岸等地方。中国南方沿海地区有以鲎为食物的情况，由于过度捕捞，已造

成鲎的种群数量严重下降；另外鲎的体液中含有大量铜离子，过多取食将对身体造成不良影响。因此，为了鲎和我们自己，建议拒绝食用它们。

肢口纲生物在奥陶纪曾繁盛于地球古海洋中。其中已灭绝类群板足鲎甚至曾经处于海洋食物链顶端，且最大物种翼鲎的体长可以达到近 3 米。有文献称这类生物当时已有扩散至淡水区域的现象，可以说在当时它们是一类十分繁荣且进化成功的生物类群。然而，在二叠纪前后，板足鲎类由于环境等因素全部灭绝，整个肢口纲只剩剑尾亚纲存活了下来，一直至今。

肢口纲动物代表——中华鲎

肢口纲板足鲎化石

"千足虫"真身——倍足纲

一看到"倍足"这两个字，便可以猜测到这个家族的动物都具有很多足。的确，几乎所有倍足纲生物在每一个体节上都着生两对足，在足的数量上绝对是所有节肢动物甚至所有动物都望尘莫及的。它们最具有代表性的物种便是马陆。这里要说明一下，马陆并不是某一类生物的称呼，而是几乎涵盖了所有倍足纲动物，包括马陆、球马陆、带马陆、姬马陆、毛马陆及山蛩等。

倍足纲生物代表——山蛩

在生活中，一些马陆经常会被看作是蜈蚣，但实际上这二者的分类地位相距甚远——通过体节上足的数量就能很好地将其区分开来。和蜈蚣不同，倍足纲生物大多数为植食性，少有肉食性或腐食性。它们一般都会栖息于较为阴暗的环境之中，在岩石下或朽木中常可以看到它们的身影。

迅猛杀手——唇足纲

乍一看到唇足纲这个名称时，我们
也许根本不明白这个叫法的原因。实际
上，所谓唇足纲动物，是指其第一对附
肢特化成了颚足。换句话说，我们可以
简单理解为它们的第一对足变成了类似
口器的样子，且作用也是用来捕食，而
非行走。

唇足纲生物代表——蚰蜒

在我们的日常生活中，有两大类唇
足纲动物较为常见：一是蜈蚣，二是蚰蜒。虽然在一些地区，例如北京，很多土语
将蜈蚣称为蚰蜒（音同"油印"），却将真正的蚰蜒称为钱串子。但在动物分类学中，
蚰蜒则指蚰蜒目的动物，而蜈蚣则是蜈蚣目及地蜈蚣目等动物的总称。这些生物均
为肉食性，会捕食一些小型昆虫或其他小动物，甚至有为了提高捕食效率而进化出
毒液的物种。因此当我们遇到这一类生物时，切记不要用手直接触碰。若被咬到，
有时会引起剧烈的疼痛甚至更加危险的后果。

最容易引起误会的节肢动物——颚足纲

如果我们前往海边，除了在沙滩上
捡拾贝壳外，还有很多人喜欢前往礁石
区寻找各种各样的海洋生物。当我们在
礁石区穿梭时，都会非常谨小慎微，生
怕失足摔在礁石上面。这是因为除了坚
硬的礁石外，在整个礁石上一般还会布
满密密麻麻的藤壶。若是被它们划伤或
扎破，将苦不堪言。这里我们提到的藤
壶，便是颚足纲生物的代表类群之一。

颚足纲生物代表——藤壶

藤壶的形态较为特殊，相比于其他节肢动物，它们仿佛更像是软体动物中的贝
壳。在长期的演化过程中，藤壶选择了另外一种生存策略。它们最初刚从卵中出来时，
以类似漂浮的方式行动，当蜕皮几次后，便会开始找地方附着。这种特殊的节肢动
物会附着在一处基底上，形成坚硬钙质或膜质的附着面，同时其几丁质外壳会将整
个动物体包住，用以保护自己。因此，当我们看到藤壶的形态时，常会误以为它们

是贝壳的一类。

料理的常见食材——软甲纲

也许在所有的节肢动物中，最被人们津津乐道的便是软甲纲动物了。它们常常会被当成美味的食材摆上餐桌。没错！软甲纲生物最具有代表性的便是螃蟹和虾类了。除此以外，我们常用来食用的螯虾、虾蛄也是软甲纲的家族成员。

软甲纲生物代表——逍遥馒头蟹

但是，软甲纲生物并不仅仅只有我们经常取食的那些生物。其家族物种已发现的数量有 3 万余种。它们的分布环境十分多样，除了海水与淡水外，还有一大部分物种是在陆地上生活的，例如我们常见的鼠妇以及生活在海边阴暗区域的海蟑螂等。

软甲纲动物的取食范围及取食行为极具多样性，除了常见的肉食性和腐食性外，有一些软甲纲成员如鲸虱则具寄生习性。

软甲纲生物代表——克氏原螯虾

曾是昆虫的非昆虫生物

在以前，动物学家们认为只要是成虫具有 3 对足即是昆虫家族的成员，也同样将昆虫直接称作"六足动物"。但随着对这类生物的不断探索，动物学家们渐渐地发现其中有三个类群与整个昆虫家族在系统发育及外部形态上仍存在着一定的差距，故而现将这三个家族提升为独立的大家族，与昆虫纲动物并列，并加以整合，使之共同构成为六足总纲。这三个家族就是原尾纲、弹尾纲和双尾纲。可以说，在目前的系统发育研究中，这三类动物是昆虫纲动物亲缘关系最近的类群。

原尾纲

原尾纲动物统称为原尾虫，中文名称一般称其为"蚖"（音：yuán）。在早期分

原尾纲代表——土氏曙蚖（汪阗绘 仿周尧、杨集昆）

类学中它们被归入昆虫纲无翅亚纲原尾目。中国著名原尾纲动物学家尹文英院士与意大利生物学家R. 达来（R. Dallai）共同对其进行比较精子学和亚显微结构研究，最终揭示了其系统发育的地位，并对之前的原始分类做出了修正。

原尾虫是一类体型极小的节肢动物，其体长一般不超过 2 毫米。它们喜欢栖息在湿润的土壤中，也有一些物种喜欢藏匿在岩石下及树皮中，一般以植物根须上的真菌为食。因此，这类小型节肢动物由于其体型微小，加之栖息环境隐蔽，直到现在也很难在野外发现。

1907 年，意大利昆虫学家西尔维斯蒂（Silvestri）发现了第一只原尾虫，并创建了原尾目；1956 年，中国著名昆虫学家杨集昆先生在华山首次发现了分布在中国的原尾虫；1963 年，尹文英院士描述了分布于中国浙江天目山的两种原尾虫。至今，全世界已发现原尾虫 600 多种，而中国也已记录了原尾虫 164 种。

弹尾纲

弹尾纲动物统称为跳虫，中文名称一般称为"**蚐**"（音：yáo）。和原尾纲动物一样，弹尾纲也是一类较为原始的六足动物。它们的腹部末端具有弹跳器，会在遇到危险时进行弹射，故此得名。

跳虫分布环境极为广泛，几乎所有有土壤、腐殖质的地方均有跳虫活动。除此以外，人们也曾在树皮下、海岸线甚至白蚁巢穴中发现过它们的踪迹。全世界已发现的跳虫种类有 8 千种左右，而中国已被命名的跳虫也有 300 余种之多。不仅种类，跳虫的数量通常也十分庞大。曾有动物学家在 1 英亩草地中，从表面至土壤下 20 厘米处统计出有 2 亿多只跳虫。中国动物学家也曾统计出在一般阔叶林的土壤中，每平方米有 1 万 ~10 万只跳虫。

虽然跳虫的种类和数量极为庞大，但却很少有人关注到它们。这是因为跳虫的体型同样很小。它们一般不会超过 5 毫米，最大的跳虫体长也不过 1 厘米左右。我们可以仔细观察搜索一下，也许在家中的花盆里，或是一小片常年湿润的土壤中，就能发现数量庞大的弹尾纲生物。

一种弹尾纲动物（王吉申 摄）

弹尾纲动物一般体型都很小（崔世辰 摄）

双尾纲

　　双尾纲动物一般称为双尾虫或铗尾虫，中文名称统称为"虬"（音：mà）。它们同样是生存在土壤或洞穴中的一类节肢动物。目前，全世界已持续发现了800种以上，中国则已发现了50余种。

　　双尾纲动物没有复眼，也没有单眼，这也许是其长期处于黑暗环境退化所造成的。这类动物最有特点的地方便

一种双尾纲动物

是腹部末端长有一对尾须或尾铗，它们也正得名于这个特征。双尾纲动物一共由三个小家族构成，即康虬科、原铗虬科和铗虬科。其中，康虬科与铗虬科最为常见，康虬科的腹部末端为一对长长的尾须，铗虬科腹部末端则是一对骨化呈钳状的尾铗。

　　双尾纲动物性情胆小，当遇到忽然出现的强光或危险时，它们会迅速钻入土壤、岩石缝隙中。这一类动物大部分为植食性，会取食植物、菌类及腐殖质，也有少数种类会捕食其他小型动物为肉食性。

第四节　昆虫学的璀璨历史

从人类这个物种出现在地球上的那天起，我们就和昆虫一直在打着各种各样的交道。人类开始关注昆虫、了解昆虫，进而研究昆虫已有过百万年的历史。而我们现代意义上的昆虫学，也已经有近 300 年的历史。那么，昆虫学到底是如何被创造和推广的？中国的昆虫学历史又是如何发展到今天的？国际和中国都有哪些昆虫学巨匠，他们又有什么样的故事？

昆虫学的起源

现代意义上的昆虫学，是指研究昆虫的基本特征、特性和基础知识的学科。在这个笼统的定义下，又分出了很多更细致的学科，如昆虫形态学、昆虫生理学、昆虫生物学、昆虫系统学和昆虫生态学等。如今，人类经过不断研究，已经在昆虫学研究上取得了非常繁多且辉煌的成果，昆虫学也成为自然科学中不可或缺的重要领域。

现代意义上的昆虫学，是从 300 多年前开始的，起源于欧洲文艺复兴时期之后。那时，欧洲博物学家对自然科学的重视程度急剧增加，由此衍生出了很多现代意义上的生物学科前身，昆虫学就是其中之一。到 1758 年，著名生物学家、现代生物分类学之父卡尔·林奈（Carl Linné）完成生物学巨著《自然系统》（第 10 版），并创立沿用至今的二名法分类，对人们系统地认识生物起到了极大的推进作用。早期欧洲博物学家也因此开始了对昆虫的系统研究。而另一位生物学巨匠达尔文，他所编著的《物种起源》，为人们研究昆虫的进化和亲缘关系奠定了坚实的基础。

从现代意义上的昆虫学雏形出现开始，欧洲、美洲的博物学家们一直不间断地进行着较为分散的研究。直到 19 世纪，美国著名昆虫学家约翰·亨利·康斯托克（John Herry Comstock）做出了对昆虫学影响甚深的创举——将昆虫学首次"搬入"大学，他成为世界上第一个在大学建立昆虫学系的伟大学者。

康斯托克出生于 1838 年美国威斯康星州的杰尼斯城。在他还是孩童之时，父亲就因淘金病逝于他乡，而母亲则为了生计远赴纽约。年少的康斯托克在没有父母照顾的环境下艰难成长。在其 11 岁踏上寻找母亲的路上，意外迷路。就在其不知所措地讨水喝时，结识了改变其一生的托尔诺船长——这位善良的船长收养了他。在康斯托克 16 岁时，成为托尔诺船长船上的一名厨师，在一次偶然的机遇下，康斯托克在一家书店中看到了哈里斯编著的《昆虫对蔬菜的危害》。也就是在这时，他自幼酷爱昆虫的热情被重新点燃，他向船长借钱购买了这本书，并开始自学昆虫学。

约翰·亨利·康斯托克
（1838—1926）

在 20 岁时，经过 4 年的不断努力，康斯托克终于成功地考入常青藤名校之一的康奈尔大学，并立志要终生研究昆虫。大学毕业后，康斯托克留在康奈尔大学做助教工作，并教授大一学生昆虫学知识，他也因此找到了自己心爱的伴侣，学业出众的安娜。从此，他们夫妇二人潜心研究昆虫，并开创了一系列昆虫学学科。

康斯托克 31 岁时就已经是全美国最为知名的昆虫学家。美国联邦农业部聘请他为首席昆虫学家，以解决各地农作物病虫害的问题。也是在此时，康斯托克将昆虫学创建成为大学的正式学科，康奈尔大学也因此成为最早的昆虫学专业名校。在早期昆虫学家中，无论中国还是外国，从康奈尔大学毕业的不计其数，且有很多都是他的学生。据不完全统计，康斯托克一生大约培养了近 5000 位世界各国的昆虫学与植物病理学专家。

在康斯托克老年时，曾写下了著名的一段话："人生虽然不断有外来的失败，但是我一生的日子像是一串喜乐的音符。"

1926 年 8 月 4 日，康斯托克永远地闭上了双眼，享年 88 岁。可以说，虽然现代意义上的昆虫学开创者并不是他，但他对昆虫学的贡献是无人能及的。目前，仍有很多学者承认康斯托克是现代昆虫学之父。这位伟大的科学家也是每一名研究、喜爱昆虫的人士应该牢牢记住的。

伟大的国际昆虫学家们

除了康斯托克外，还有很多国际昆虫学家为现代昆虫学的发展打下了坚实的基础，他们同样不应该被人们所遗忘。在这里，本书将选取几名具有代表性的国际昆虫学家进行简单介绍，并以此来纪念所有为现代昆虫学做出伟大贡献的前辈（排名不分先后，以出生年份为序）。

让·亨利·法布尔

让·亨利·法布尔（Jean Henri Fabre，后统称为法布尔），享誉世界的昆虫学家、文学家、自然史学家，倾其一生观察各类昆虫，并撰写了被誉为"昆虫的史诗"的名著——《昆虫记》——这套书至今仍被各国引进翻译，多种版本流传于世，成为每一名昆虫爱好者必读的启蒙读物。也正因如此，法布尔获得了"昆虫的荷马""昆虫世界的维吉尔"的美称。

让·亨利·法布尔（1823—1915）

法布尔，1823 年出生在法国南部鲁耶格山区的撒·雷旺村。幼年的时候，他最喜欢走进大自然观察各类生物美妙的行为，倾听鸣虫与鸟兽的叫声。13 岁时，他随全家搬到托尔斯，并进入基尔神学院，刻苦研学拉丁文和希腊文。法布尔的学业成绩极为优秀，为以后撰写著作打下了坚实的基础。

由于家中贫穷，法布尔不得不在 14 岁便开始了打工的生涯。尽管如此，他依旧没有放弃对知识的追求，仅用两年时间就修完了三年内的全部学分。1842 年，师范学校毕业后，法布尔成为一名普通的小学教师。在工作的同时，法布尔自学数学、物理等科目，并顺利获得了这些门类的学士学位。他曾说过："学习这件事不在于有没有人教你，最重要的是在于你自己，有没有悟性和恒心。"

1849 年，法布尔成为科西嘉岛阿杰格希欧中学教师，并开始研究博物学。1854 年，法布尔取得博物学学士后，在一次偶然的机会下阅读了雷恩·杜夫尔有关狩猎蜂的论文，从此开始励志观察、研究昆虫的生态。他常常带领学生们前往大自然中，一起仔细观察和记录各类昆虫的形态和习性。实际上，《昆虫记》的原标题为"昆虫学研究的追忆"，而副标题则是"对昆虫本能及其习俗的研究"。

1861年，法布尔担任鲁基亚博物馆馆长，1865年开始出版科学读物《天空》和《大地》。1868年，由于他对自然科学教育的成就，被当时法国教育部长德留依颁发勋章。然而在同一年，由于他坚持推动女子教育，遭到了保守人士的强烈反对，不得已被迫辞职。

1871年，法布尔正式开始了《昆虫记》的撰写。在写书期间，他继续不间断地观察各类昆虫。1877年，次子朱尔去世，这对53岁的法布尔来说是一个巨大的打击。然而，丧子之痛并没有击垮法布尔，他比以前更加勤奋，笔耕不辍，希望可以将与儿子一同观察昆虫的点点滴滴记录在书籍之中。同一年，他还用朱尔的拉丁文"优利渥司"为三个蜂类的新种进行了命名，以纪念他永远的骄傲和助手。

1879年，法布尔用了几乎全部的积蓄购买了隆里尼村外的一片土地，并将其取名为"阿尔玛斯"，意为荒野之地，这便是后来著名的法布尔昆虫乐土——荒石园。同年的4月3日，《昆虫记》第一卷正式发表。从此以后，《昆虫记》以大约每三年出版一卷的速度进行着。

1889年，法国政府为表彰法布尔在文学和自然科学教育领域做出的贡献，给他颁发了法国学士学院最高荣誉奖。然而，这样的奖项似乎并没有为他的著作打开更多的销路。在晚年，法布尔由于著作销路较差陷入了生活的窘境，但艰苦的日子并没有让他停下笔来，直至1907年，《昆虫记》已成功出版了10卷。1908年，在诗人米斯托拉的大力帮助下，法布尔终于获得了养老金，他的生活有了一点转机。

1909年，已是85岁高龄的法布尔开始了《昆虫记》第11卷的撰写工作，但此时他的身体已经十分衰弱。每写几个章节，法布尔不得不在床上休息很久，病痛与贫穷不断地折磨这位孤独的老人。1910年，崇拜法布尔以及《昆虫记》的忠实读者们一同前往法布尔的住所，庆贺《昆虫记》出版发行30周年，并举行了盛大的集会。在集会上，大家为推广《昆虫记》献策献力，《昆虫记》也终于在此时成功地扬名于世。1915年10月11日，法布尔静静地闭上了双眼，永远地离开了他热爱的大自然，享年92岁。

法布尔曾在《昆虫记》中感叹道："在水中诞生了许多小生命，显得繁盛而活跃，像个小宇宙一般。贝壳上的螺纹就像星云。如果能悠游地探索这个生命世界，将是件多么快乐的事呀！"是的，他穷其一生献身于理想的不朽传奇中，描绘着大自然最精彩的画卷。这位伟大的昆虫诗人像哲学家一样思考，像美术家一样观察，像文学家一样书写。即使是现在，说起昆虫爱好者的启蒙读物，《昆虫记》依然会力拔

头筹！

松村松年

松村松年（まつむら しょうねん），日本昆虫学奠基人之一，病虫害防治、益虫保护和昆虫分类学家。他的一生出版过 31 部著作，其中的《日本昆虫大图鉴》《昆虫分类学》《昆虫学概论》《农业昆虫学》《昆虫的社会生活》等著作皆为当时享誉世界的昆虫学参考文献。可以说，松村松年是日本早期最著名的昆虫学家之一，由他创办的《松年昆虫》作为昆虫分类学杂志至今仍在继续刊行，由他创立的日文昆虫名称体系也同样一直沿用至今。

松村松年（1872—1960）

松村松年 1872 年出生于日本兵库县。1895 年以优异的成绩毕业于札幌农学校农学科，并继续在该校就读昆虫学研究生，同时担任助教工作。1899 年，松村松年被推荐至德国柏林大学学习病虫害防治、益虫保护学及养蜂学，又在此期间前往匈牙利国立博物馆开始了其研究生涯。1902 年回国后，他担任札幌农学校教授，并在 1903 年被东京帝国大学授予理学博士学位。

1906 年，松村松年前往中国台湾，对危害甘蔗的昆虫进行了调查与研究。1907 年他回国后，被东京帝国大学农科大学聘为昆虫学教授，1918 年被北海道帝国大学农科大学聘为教授。在执教过程中，松村松年仍继续着自己的学业，1918 年被授予农学博士学位。在这期间，他发表了影响极为深远的《日本昆虫大图鉴》上、下两册，为日本昆虫分类学提供了重要的参考意义。在 1915 年，他撰写了著名昆虫学书籍《昆虫分类学》，此书在当时引起了世界各国不小的反响。

在松村松年研究生涯中，他曾先后赴欧美各国考察，并在意大利、北非等国家进行昆虫采集工作。1925 年他应苏联科学院之邀前往苏联进行学术交流。

1934 年退休后，松村松年继续着自己的昆虫研究事业。自 1935 年起，至 1945 年他曾先后三次出任日本昆虫学会会长，并在 1940 年于"东亚文化协议会评议员总会"供职。1938 年他被选为日本应用昆虫学会名誉会员，1950 年被选为日本学士院会员。

松村松年把毕生的精力投入到昆虫学的研究当中。他对昆虫的分类研究涉及面

极广，大部分的目级阶元都有他确立的新种。在普查日本昆虫区系及亚洲病虫害方面做出了杰出贡献。为了表彰他对自然科学领域做出的贡献，1954年日本政府将松村松年评选为文化劳动者和明石市荣誉市民。1960年，松村松年在东京都与世长辞，享年88岁。在这一年，日本政府又追赠授予他"瑞宝"一等勋章，并给予了他极高的评价。

罗伯特·伊凡斯·斯诺德格拉斯

罗伯特·伊凡斯·斯诺德格拉斯（Robert Evans Snodgrass，后统称斯诺德格拉斯），英裔美籍昆虫形态学家。一生致力于昆虫形态学、解剖学及蜜蜂类昆虫的研究。他所发表的著作和论文，在各国的昆虫形态学研究中起到了十分重要的参考作用。他曾说过："解剖是眼睛所看到的东西，而形态学则要用眼睛看到的东西去思考。"

1875年，斯诺德格拉斯出生在美国圣路易斯州。这名伟大的昆虫学家从小便对身边的动物有着狂热的喜爱。在观察动物时，他常常被这些生物各式各样的形态所吸引。而最吸引他的，无疑是形态最具多样性的昆虫。

罗伯特·伊凡斯·斯诺德格拉斯
（1875—1962）

1895年，斯诺德格拉斯进入美国斯坦福大学主修动物学，而他选择研究的类群则是昆虫及鱼类。在1896年和1899年，斯诺德格拉斯撰写了他最早的两篇著作——《食毛目的口器》和《食毛目的解剖》。1901年获得学士学位后，在同一年他前往华盛顿州立大学任教，两年后返回母校斯坦福大学进行执教工作，并开始了对蜜蜂解剖学的研究。

也是从这一年起，斯诺德格拉斯在蜜蜂解剖学领域发表了诸多论文。1910年，他将自己这些年所发表的论文进行了整合，出版了自己的第一部专著——《蜜蜂的解剖》。这篇专著一经出版，便引起了当时各国昆虫学家的关注。其中昆虫解剖学方法和形态学观点在当时被诸多昆虫学研究工作者所参考和引用。

1917年，斯诺德格拉斯前往康涅克特和马里兰州昆虫局工作，仍然致力于昆虫解剖学和形态学的研究。在随后的研究生涯中，斯诺德格拉斯发表了大量的论文及专著，如在1925年出版了《蜜蜂的解剖与生理学》；1930年出版了《昆虫，它们

的生活方式》；1935 年出版了著名形态学经典之作《昆虫形态学原理》，这本书成为全世界通用的教材；1952 年，他出版了《节肢动物解剖学教科书》，同样在世界的动物学教育中获得了极高的肯定。除此以外，斯诺德格拉斯还发表了 80 余篇论文，28 篇系列专著，他全面地、有比较地研究了昆虫"骨骼"及肌肉系统，探索了昆虫间结构的同源性及演变关系，为各种结构定下了规范化、统一化的名称，奠定了昆虫功能形态学的基础。

直到晚年，退休后的斯诺德格拉斯仍然坚持着自己的研究工作，并在美国国家博物院继续为自己挚爱的动物学做贡献。1960 年，为了表彰他对动物学及自然科学教育的伟大贡献，马里兰大学授予其荣誉博士学位。1962 年，斯诺德格拉斯在华盛顿与世长辞，享年 87 岁。

卡尔·里特·冯·弗里希

卡尔·里特·冯·弗里希（Karl Ritter von Frisch，后统称为弗里希），德国著名昆虫学家，昆虫感觉生理学和行为生态学创始人。虽然弗里希以对昆虫学的贡献闻名于世，但实际上他除了昆虫外，对鱼类的生理学和解剖学研究亦有很大贡献。

卡尔·里特·冯·弗里希
（1886—1982）

1886 年，弗里希出生在奥地利多瑙河畔的维也纳，1905 年中学毕业后，进入德国慕尼黑大学学习动物学。在大学里，弗里希还专门学习了人体解剖及生理学，这对于他以后的研究无疑起到了十分重要的作用。

1909 年大学毕业后，弗里希返回维也纳，并在生物试验研究所完成了他的第一篇论文《鱼类的颜色变化》。在 1910 年获得哲学博士学位后，他被慕尼黑大学动物研究所聘为助理教授，1912 年任动物学和比较解剖学副教授。1914 年，第一次世界大战爆发，弗里希放下科研，运用自己的人体学知识前往维也纳红十字医院服役，救助了大量的伤员，直至 1921 年，他才重新回归到科研工作当中，并在这一年担任罗斯托克大学动物学研究所所长。1925 年他返回慕尼黑大学，在 1931—1932 年接受洛克菲勒基金会的赞助建立了新的动物学研究所，之后在奥地利格拉茨大学任动物学教授。直至 1958 年退休前，他不仅在蜜蜂和鱼类的感觉生理和行为方面取得巨大的成就，同时还培养了大量的昆虫学及动

物学人才。在他的研究下，人们对蜜蜂的视觉及访花的生物学意义有了新的认知。当然，我们如今所熟悉的蜜蜂用来彼此交流的"舞蹈"，以及蜜蜂复眼可以感受天空的偏振光，并以此作为导航系统，也同样是弗里希最早发现的。

退休后，弗里希继续和他原来的学生进行昆虫及其他生物研究。他一生都极力主张用通俗易懂且有趣的语言来阐述深奥的科学道理，也用这样的方式撰写了大量的书籍和专著。1966 年，弗里希出版了代表性的著作《舞蹈的蜜蜂》，在书中阐述了蜜蜂大量的生理学。1967 年，他又进一步出版了《蜜蜂的舞蹈语言和定向》，并在同一年出版了《一个生物学家的回忆》。1974 年，他出版了十分著名的动物行为学书籍《作为建筑师的动物》，此书在出版的同一年就被译成英文出版。1979 年，93 岁高龄的弗里希出版了自己人生中最后一本著作——《十二个小同屋人》，再次为大众进行了动物学的科学知识普及。

1982 年，弗里希与世长辞，享年 96 岁。他用一生致力于动物学的研究及动物学科学普及，他的科研成就也同样被人们高度赞扬。1960 年，弗里希获奥地利科学与艺术勋章等多种荣誉奖；1973 年，为了表彰他在动物感觉生理学和行为生态学的贡献，被授予了诺贝尔生理学或医学奖。1974 年，他还获联邦德国杰出贡献十字金星勋章和绶带。

中国昆虫学的历史

说到中国的昆虫学历史，首先可以分为三个大的时段：古代、近代和现代。其中，古代是指从上古开始到公元 1839 年，近代是指从 1840 年至 1949 年，现代则是指1950 年至今。

中国古代对昆虫学的探索和成就可以毫不谦虚地以"辉煌"一词来进行描述。中国人开始关注、探索昆虫的时间是相当早的。这里所说的是指真正去观察和总结昆虫习性，而不是草草地认知。例如，在《诗经》中就有很多篇章描述了昆虫的一些特征和习性，甚至我们从那里就已经能找到现今仍然沿用的昆虫名称。在《诗经》中，描写昆虫最著名的篇章应数《豳风·七月》："五月螽斯动股，六月莎鸡振羽。七月在野，八月在宇，九月在户，十月蟋蟀，入我床下。"通过这短短的一段话，我们可以清楚地了解到当时古人已对部分鸣虫有了较为深入的观察。当然，早期的昆虫学描述除了《诗经》外，《礼记》等著名古代文献中也均有颇多记载。

《促织经》中的描述对象——迷卡斗蟋

除此以外，古代中国对昆虫的独有类群研究亦有不少建树。如南宋贾似道所编著的《促织经》便是世界上第一部以蟋蟀（即迷卡斗蟋）为研究对象的专著。

另外，至今为止都令中国人感到自豪的昆虫学应用之一亦成就于古代，那便是养蚕术。相传黄帝妻子嫘祖发明了养蚕术，并以其产物制成了丝绸。这个技术对中国的历史和文化影响都十分深远。一直到今天，丝绸仍作为中国的一个文化及产业符号流行于世界，我们可以简单举一个例子来说明。"中国"一词若翻译成外语的描述大致有三个，即"China""Sina"和"Qina"。其中，"China"来源于瓷器，"Qina"来源于秦朝，而"Sina"便是来源于丝绸。

因此，纵观古代中国人在昆虫学领域的成就，无论是诗词歌赋、产业实业，抑或是中草药研究，无疑都是极为辉煌的。

到了欧洲文艺复兴后，现代意义上的昆虫学迅速发展，但当时中国在昆虫学领域的地位却逐渐下降，且在现代昆虫学诞生后的很长一段时期，并没有出现一位真正意义上的昆虫学家。我们可以将中国近代昆虫学研究又分为三个小时期，即孕育期（1840—1910年）、初创期（1911—1936年）和艰难维持期（1937—1949年）。

在孕育期，中国的昆虫学工作主要以翻译及介绍当时欧美昆虫学文献为主。到了初创期，中国则有了自己的昆虫学本科学科，亦有了中国本土的职业昆虫学家。这个时候，中国昆虫学出现了前所未有的飞跃性成就。然而，1931年开始的连年战争无疑给中国昆虫学发展带来了很大的影响。

到了1949年，中国昆虫学研究进入了现代时段。纵观这段历史，我们仍然可以将其划分为三个小时期，即调整初兴期（1950—1965年）、"文革"时期（1966—1976年）和平稳发展期（1977年至今）。

1949年开始，由于刚刚经历了漫长的战争岁月，所有的昆虫学家都在积极恢复和重建中国的昆虫学体系，并有了诸多里程碑式的成就。到了1966年5月，"文化大革命"掀起了10年的浩劫。在这期间中国昆虫学研究的损失是极为巨大且无法弥补的，甚至可以说这10年对于昆虫学事业的破坏可能比战争时期更为严重。众多

伟大的昆虫学家在这一阶段含冤而死，不计其数的珍贵标本在这一时期遭到严重破坏，如黄腹绿综螅 *Megalestes heros* Needham 的模式标本便是在"文革"期间被红卫兵所损毁。这种损失将是不可逆且无法弥补的。"文革"结束后，中国昆虫学在昆虫学家们的不断努力及奉献下，终于得到了平稳的发展。到今天，中国昆虫学研究水平可以说已经基本接近世界上如日本、美国、德国等昆虫学研究较为领先的国家，甚至在一些专有领域中保持着世界尖端水平。相信在将来，中国昆虫学研究事业将会不断蓬勃发展，并达到前所未有的高度。

中国伟大的昆虫学家们

中国的昆虫学事业能达到今天的成就，是每一位昆虫学家耗其毕生心血换来的。他们对昆虫学的巨大贡献，他们对学术研究令人钦佩的态度，以及他们身上的光辉事迹，是每一名昆虫爱好者，甚至是每一名中国人都应该记住的。但是，由于对昆虫学事业有突出贡献的昆虫学家比比皆是，故而在本书中仅向大家介绍部分对中国昆虫学事业有着巨大贡献，且具有代表性的昆虫学家们，以此来向他们表示由衷的致敬、缅怀与纪念（排名不分先后，以出生年份为序）。

邹树文

邹树文，字应萲（现同"萱"），1884 年出生于江苏省吴县。他是中国第一位现代意义上的昆虫学家，同样也是将国外昆虫学专业带回中国的先驱者之一。

在邹树文先生出生的年代，中国还没有真正的昆虫学专业，很多前沿的昆虫研究也是靠着翻译和整理国外文献进行。1908 年，毕业于京师大学堂师范馆一年后的邹树文先生毅然前往美国康奈尔大学攻读昆虫学专业。他的主要研究方向为应用昆虫学（即经济昆虫学），并在 4 年时间内取得了农学学士学位。从 1911 年参加全美科学联合会宣读

邹树文（1884—1980）

论文的那一刻起，他便成为中国在美国宣读昆虫学研究论文的第一人。1912 年，他获得了美国伊利诺伊大学硕士学位，并在美国芝加哥大学研究院开始了自己的研究

生涯。

1915 年，邹树文先生回到中国，被南京金陵大学聘为教授。在民国时期，邹树文先生对中国的昆虫学事业贡献极为巨大。他不仅多方任职，还培养出了一大批中国本土的昆虫学家。到了 20 世纪 40 年代，邹树文先生已担任了国民政府农业部专员、国立西北农学院院长等重要社会职务。

1949 年以后，邹树文先生由于"成分"问题被调到江苏省文史研究馆。从此，邹树文先生便逐渐放下了昆虫学学术研究，而是开始了中国昆虫学历史和农业学历史的整理研究工作。到了晚年，邹树文先生更是全身心地投入到研究昆虫学史的事业中去，一直到 1980 年安然辞世，享年 96 岁。

在邹树文先生去世后的一年，科学出版社整理、出版了邹树文先生的遗作《中国昆虫学史》。一直到现在，这本书被一直重印，为中国昆虫学家和昆虫学爱好者们提供了莫大的帮助。

秉志

秉志，字农山，1886 年出生于河南开封。他的科研涉猎范围极其广泛，在昆虫学、鱼类学、脊椎动物学、解剖学、神经生理学、古生物学等多个自然科学领域均有着伟大建树。

秉志先生出身于书香门第，他的祖父、父亲都以教书为生。这样的家学氛围为秉志先生自幼便打下了坚实的科研基础。他少时便饱读诗书，1903 年考中举人。1904 年，秉志先生被河南政府选送入京师大学堂学习，并在 1909 年考取第一届官费留学生，赴美国康奈尔大学研读昆虫学，而他的导师，便是著名昆虫学家 J.G. 尼德汉姆

秉志（1886—1965）

(J.G.Needham) 教授（他对中国蜻蜓目等昆虫类群研究有着巨大贡献）。在 1914 年，获得学士学位后一年的秉志先生与一同赴美的研究生同学共同发起中国科学社，并创建中国最早的科学学术刊物《科学》。在 1918 年，秉志先生获得美国康奈尔大学哲学博士学位，他也是中国有史以来第一位获得美国博士学位的学者。

1920 年，秉志先生回国从事生物学研究事业，并开创了一系列生物学研究平台。例如，在 1921 年，秉志先生在南京高等师范大学创建了中国第一个生物学系；

1922 年，秉志先生与几位中国生物学家创建了中国首个生物学研究机构——中国科学社生物研究所；1928 年，秉志先生又创建了以植物分类为主要研究目标的北平静生生物调查所。

除了首开中国生物学研究的先河外，秉志先生在培养中国生物学家方面也有着杰出的贡献。1946—1952 年，秉志先生在复旦大学任教授，从事生物学教学等工作。在他的努力下，中国一大批生物学家出现，如著名昆虫学家杨惟义先生、著名鸟类学家寿振黄先生和著名生物学家陈义先生都是他的学生。秉志先生与其学生共同为中国生物学研究做出了里程碑式的贡献。

1955 年，为了表彰秉志先生在科学研究方面的重大贡献，他被特聘为中国科学院学部委员，即中国科学院院士。

秉志先生在昆虫学中主要对虫瘿学及双翅目生物学有着较为突出的贡献。在秉志先生晚年，又对中国鱼类学等生物学科进行了较为系统的研究，实现了鱼类学研究的重大突破。

1965 年，秉志先生与世长辞，享年 80 岁。为了纪念秉志先生为中国生物学的巨大贡献，2008 年中国科学院创建"秉志论坛"，作为中国动物科学前沿系列学术报告平台；2014 年，"秉志奖学金"创立，用以鼓励和推动中国动物学领域创新性人才的培养与队伍建设。

张巨伯

张巨伯，1892 年出生于广东鹤山。他是中国最早的农业昆虫学教授，也是中国昆虫学术团体与期刊创始人。在农业昆虫与病虫害防治问题上有着巨大的贡献，并担任过国际昆虫学会副主席等职务。

张巨伯先生出生于一个佃农家庭，从小时候起，他就知道了病虫害给农业带来的巨大伤害。也正因如此，张巨伯先生自幼便立志用自己的努力去改变这样的农业现状。他刻苦读书，终于在 1912 年考取美国俄亥俄州立大学昆虫学专业，并在 1916 年获得农学学士学位。1917 年，张巨伯先生以优良的成绩成功获得硕士学位，并在次年回到中国，针对农业病虫害开始了自己的学术生涯，专攻农业鳞翅目及其他昆虫危

张巨伯（1892—1951）

害方向。

1918 年，张巨伯先生被南京高等师范大学聘为农业学教授，并任病虫害系主任。他教育和培养了一大批针对中国农业昆虫学有重大作为的昆虫学家，如吴福桢先生和邹钟琳先生等。

除此以外，在 1924 年，由张巨伯先生发起，在南京成立了中国最早的昆虫学术团体——"六足学会"。这个学会如今依然存在，也就是著名的"中国昆虫学会"。

张巨伯先生倾其一生的心血全部用于研究农业昆虫危害，培养国内人才以及建设各类昆虫学专业机构上。然而在 1951 年，肺癌无情地夺走了张巨伯先生的生命，享年 59 岁。张巨伯先生离世后，冯乃超先生主持了张巨伯教授的追悼大会，并撰文《悼张巨伯教授》，高度赞扬张巨伯教授是"中国昆虫学界的一位草创人""一位好老师，好科学家"。

胡经甫

胡经甫，1896 年出生在上海。他是中国著名的昆虫学家、水生生物学家和无脊椎动物学家，在医学和动物学教育领域建树颇多。在 1949 年前，他曾担任中华教育文化基金会委员、中央研究院第一届评议会评议员、中国海产动物学会会长等重要职位。1949 年以后，胡经甫先生任中国人民解放军军事医学科学院研究员和总后勤部医学科学技术委员会常委等职务。

胡经甫先生出身于书香门第。在他小的时候，就已经非常良好地掌握了四书五经、中外历史、数学及英语等科目。15 岁时他就以优异的成绩考取

胡经甫（1896—1972）

苏州东吴大学附中，并直升苏州东吴大学，一直到 1919 年毕业于东吴大学，获理学硕士学位。1920 年，胡经甫先生前往美国康奈尔大学昆虫学系学习，获哲学博士学位。在此期间，他撰写了可以达到当时世界最高水平的襀翅目昆虫著作《襀翅目（叉襀属）之形态解剖及生活史研究》，展现了中国学者的学术风采。1922 年，回国的胡经甫先生先后历任国立东南大学农学院、东吴大学生物系和燕京大学生物系教授。并在 1938 年撰写《中国襀翅目昆虫志》一书，共描述了 5 科 4 亚科 32 属 139 种中国的襀翅目昆虫。在 1935—1941 年，胡经甫先生还执笔出版了 6 卷《中国昆虫名录》，

书中总共记录了昆虫 20069 种之多，为当时的中国昆虫学研究做出了总结性及拓展性的贡献。1941 年，本来要前往美国进行演讲的他因"珍珠港"事件滞留在菲律宾马尼拉，在危难之际立志学医，并在 4 年内学完了所有的医学课程。

中华人民共和国成立后，胡经甫先生在北京行医，为广大患者解决病症所带来的痛苦。1951 年，胡经甫先生欣然接受了军事医学科学院的邀请并担任研究员一职。1954 年应中国科学院的聘任，担任中国动物图谱编辑委员会委员，并在 1955 年被聘为中国科学院学部委员（即中国科学院院士）。

胡经甫先生在教育领域也有着十分卓越的贡献。自 1917 年起，他便持续培养生物学及医学的人才，为相关行业输送了大量的骨干力量。即使在晚年，胡经甫先生仍在军内培养了大量的医学昆虫专业人才，为中国医学昆虫学事业填补了诸多的空白。1972 年，胡经甫先生因心脏病发作病逝于北京，享年 76 岁。

胡经甫先生一生用自己的知识报效祖国。他不求名利，不摆架子，默默地在自己的事业上做出了卓越的贡献。胡经甫先生主编的《中国重要医学动物鉴定手册》直到今天仍被使用，为中国医疗事业和国防建设发光发热。

刘崇乐

刘崇乐，1901 年出生于上海。他是中国科学院昆明动物研究所的首任所长，也是北京农业大学（现中国农业大学）昆虫学系第一任系主任，著名昆虫学家和农业教育学家。

刘崇乐先生于 1920 年毕业于清华大学，并在同年前往美国康奈尔大学攻读昆虫学专业。1922 年，获得康奈尔大学农学学士学位并继续对昆虫学进行深造。1926 年获得康奈尔大学博士学位，并于同年回国。回国后，刘崇乐先生出任清华大学生物系系主任及教授，并创办昆虫研究所，任第一任所长，培养了一大批中国早年的昆虫学家。抗日战争爆发后，刘崇乐先

刘崇乐（1901—1969）

生跟随学校共同南迁至昆明，并开始了云南地区的昆虫学研究，直到战争结束后随校返回北京。

1949 年中华人民共和国成立后，刘崇乐先生继续在北京农业大学、北京师范大学、清华大学等多所高校进行教学事业和学术研究，并于 1955 年被授予中国第一

批中国科学院学部委员（即中国科学院院士）。刘崇乐先生一生致力于昆虫防治学、昆虫文献学及昆虫利用的研究与实践。曾有效地对胡蜂科、瓢虫科等昆虫类群进行了农业防治应用。刘崇乐先生在科研及教学事业均著述甚丰，他不仅长期担任《昆虫学报》的主编，还在中外刊物发表论文 53 篇，撰写学术专著 6 部，译著 2 部。这些贡献对整个中国昆虫学事业无疑是巨大的。

"文革"期间，刘崇乐先生受到了非人的折磨和逼迫，与一大批科研人员一起被关押在牛棚之中，受到了惨无人道的对待。他们长期没有足够的食物供应，有一次，由于饥饿难忍，他捡起地上的几粒玉米充饥，竟也被无情地暴打直至吐出。除此以外，刘崇乐先生的小儿子也在"文革"期间被迫害致死。由于长期的肉体及精神折磨，刘崇乐先生身患重病，且根本没有任何医治的机会。1969 年 1 月 6 日，刘崇乐先生含冤病逝于北京，享年 68 岁。

在"文革"结束后，刘崇乐先生终于得到了平反。但中国昆虫学界却再也找不回昔日先生的身影。这无疑是整个中国昆虫学事业的巨大损失。不幸中的万幸，刘崇乐先生所著的《中国经济昆虫志》被保存至今，为昆虫学事业继续奉献着无可替代的价值。

蔡邦华

蔡邦华，1902 年出生于江苏溧阳。他是中国最早从事昆虫分类研究的昆虫学家之一，同时，蔡邦华先生还是中国森林昆虫学的开拓者，为中国昆虫学事业填补了众多的空白。

蔡邦华先生在 1920 年前往日本鹿儿岛国立高等农林学校动植物科求学，1924 年获得学士学位，并于同年回到中国。回国后，蔡邦华先生便被当时北京农业大学校长章士钊先生邀请，成为当时整个中国最年轻的大学教授。1927 年，蔡邦华先生再度前往日本东京帝国大学，开始了直翅目昆虫分类等研究。

蔡邦华（1902—1983）

1928 年回到中国后，蔡邦华先生应浙江省昆虫局局长邹树文先生之邀，担任昆虫局高级技师，并于不久后前往浙江大学农学院任教，最终于 1937 年任浙江省昆虫局局长，为当时的农业防护做出了巨大的贡献。1949 年，蔡邦华先生以中国人民政治协商会议第一届全国委员会委员的身份参加了

开国大典。1955 年，蔡邦华先生因在中国农业及昆虫事业的突出贡献，成功当选首批中国科学院学部委员（即中科院院士）。此后蔡邦华先生一直在昆虫学事业上进行着"开疆拓土"性的研究。

蔡邦华先生在学术上对中国昆虫学事业的影响是巨大的。以昆虫分类学来说，蔡邦华先生主要针对直翅目、等翅目、半翅目、鞘翅目、鳞翅目等多个类群进行分类整理，并为中国昆虫分类增添了新属、新亚属及新种 150 余个。

在教育方面，蔡邦华先生更是为中国昆虫学事业输送了大批的人才，是名副其实的"桃李满天下"。如蒋书楠先生、蔡晓明先生、黄复生先生和管致和先生等均出自蔡邦华先生门下。

1956 年和 1983 年，蔡邦华先生所著的《昆虫分类学》上、下册正式出版，这套中国昆虫分类学巨著对后世的影响深远。可以说，几乎每一名从事于中国昆虫学研究的人员，都会仔细地阅读这部书籍，以搭建整个中国昆虫学的系统框架。

1983 年 8 月 8 日，蔡邦华先生因病逝于北京，享年 81 岁。蔡邦华先生的一生始终秉持着强烈的科研奉献精神，为昆虫学研究事业和农业教育事业做出了不可替代的巨大贡献。2017 年，由中国昆虫学家共同修订的蔡邦华先生著作《昆虫分类学》最新版出版，又一次引起了昆虫学业界的巨大反响。

陆近仁

陆近仁，1904 年出生于江苏常熟。与其弟弟陆宝麟先生均为著名的昆虫学家。陆近仁先生被誉为"中国的斯诺得格拉斯"。陆近仁先生还是迄今为止少有的以研究昆虫肌肉系统为目标的昆虫学家。除此以外，陆近仁先生也是中国鳞翅目昆虫学研究的奠基人之一，为开创中国鳞翅目昆虫幼虫的分类做出了巨大的贡献。

1922 年，陆近仁先生考入江苏东吴大学生物系，1926 年毕业后直接留校任教。1934 年在东吴大学获得硕士学位后，前往美国康奈尔大学深造，主要研究鳞翅目昆虫的形态特征，并于 1936 年获得哲学博士学位。

陆近仁（1904—1966）

回国后，陆近仁先生继续在东吴大学任教。1938—1949 年，他被聘为昆明清华大学农业研究所和国立清华大学农学院昆虫学系教授。中华人民共和国成立

后，陆近仁先生出任北京农业大学（现中国农业大学）昆虫学系和植物保护学系教授，并在 1956 年被评为一级教授。他除了长期致力于生物学和昆虫学的科研工作外，在昆虫学教育事业上也功勋卓著。只要是在课堂讲述的内容，陆近仁先生都要先进行严谨的研究以及实际的应用，确定无误后才教授给学生。他不仅培养出众多对中国昆虫学事业贡献卓著的昆虫学家，也受到了社会各界的好评。迄今为止，陆近仁先生讲授的"昆虫形态学"仍被各大昆虫学院校誉为基础理论联系实际的典范。

"文革"时期，社会上很多有建树、有成就、讲真理的科学家惨遭迫害，陆近仁先生亦未能幸免。1966 年 9 月 1 日，一代昆虫学家陆近仁先生因不堪忍受这样的对待，与夫人双双自杀于家中，含冤而逝，享年 62 岁。在"文革"十年浩劫结束后，陆近仁先生终于被彻底平反昭雪。1993 年，北京农业大学为了表彰、纪念陆近仁先生对中国昆虫学事业的伟大贡献，追授他"首届荣誉农大人奖"。

陈世骧

陈世骧，1905 年出生在浙江嘉兴的一个书香世家。他是中国著名的生物学家、昆虫学家和进化分类学家，曾任中央研究院动物研究所研究员、中国科学院昆虫研究所所长、动物研究所所长、名誉所长、中国昆虫学会理事长和中国农学会副理事长等重要社会职位。他在昆虫学、进化学等方面均有着不可替代的贡献。

陈世骧先生的家乡浙江嘉兴种植着大量的水稻，同时也是稻螟猖獗之地，陈世骧先生从小便目睹了昆虫对农作物的巨大危害，并和其父亲陈坚先生共同发起了中国第一个民间治虫组织——治螟委员会。这件

陈世骧（1905—1988）

事情也为陈世骧先生日后从事昆虫学及生物学研究埋下了伏笔。

1928 年，陈世骧先生毕业于上海复旦大学生物学系，并在同年前往法国巴黎大学留学。经过了几年十分刻苦努力的研学，他于 1934 年获得法国巴黎大学博士学位。不仅如此，他的博士论文《中国和越南北部的叶甲亚科研究》还获得了法国昆虫学会的巴赛奖金。

1934 年回国后，他便开始了他的科研生涯。中华人民共和国成立后，陈世骧先

生先后被任命为中国科学院上海实验生物研究所昆虫研究室研究员、室主任，中国科学院昆虫研究所所长，并在 1955 年被聘为中国科学院学部委员（即中国科学院院士），1962 年担任中国科学院动物研究所所长。

陈世骧先生在昆虫学领域中，毕生研究叶甲系统分类，一生共发表论文和专著 170 余篇（部），并发表了 700 多个昆虫新种，60 多个新属。同时，陈世骧先生还是《昆虫学报》及《动物分类学报》主编，并在 1985 年主持编写了昆虫学巨著《中国动物志·昆虫纲·鞘翅目·铁甲科》。

除了昆虫学外，陈世骧先生在进化学中也有着不可替代的贡献。在科研生涯中，他对物种的进化规律和分类原理进行了极为深入的研究。1975 年他总结出了著名的"又变又不变"物种理论。在这个理论中，他明确指出了物种在进化过程中有变化的一面，也有不变的一面。变化的产物即为新征，而不变的产物则是祖征。最终，陈世骧先生将其对生物进化学和分类学的理论进行了总结，并撰写了《进化论与分类学》，为生物进化学及分类学研究提供了重要的理论参考依据。同时，陈世骧先生还针对达尔文的自然学说提出了三点重要的补充，丰富了达尔文自然选择的理论学说。

陈世骧先生在生物分类学上，最具代表性的成就便是在五界分类系统的基础上划定了病毒的明确界限，将其变为六界分类系统，即将地球上的生物分为动物界、植物界、真菌界、原核生物界、原生生物界和病毒界 6 大家族。直到今天，六界系统仍被很多生物分类学家所沿用。

1988 年，陈世骧先生病逝于北京，享年 83 岁。陈世骧先生一生都在为中国生物学及昆虫学研究事业做着贡献。在他的追悼会上，著名昆虫学家杨集昆先生撰写的挽联正可以作为他一生科学理论贡献的总结和写照："生命从无到有从猿到人发展生物史十件大事永垂史册，物种变又不变祖征新征进化分类学二个论点激发科学。"

朱弘复

朱弘复，1910 年出生在江苏南通。他是中国著名的昆虫学家，在鳞翅目昆虫分类和农业昆虫学领域中有着很高的科研建树，在昆虫分类学原理与方法方面也具有开拓性的成果。他在《动物分类学理论依据》一书中发表了蛾类支序分类 2 篇，蚜虫数值分类论文 1 篇。除此以外，他还在棉花害虫发生与防治的方面亦有大量学术论文及专著。他曾任北平研究院动物研究所昆虫研究室主任、研究员，中国科学院

朱弘复（1910—2002）

昆虫研究所、动物研究所研究员、副所长、代理所长和国家科委农业组组长等社会职务，并先后任《昆虫学报》副主编、主编，《植物保护学报》编委，《动物学辑刊》主编等职。

朱弘复先生 1931 年以优异的成绩考入清华大学生物系，1935 年获理学学士学位，在同一年留校任农业研究所助教。在著名昆虫学家刘崇乐先生的影响下，他对昆虫产生了极大的兴趣。1937 年，朱弘复先生随校南迁至昆明，并开始了农业昆虫学的研究。1941 年，朱弘复先生考取清华大学公派留学生，前往美国伊利诺伊大学攻读昆虫学，并于 1942 年获得昆虫学硕士学位，1945 年获哲学博士学位。1946 年他被聘为美国威斯灵大学客座教授。1947 年秋，他应时任北平研究院动物研究所所长张玺先生的邀请，回国任研究员。

中华人民共和国成立后，朱弘复先生先后任中国科学院实验生物研究所研究员兼昆虫研究室副主任，昆虫研究所副所长和动物研究所研究员兼副所长、代理所长等职务。1950 年，他担任中国昆虫学会秘书长，1978—1982 年任中国昆虫学会副理事长兼秘书长，1982 年任理事长。

朱弘复先生毕生致力于分类学及农业昆虫学研究。他最具代表性的著作是《中国经济昆虫志·夜蛾科》（共三册）、《中国经济昆虫志·天蛾科》《蛾类图册》和《蚜虫概论》等。除此以外，朱弘复先生对幼虫分类学研究亦有很大的贡献。其中，他所著专著《昆虫幼期分类》一书在美国布朗公司出版，并被美国各个大学昆虫学系广泛使用。为了表彰朱弘复先生对昆虫学幼期分类的贡献，1975 年美国昆虫学代表团访华时授予他"杰出昆虫学家"奖。

朱弘复先生一生都在无私地为昆虫学事业发展做贡献。即使年过八旬，他仍以"生命不息，雕虫不止""为攀高峰奋蹄腕，化雨人间自着鞭"的精神奋斗在科研第一线。在昆虫学研究的同时他还为中国昆虫学事业培养、输送了大量的人才。

2002 年，朱弘复先生病逝于北京，享年 92 岁。在他的奋斗下，中国昆虫学鳞翅目及幼虫分类取得了很大的发展。朱弘复先生的大量专著和文献至今仍被大量引用，是昆虫学研究不可多得的参考资料。

周尧

周尧，1912年出生于浙江宁波。他是一位非常爱国的昆虫学家，对昆虫分类学、昆虫形态学、昆虫文化及昆虫手绘方面贡献卓著。周尧先生在中国鳞翅目蝴蝶领域建树巨大，经过不懈努力终于编著成中国鳞翅目分类巨著《中国蝴蝶志》和《中国蝴蝶分类与鉴定》，也因此被业内人士称为"蝶圣"。除此以外，周尧先生还致力于昆虫科学绘图工作，晚年出版的《周尧昆虫图集》收录其60余年的作品共近千幅，至今仍被各类文献所引用。

周尧（1912—2008）

周尧先生在1934年进入江苏南通大学农学院，因学业优异获学校出资前往意大利那波利大学学习，师从世界昆虫分类学权威西尔维斯特利（Silvestri）教授，同时也是西尔维斯特利教授7名外国研究生中唯一来自东方的优秀学生。1937年，卢沟桥事件爆发，爱国的周尧先生不顾当时各位老师的挽留，执意回到中国参军，并留下"报国之日短，求学之日长。不杀大虫，杀小虫何用"的豪言壮语。在1938年回国后的第二天便穿上了军装，随军奔赴抗日战争前线。直到后来所在部队的师长发现其科研人员身份，才劝其退伍继续进行研究工作。

1939年，周尧先生被聘为西北农学院（现西北农林科技大学）教授。在进行昆虫学研究的同时，他还常年进行着昆虫学、农业学的教学工作，一做就是40年的时间。在1979年，周尧先生还创办了中国昆虫学术的国际性刊物《昆虫分类学报》。直到现在，这部刊物中所收录的文献仍代表着中国昆虫学术的尖端水平。

退休后，周尧先生继续从事着自己的昆虫科学研究。1982年，周尧先生提出建立昆虫博物馆，直到5年后，中国第一个昆虫博物馆——周尧昆虫博物馆在西北农学院建成。1999年，昆虫博物馆二期工程新馆建成。现在，一座占地面积为4500平方米的现代化展馆仍然矗立在西北农林科技大学的校园之中。

周尧先生的一生都献给了中国昆虫学事业。在其晚年，还有多部著作不断出版发行，为中国昆虫业内人士提供着极为重要的参考。周尧先生在科研中所取得的辉煌成绩极多，如圣马力诺国际科学院院士，亚洲农业杰出人士奖等。他所培养出的一大批昆虫学家至今都是整个中国昆虫学的骨干力量。

2008 年，周尧先生病逝于陕西杨凌，享年 96 岁。

杨集昆

杨集昆，1925 年出生于湖北宜昌的一个知识分子家庭中。他一生中为中国昆虫形态学、昆虫分类学、昆虫行为学和农业教育等方面做出了巨大的贡献。杨集昆先生在中国昆虫学的发展中至今仍发挥着不可替代的作用。

杨集昆先生从最底层的实验员开始，不断经历各类挑战，直至成为整个昆虫学术界的引领者。1944 年，高中毕业的杨集昆先生由于家道中落，不得已放弃学业进行谋生。在这阶段，杨集昆先生继续努力自学，并在 1946 年以第一名的成绩考入了清华大学昆虫学

杨集昆（1925—2006）

系练习生。出于对昆虫的酷爱，杨集昆先生在清华期间常常进行着超负荷的学习与工作，这也使他在 20 岁时就已有了极为深厚的昆虫学基底。他对昆虫的热情以及扎实的知识博得了刘崇乐先生的赏识。然而，文凭的短处使他要比常人付出了更多的艰辛——仅从练习生到助教就花费了长达 8 年的时间。

自 1952 年以来，杨集昆先生在北京农业大学（现中国农业大学）昆虫学系及植物保护系先后任助教、讲师、副教授，并于 1983 年晋升为教授。由于杨集昆先生出众的学术成果，他还被聘为中国昆虫学会理事、北京昆虫学会常务理事、《昆虫世界》和《北京昆虫学会通讯》主编、《昆虫分类学报》副主编、《动物分类学报》和《动物世界》编委等职。

在杨集昆先生的一生中，仅发表的论著就有 700 余篇（部），而先后发表的新科、新属、新种更是难以计数，分类研究类群涉及昆虫纲 18 目 100 余科，在此基础上填补了脉翅目、捻翅目等类群研究的空白。同时，杨集昆先生在很多领域创造了中国昆虫学术上的"第一"，其中最具代表性的便是在 1964 年他和周尧先生合作的论文《原尾目昆虫之研究》，这篇论文震动了世界昆虫学界，打破了"中国没有原尾虫"的结论，使昆虫学家们不得不重新考虑原尾目昆虫的分布问题。

在教育方面，杨集昆先生同样功勋卓著。在几十年的教学生涯中，杨集昆先生培养出了当代一大批昆虫学家，他们也是当今中国昆虫学术界的骨干力量。不仅如此，杨集昆先生对中小学生昆虫科普事业也有着辉煌的贡献，例如，仅少年宫和

夏令营的昆虫科普活动就持续了 30 余年。

2003 年，杨集昆先生将毕生所积累的书籍文献、文化昆虫及上万件昆虫标本捐赠给中国农业大学，为后世的人才培养做出了极大的贡献。2006 年 2 月，杨集昆先生病逝于北京，享年 81 岁。

纵观现代意义上的中国昆虫学历史，为中国昆虫学事业做出伟大贡献的昆虫学家们还大有人在。但由于篇幅有限，在此实难将他们一一列举给各位读者。但是，这些伟大的昆虫学家无论是他们为中国自然科学事业做出的贡献，还是老一辈科学家的学术精神，都应该值得我们永远铭记和学习。在此，仅以无限的缅怀之情向已经离我们远去的中国伟大昆虫学家们致敬！

第二章

昆虫的生存武器

> 我们永远不知道，在昆虫那小小的躯体中，究竟隐藏着多少奥秘！
>
> ——让·亨利·法布尔（Jean Henri Fabre）

拥有捕捉足的华丽弧纹螳

无论是干旱的沙漠、温暖的雨林、宁静的湖泊，甚至是小区的庭院、家中的角落……在很多地方，我们都能与昆虫不期而遇。为了适应如此多样的环境，在长期的演化中，昆虫特化出了各式各样的形态，这对昆虫占据广大生态位创造了十分有利的条件。同样，也正因这些繁多且特殊的身体结构，让我们在辨认昆虫时有了极为关键的参考。虽然没有人可以将全世界的昆虫一下都叫出名来，但根据它们形态上的规律，我们便有办法将全世界的昆虫进行鉴定。当你看到昆虫们繁多的身体结构，并了解到它们在生存中存在的意义后，相信也会和法布尔一样感叹："我们永远不知道，在昆虫那小小的躯体中，究竟隐藏着多少奥秘！"

昆虫的身体从外观上看分为了头部、胸部和腹部。在这三个体段上又着生着很多重要的附肢或器官。这些附肢随着环境的不同而特化成各式各样的形态。当我们了解了这些附肢的每一类形态后，就可以协助我们识别昆虫。同时，一旦我们了解到不同昆虫所处的不同环境，便会发现它们特化出的形态对它们适应环境以及配合它们的习性是多么恰到好处。在本章中，我会按照昆虫体段的顺序来依次向大家介绍这些有趣的身体结构，并介绍不同形态的昆虫代表类群。

第一节　触角，感受外界的"天线"

触角，是昆虫头部一对伸向前方的感觉附肢。纵观整个昆虫纲生物，除了一些较为高等的双翅目幼虫，或一些以内寄生方式生存的特殊昆虫类群没有触角外，其他类群几乎均着生有触角。

几乎所有的昆虫纲生物都有触角

昆虫的触角由三个部分组成，分别是柄节、梗节和鞭节。其中，柄节一般较为粗大，着生在头部额区两侧的触角窝内。梗节一般较为短小，它们大多数都是由一节组成。而鞭节则是触角中最长的部分，形态上也最具多样性，通常由几个到几十个，甚至上百个小节所组成，这些小节称为鞭小节。一些蜚蠊目昆虫的鞭小节能有100多个，而膜翅目三节叶蜂的鞭小节仅有一个。

那么，在整个昆虫纲中，到底可以见到哪些形态各异的触角呢？下面，我们就来简单地介绍一下。

常规配置——丝状触角

具有丝状触角的螽斯

昆虫的触角随着环境和昆虫习性的不同而具有多样的形态。在昆虫中最常见的触角类型称为丝状触角，也称为线状触角。这类触角除了第一、二节稍稍膨大外，剩下的宽度几乎完全相等，且没有什么特殊的改变，如螽斯、蟋蟀和天牛的触角均为丝状触角。可以说，当你看到一种昆虫的触角无论从长短还是外观上都没有任何特殊的结构，那么基本上就可以判定它的触角是丝状触角了。

短小精悍——刚毛状触角

在介绍这一类触角之前，我们可以先回想一下，在你的印象里，蜻蜓和蝉类的触角长什么样子呢？相信大多数人并不能一下子想出这两类常见昆虫触角的样子，甚至一直认为这两类昆虫根本就没有触角。这是因为它们的触角都极其短小，不仔细观察的话用肉眼是很难

具有刚毛状触角的蜻蜓

一下找到的。这类触角由于很短，且鞭节向端部逐渐变细，形似刚毛，故而称为刚毛状触角。

手串一般的触角——念珠状触角

所谓念珠状触角，是指由于这一类触角的连接处均具有明显的隘缩，使得触角的小节形成近似球状的结构，再加上每一个鞭小节都是如此，故而整体像一个念珠因而得名。念珠状触角最典型的类群便是等翅目的白蚁。除此以外，有一些甲虫触角也特化为念珠状，如隐颚扁甲等。

具有念珠状触角的白蚁

具有念珠状触角的隐颚扁甲

微缩版锯条——锯齿状触角

锯齿状触角如它的名字一般，像是一个微缩版的锯条。这一类触角的每一个鞭小节端部均向侧面突出。锯齿状触角常见于很多甲虫中，如蚕豆象或很多雄性的叩甲科昆虫就是这样

具有锯齿状触角的丽叩甲（陈尽 摄）

的触角。其中，像丽叩甲这样的大型叩甲则更加明显。

头上的大梳子——栉状触角

栉这个字的本意是梳子和篦子的总称，也比喻像梳齿那样密集排列的样子，因此，栉状触角便是像梳子一样的触角。这一类触角和锯齿状触角很相似，但它在各鞭小节向一侧突出的程度比锯齿状要长得多。这一类触角同样是在甲虫中出现的最多，如雄性绿豆象、叩甲科梳角叩甲属的种类都是栉状触角。另外，还有一些昆虫几乎整个家族都是栉状触角，故而这些家族的名称干脆就以栉状触角来命名，如栉角蛉科、栉角萤亚科和栉芫菁亚科等。

具有栉状触角的梳角叩甲（陈尽 摄）

具有栉状触角的栉角萤（陈尽 摄）

蛾眉的原型——羽状触角

"美人卷珠帘，深坐颦蛾眉。但见泪痕湿，不知心恨谁。"这首李白的《怨情》让很多人接触到了"蛾眉"一词。在中国古代，蛾眉是一个衡量美女眉毛美丽程度的标准，但其写法却是"蛾眉"，而非"娥眉"。其原因便是古人认为美丽的眉毛要向蛾子的触角一般。所谓的"蛾眉"，就是昆虫家族中的羽状

具有羽状触角的雄性大蚕蛾

触角，亦称为双栉状触角。在这里需要说明一下，虽然在古诗词中常将"蛾眉"比喻美女，但在自然界中，雄蛾才有真正的羽状触角，而大多数雌性蛾类一般则是毫无特点的丝状触角。雄蛾的羽状触角一般用来接收雌蛾所发出的信息素，故而演化成类似于雷达的接收装置，以增加寻觅雌蛾的成功率。

飞舞花朵的触角——棍棒状触角

棍棒状触角，也称为棒状触角或球杆状触角。这一类触角整体细长，但在端部的几个鞭小节逐渐膨大，使得整体好像一个高尔夫球杆一样，故名棍棒状触角。拥有这类触角最典型的昆虫类群就是蝴蝶。除了蝶类，还有一类昆虫也是棍棒状触角，它们的身体形态和蜻蜓极为相似，在网络中总会被称为"蜻蜓和蝴蝶的杂交个体"。实际上，这类昆虫既不是蜻蜓，也不是蝴蝶，而是一类脉翅目的昆虫。它们的家族也因有类似蝴蝶的棍棒状触角，被命名为蝶角蛉科。

具有棍棒状触角的明窗蛱蝶

具有棍棒状触角的蝶角蛉（陈尽 摄）

高等昆虫的社交工具——膝状触角

如果要问哪类昆虫整体演化程度较为高等，那么蜂类和蚁类则当之无愧。这两大类昆虫的部分物种演化出了社会性，再加上它们复杂的生物学习性，使之成为目前所有昆虫中的佼佼者。当我们去观察这些昆虫如何进行交流时，不难发现触角是其进行社交极为重要的工具。它们的触角形态特化不算大，柄节

具有膝状触角的拟光腹弓背蚁

较长，梗节较短，且柄节与梗节间多有弯曲，很像人们的膝盖，故而被称为膝状触角，也可以叫肘状触角。

迷你"鸡毛掸子"——环毛状触角

在众多的昆虫中，有一类昆虫的触角犹如迷你版的"鸡毛掸子"。这种触角除了基部的两节外，在各个鞭小节上都环生着1~2圈细微的柔毛。这些柔毛越接近基部

越长、越密，越接近端部则越短、越稀疏。我们将这类触角称为环毛状触角。拥有它们的最典型代表类群为雄性的蚊类昆虫。也正因如此，我们光看蚊类的外形，就可以轻松地判断它们的雌雄。若在家中看到一个蚊子头顶着环毛状触角，那便不必担心，因为雄蚊是不会吸血的。

具有环毛状触角的雄性摇蚊

高端探测器——具芒状触角

具芒状触角可以算是所有触角中最为复杂的一类触角了。这类触角通常很短，鞭节不分亚节，且明显比柄节和梗节要粗大很多。在这粗大的鞭节上，着生有一根显眼的刚毛状毛鬃，称为触角芒。这些触角芒的形态随着物种的不同有着较大的区别，有的触角芒密被柔毛、有的触角芒十分光滑，甚至还有一

具有具芒状触角的食蚜蝇

些触角芒为羽状结构。也正因为有这根触角芒，这类触角被称为具芒状触角。它们是蝇类所特有的触角，可以算是形态上较为先进的触角类型之一。

低调的探测利器——锤状触角

锤状触角和棍棒状触角较为相似，同样都是触角的整体较为细长，端部膨大。但锤状触角是在近端部最后几个鞭小节突然膨大的，而棍棒状触角则是近端部几个鞭小节逐渐膨大的。从外观上看，这一类触角更像是一把小铁锤，故而称为锤状触角。有很多甲虫都是锤状触角，最常见的代表类群为瓢虫。除此

具有锤状触角的瓢虫

以外，还有一类甲虫也具有这类触角，但它们的整体形态又和瓢虫有着较为明显的差别，分类学上将这一类甲虫称为伪瓢科昆虫。

多功能触角——鳃状触角

鳃状触角端部的几个鞭小节扩展成一个一个的叶片状结构，并且可以自由地进行开合动作。从形态上来说很像是鱼类的鳃部，因此得名。这一类触角是甲虫中金龟子类所特有的，故而金龟子类又被称为"鳃角类甲虫"。在整个金龟子家族中，有一个小家族因为鳃状触角极为发达，故而这一类金龟子便被称为鳃金龟。当然，我们熟知的双叉犀金龟，也就是独角仙，以及蜣螂等均为鳃状触角，就连勇猛善战的锹甲科昆虫也不例外。这种触角除了可以感知外界环境外，还能够捕捉到空气中的气味分子，从而帮助昆虫找到食物。怪不得著名昆虫学家法布尔在他的《昆虫记》中曾夸张地说："在班杜山上，只要你放一个屁，马上就会有各种各样的蜣螂飞过来。"

具有鳃状触角的鳃金龟

具有鳃状触角的锹甲

在此需要强调一下，以上所介绍的触角只是昆虫家族中最为常见的几种类型。其实，昆虫的触角还会有更多不同的形态。这些触角有可能形状特别，或者结构极为特殊。因此在观察、描述昆虫时，应该视具体情况对待。

触角的功能有哪些？

实际上，昆虫的触角绝对不仅仅只有探测这一个功能。可以说，触角对昆虫来说甚至比复眼的功能更为复杂。除了探测以外，触角常见的功能还有觅食、聚集、求偶、寻找产卵的合适地点等。

除了上述这些主要的功能外，一些特殊的昆虫触角甚至还会发挥更加广泛的作用。例如，雄性蛾类的羽状触角除了探测和接受雌蛾信息素外，还会有类似于嗅觉的作用；雄性蚊子的环毛状触角还有类似听觉的功能。

此外，还有一些触角在一些昆虫上还起到了独一无二的特殊作用，这些作用都是根据这些昆虫的习性而长期特化形成的。如仰泳蝽科昆虫的触角会帮助仰泳蝽在

水中平衡身体；水龟甲科昆虫的触角会帮助其进行呼吸；雄性跳蚤及芫菁科昆虫的触角在其交配时有抱握雌虫的作用等。

　　各式各样的触角对昆虫来说极其重要。这一对头部的附肢使得昆虫在自然界中比其他动物更具优势，也让它们在地球众多动物中脱颖而出。

雄性芫菁触角起到辅助交配的作用

第二节　口器，多样性的取食利器

昆虫的取食器官称为口器

除了一些单细胞动物外，几乎所有的动物都有完整的取食器官，昆虫也不例外。只不过，我们不能称昆虫的取食器官为"嘴"。在昆虫学中，我们将昆虫的取食器官称为"口器"，也称作"取食器"。它是由昆虫头部体壁中的上唇、舌及三对附肢（上颚、下颚、下唇）组成的。

昆虫为了适应不同的生存环境，演化出了各种各样的食性，如肉食性、植食性、腐食性和杂食性等。而针对昆虫不同食性与取食目标，它们的口器也特化出了各种各样的形态。在本节中，将详细地介绍昆虫口器的各个类型，举出代表性昆虫，并结合其实际取食目标加以说明。

昆虫的头式

在介绍昆虫的口器之前，我们先来说一说昆虫的头式。所谓头式，简单来说便是昆虫头部的形式。由于昆虫取食方式和口器形态的不同，其口器构造和着生位置也发生了相应的改变。我们根据昆虫口器的着生方向将其分成三个类型，即下口式、前口式和后口式。

下口式也称为直口式，是最为原始的口式，也是昆虫家族中最常见的一种

下口式的代表——蝗虫

前口式的代表——步甲

后口式的代表——长鼻蜡蝉

口式。一般来说，啃食植物的昆虫均为这种口式。它们的口器着生在头部的下方，以方便对食物的取食。具有下口式的昆虫代表为蝗虫等。

前口式顾名思义便是口器着生在头部的前方或前下方。如果我们按照其口器的方向做一条纵轴，前口式昆虫的这条纵轴则与昆虫身体的纵轴平行或成钝角。拥有这类口式的昆虫多为肉食性昆虫，抑或是以钻蛀为主的植食性昆虫。具有前口式的昆虫代表为步甲等。

后口式的口器着生在头部的后下方，且其口器指向昆虫的后端，口器的纵轴线与身体的纵轴线夹角为锐角。拥有后口式的昆虫一般以液体为食，如具有吸血习性或取食植物汁液的昆虫。具有后口式的昆虫代表为蝉类。

了解了昆虫的三种口式后，我们再来说一说昆虫各式各样的口器。昆虫由于食性、取食目标和取食方式的不同，在漫长的演化中特化出了可以便于每一种昆虫取食的口器形态。

常规配置——咀嚼式口器

咀嚼式口器是昆虫中最为常见、最为原始，同时也是最为典型的口器。绝大多数的昆虫都是咀嚼式口器。虽然这一类口器为"常规配置"，但并不是说就没有任何的特化。

咀嚼式口器会因一些昆虫的不同食性及本身习性的不同而发生改变。例如，

咀嚼式口器为最常见的口器类型

裂唇蜓稚虫的下唇罩　　　　　　　　　　裂唇蜓稚虫利用下唇罩捕捉猎物

蝴蝶、蛾类等幼虫咀嚼式口器中的上唇和上颚与常规的咀嚼式口器相似，但其下颚、下唇与舌则愈合在一起，并在端部有一个突出的吐丝器，用来吐丝。在所有的咀嚼式口器中，最为特殊的要数蜻蜓的稚虫了。蜻蜓稚虫的下唇极为发达，并且可以伸缩、弹射，并在端部左右分开，昆虫学中将它们的下唇称为"下唇罩"。当蜻蜓稚虫平时潜伏在水中时，下唇罩会收起于头部前端或下端，而当有食物在其前面游过时，下唇罩则会迅速弹射出去，并将猎物牢牢抓住，慢慢收回取食。

　　咀嚼式口器在植食性、肉食性、腐食性、杂食性的昆虫类群中均有出现，如蝗虫、螳螂、葬甲、蟑螂等均为咀嚼式口器。

可伸缩吸管——虹吸式口器

　　虹吸式口器最大的特点便是其上颚极度退化或消失，由下颚的一对外颚特化成为一条可以伸缩自如的卷曲口器。这一类口器由绝大多数蝶类及蛾类所拥有。

　　虽然虹吸式口器可以伸缩自如，但其各个动作的原理却不尽相同。在一般情况下，虹吸式口器靠表皮的固有弹力

天蛾利用虹吸式口器觅食

进行卷曲；当虹吸式口器紧密卷曲时，则需要其内部肌肉进行收缩才可完成；在取食时，虹吸式口器将依靠淋巴压的升高而完成伸展动作。所谓的淋巴压，类似于我们人体的血压，是昆虫体液的内在压力。

具有虹吸式口器的昆虫会依靠这类特殊的口器取食植物花蜜或果实的汁液，抑或是吸食树皮流出的汁液以及露水。很多人都认为虹吸式口器都极为柔软，对植物"无毒无害"，但实际上仍有少量虹吸式口器较为尖锐，会对植物造成损伤性破坏，如一些天蛾科昆虫，它们口器端部尖锐会刺入果实内吸食果汁。

多功能口器——嚼吸式口器

嚼吸式口器可以算是所有昆虫口器中功能最多样的了。首先，这一类口器的上颚呈匙状骨化，具有咀嚼花粉、处理蜡及树脂等协助筑巢和整理巢房、打斗及搬运等多种功能。口器中的舌可以延长，且上面密被着短毛结构。在取食时，舌深入花中，将花蜜粘附在这些密密麻麻的毛上，之后缩回将这些液体送

蜜蜂利用嚼吸式口器采集花蜜

到由外颚叶和下唇须所形成的一个"食物道"中。食物被送入口器中后，唾液道会分泌大量的唾液，这些唾液可以溶解固体或半固体的糖分。

看过如上描述，相信你已经可以猜测出拥有嚼吸式口器的昆虫类群了。没错！嚼吸式口器便是蜜蜂总科所特有的口器类型。正是因为有了这类口器的存在，蜜蜂才可以酿造出甜蜜无比的蜂蜜。

尖锐注射器——刺吸式口器

刺吸式口器顾名思义便是口器从外观上来看为一个针刺状的结构。这种口器最大的特点是具有口针和喙。一般来说，口针是由上下颚特化而成，上颚特化的口针在外侧，下颚特化的口针在内侧。除此以外，大部分刺吸式口器的下唇会形成 1~4 节的喙，平时将口针包

猎蝽若虫利用刺吸式口器捕食猎物

蚊类为典型的刺吸式口器（崔世辰 摄）　　　利用刺吸式口器吸食树汁的蝉

裹在其中。虽然我们看到昆虫的刺吸式口器好像只是一根针，但实际上却是由很多的针刺状结构共同构成的。

拥有刺吸式口器的昆虫都是以液体为食的。其中最具代表性的昆虫类群便是蝉类和蝽类。当然，蚊类、跳蚤、虱子等吸食血液的昆虫也是刺吸式口器。除了植食性昆虫和以血液为食的昆虫外，刺吸式口器还出现在很多肉食性昆虫中，如猎蝽。它们的刺吸式口器用以捕捉猎物，当发现猎物后，猎蝽会用其极为尖锐的刺吸式口器刺入猎物身体，同时分泌消化液，之后便将猎物的体液吸食干净。

不同种类的昆虫，其刺吸式口器的形态也具有一定的差异。如雌性蚊子的刺吸式口器有 6 根口针，这 6 根口针是由上唇、上颚、下颚和舌分别特化而成的；而跳蚤的口针却是由内唇与下颚的内颚叶特化而成，且每根由下颚特化的口针内有一条唾液道。

死神的镰刀——捕吸式口器

当我们行走在夏日的砂石路上时，经常可以看到路边有着一个又一个类似漏斗一样的小坑，对昆虫较为熟悉的人们便会知道，那是蚁狮的巢穴。而它们，便是捕吸式口器的最佳代表物种之一。

捕吸式口器，其上颚延长呈镰刀一般，且腹面有一个槽状结构，下颚的外颚叶也相应延长并紧紧贴在“镰刀”下面，形成了一对刺吸状结构。因此，捕吸式口器也被称作“双刺吸式口器”。

除了蚁狮外，其所属家族的脉翅目幼虫，以及萤火虫幼虫和龙虱的幼虫也具有捕吸式口器。很多人第一次看到这类口器时，都会认为它们可以取食大量的固体食

物。但实际上，拥有捕吸式口器的昆虫只是将这一对"镰刀"刺入猎物体内，和刺吸式口器一样注入消化液，之后把猎物举起，将被消化的液体食物吸入体内。当然，除了形态上与真正的刺吸式口器不同，其昆虫的习性也和刺吸式口器昆虫有差异。刺吸式口器的食性相对较广，有植食性、肉食性和以血液为食，而拥有捕吸式口器的昆虫则全部都是肉食性。

蚁狮为捕吸式口器的代表

被蚁狮捕吸式口器捕获的蚂蚁

复杂集合体——舐吸式口器

舐吸式口器的形态极为复杂，其口器的最大特点便是由下唇特化成喙，且可以自由伸缩。拥有舐吸式口器的昆虫是我们熟悉的蝇类。

我们以最为常见的家蝇为例进行说明。家蝇的舐吸式口器上颚消失，下颚仅有 1 对下颚须。喙由下唇特化形成，在其前端具有两个椭圆形的膜质唇瓣，

拥有舐吸式口器的蝇类

两个唇瓣间的缝隙与食物道相通，并用以流出唾液。舌呈刀片状，紧贴在上唇后面，并含有唾液道。

当其取食时，先要将喙伸直，两个唇瓣展开并贴在食物的表面，此时进行不断地吸取动作，液态的食物便汇聚在两个唇瓣之间的缝隙中，再经由食物道流入消化道。当它们不取食时，整个喙部则折叠于头部下方。

暴力吸血机——切舐式口器

切舐式口器在昆虫的口器中特化的较为暴力。这一类口器的特点是上唇较长，且端部极为尖锐，并在其内部具有槽状结构，与口针状的舌合并成为食物道。切舐式口器的上颚特化为锋利的刀片状，同样有着极为尖锐的端部。下颚的外颚叶则形成了较为坚硬的口针，有利于吸食液态的食物。其下唇肥大柔软，并在端部也有一对和舐吸式口器一样的唇瓣。

虻类为切舐式口器的代表

切舐式口器是虻类昆虫所特有的口器，这一类昆虫以动物血液为食。当虻类要进食时，会先用锋利的上唇及上颚切破动物的皮肤，并用下颚的口针上下抽动，以达到扩大目标伤口的效果。当目标动物的皮肤被切开并开始流血时，虻类昆虫便会用唇瓣贴到其伤口处，吸取血液抑或是节肢动物的体液来获得食物。

最为退化的口器——刮吸式口器

刮吸式口器是所有昆虫口器中最为退化的一类。从外观上来看，我们只能见到有一对口钩，这对口钩是头部高度骨化后的次生结构，用来刮破目标并吸食液态食物。

刮吸式口器是蝇类幼虫所特有的口器。一般来说，蝇类幼虫被称为蛆虫，主要以腐烂的动物尸体为食。蝇类的幼

拥有刮吸式口器的蝇类幼虫（崔世辰 摄）

虫一般会将整个头部缩于胸部之内，当它们要进食时，口钩则会伸出，将腐烂的表皮或组织刮破，并吸食流出的液体食物或一些尸体上的固体碎屑。

最后有一点值得说明，虽然各式各样的口器可以帮助昆虫获得食物，但并不是所有的昆虫都具有口器。一些昆虫在成虫期，其口器会退化或没有任何功能，这些

昆虫在成虫时期是无法进食的。当它们完成了交配往往就会迅速死去，如蜉蝣和一些蝇类（如皮蝇）、雄性介壳虫等。也正因如此，这些昆虫的成虫寿命都是极为短暂的。

蜉蝣成虫的口器退化（陈尽 摄）

第三节　足，不仅仅用来爬行

昆虫头部的重要附肢或器官已经基本介绍完毕。下面，我们再来说一说昆虫胸部的重要结构。由于昆虫的胸部具有足和翅这两个重要的运动器官，因此胸部是昆虫的运动中心。

昆虫的胸部由前胸、中胸和后胸三个体节组成。在每一个胸节上各有 1 对胸足，分别称为前足、中足和后足。每个足着生在与其对应的胸节侧腹面，并生长在一个称为基节窝的结构中。昆虫的足并不仅仅简单地起到爬行的作用，由于长期的演化以及适应多样的环境及生存方式，昆虫特化出了很多类型的足。在本节中，将详细介绍这些功能多样的附肢。

胸足的基本结构

昆虫的胸足同样也是分节的。在成虫阶段，昆虫的胸足从基部到端部依次分为基节、转节、腿节（股节）、胫节、跗节和前跗节。

基节是昆虫胸足的第一节，通常比较粗短，多数呈圆锥形。但有些具有捕食性行为的昆虫前足基节有可能延长，如螳螂的前足。

转节是昆虫胸足的第二节，一般也比较短小。大多数昆虫的转节仅是 1 节，但少数昆虫的转节为两节，如蜻蜓目昆虫。当然，还有极少数的昆虫转节与腿节合并在一起，例如捻翅目昆虫。

腿节是昆虫胸足的第三节，又称股节。本节是大多数昆虫足上最发达的一节。腿节内部具有很多肌肉，这一节的粗细直接与第四节所需要的能量有关。例如善于跳跃的直翅目昆虫，它们后足常常需要发力弹射，因而其腿节极为粗壮。另外，在一些捕食性昆虫中，腿节也会特化出很多刺状或锯齿状结构，以用来扎入猎物的体内，如螳螂目昆虫的前足。

胫节是昆虫胸足的第四节，通常情况下较细长，且在其两侧经常具有成排的刺

状结构。最特殊的胫节要数一些直翅目昆虫，如螽斯。在它们的胫节上，常常会有听器，起到捕捉声音的作用。

　　跗节是昆虫胸足的第五节，一般来说会有 1~5 个跗分节。这些跗分节相互之间以膜结构相连，可以自由活动。不同数量的跗分节也常常是昆虫鉴定的判断依据之一。大多数昆虫的跗节上常常有很多毛形感器，用以感知外界环境。有些跗节还具有分泌液体的功能。除此以外，一些直翅目昆虫的跗分节腹面还具有垫状结构，称为跗垫，用来辅助它们在光滑的表面上行动。

　　前跗节是昆虫胸足的最后一节，为爪状结构，起到辅助攀附的作用。不同的昆虫会有不同数量的爪状结构，多为 1 个或 2 个。具有 2 个爪状结构的昆虫，其每一个爪状结构被称为侧爪。在很多前跗节的腹面会有一个骨片结构陷入其前端的跗分节中，称为擎爪片。除此以外，在很多具有两个侧爪昆虫的下面还会有瓣状的爪垫。

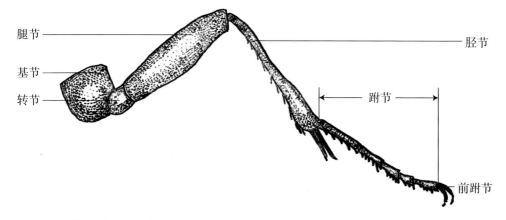

昆虫胸足结构图（汪阗 绘）

胸足的类型

　　众所周知，昆虫胸足在刚刚形成时的原始功能应仅仅用来进行爬行，但随着昆虫不断向不同环境扩散，为了适应相应的生存环境及取食、躲避、求偶等多项需求，胸足在形态上也发生了多样性的特化。下面，我们就来针对昆虫胸足的不同常见类型进行介绍：

最普遍的胸足——步行足

步行足是昆虫胸足最常见的类型。一般来说，几乎所有昆虫在成虫期都会具有至少一对步行足，而三对胸足均为步行足的昆虫也比比皆是。这类胸足在其各节上都无明显的特化，适于行走，故而也称为行走足。虽然步行足是最普遍的胸足类型，每一种昆虫的步行足在形态上也没有太多的差距，但在其除行

步行足为昆虫最常见的胸足类型

走外的辅助功能上仍有少许不同。例如，蜻蜓和蛾类等昆虫的步行足并不适合行走，更多的用处是攀附和着陆。

杀戮利刃——捕捉足

捕捉足在形态上十分易于辨认。其特征是基节极度延长，腿节较粗大，且与胫节在相对的地方着生有相互嵌入式的刺状结构。这种胸足最大用途是捕捉猎物，同时还具有防御等辅助功能。捕捉足在昆虫家族中几乎均为前足所特化而来，最具代表性的便是螳螂。当然，除了螳螂外，还有很多昆虫的前足亦为捕捉足，如脉翅目的螳蛉、半翅目的螳瘤蝽等。值得一提的是，不同的昆虫种类，其捕捉足的形态也具有较大的差距。如半翅目蝎蝽科的捕捉足向外扩展，并非如螳螂一般呈前后式伸缩；再如膜翅目螯蜂科的捕捉足是由第 5 跗节和一个爪特化而成的，并非整个足进行了特化。

前足为捕捉足的螳螂

前足为捕捉足的螳蛉

弹射助力——跳跃足

跳跃足同样是十分容易辨认的一类胸足类型。其特点为腿节极为发达粗壮，胫节细长且常具刺状结构。跳跃足在昆虫家族中均为后足特化而来，主要功能是弹跳或快速逃离天敌追击。最具代表性的昆虫类群便是直翅目昆虫，即蝗虫、螽斯、蟋蟀和蚤蝼等。另外，昆虫家族中另一类善于跳跃的跳蚤，其后足形态上与真正的跳跃足差距较大，严格意义上来说并不属于跳跃足。

直翅目昆虫后足均为跳跃足

挖土神器——开掘足

开掘足并不能算是极为常见的胸足类型。这种足整体短粗，却极为坚硬强壮，胫节和跗节常常呈宽扁状，并在其外缘有锋利的齿。开掘足是由昆虫前足所特化，主要用来挖掘土壤，因此很大部分常见于栖息在土壤中的昆虫家族内，最具有代表性的是直翅目的蝼蛄前足。除此以外，栖息在土壤中的蝉类若虫也具有开掘足。

前足为开掘足的蝼蛄（陈尽 摄）

前足为开掘足的蝉类若虫（崔世辰 摄）

水中双桨——游泳足

游泳足顾名思义是适用于游泳的足。其形态在整体上呈扁平状，如划船的桨一般，且游泳足整体特别是跗节上具有较长的缘毛。游泳足是昆虫后足特化而来，是很多水生昆虫特有的，具有代表性的昆虫为鞘翅目的龙虱和半翅目的仰泳蝽或划蝽等。但是，并不是所有的水生昆虫都具有游泳足，如半翅目负子蝽等昆虫后足便不是游泳足。

后足为游泳足的龙虱

负子蝽的后足并不是游泳足（崔世辰 摄）

采蜜花篮——携粉足

携粉足，即为可以携带花粉的足。具有携粉足的代表性昆虫便是蜜蜂（工蜂）。它是由昆虫后足特化而成，其形态较为特殊，胫节又宽又扁，并在两侧具有长毛。在外侧，特化出了可以携带花粉的花粉篮；第一跗节，即基跗节呈扁长状，内侧具有 10~12 排坚硬细毛，这些毛可以帮助蜜蜂收集黏在体毛上的

后足为携粉足的蜜蜂

花粉，称为花粉刷。不过，携粉足不是蜂类全部具有的特殊胸足，很多不以花粉为食的蜂类六足仍均为步行足，如胡蜂。

除了上述所介绍的一些胸足类型外，昆虫还具有很多其他的胸足类型：如虱子为了能够攀附在其寄主动物的体毛上，故而将胸足末端特化成了弯曲的形状，使得可以两两对应形成钳状，这种胸足称为攀缘足或攀握足；再比如雄性龙虱为了将雌龙虱紧紧抱住，以增加在水中交配的成功率，前足的 1~3 跗节膨大，且内侧具有吸盘状结构，这种胸足称为抱握足。但由于这些胸足类型并不常见，故而在此不加以赘述。

昆虫的行走方式

有这样一个经典的笑话："一只蜗牛看到马陆后，好奇地询问拥有那么多足是如何做到在爬行时不相互绊到的。马陆表示从未思考过这个问题，之后便开始陷入沉

思。从此以后，马陆便再也不会顺利地爬行了。"

这个笑话说明，人类对这些多足的动物行走方式有着极大的兴趣。昆虫虽然在节肢动物家族中足的数量并不算多，但其行走方式仍被很多昆虫学家探究。

研究表明，一般情况下（除具有特殊胸足类型的昆虫外）昆虫在行走时，

昆虫行走时常呈"之"字形前进

会将六个足分为两组，每组为三角状，即左侧前足、右侧中足和左侧后足为一组，右侧前足、左侧中足和右侧后足为一组。当向前爬行时，会将一组足抬起，另一组足同时着地支撑身体，并以中足为重心支点，如此反复交替进行。从微观上观察来看，大多数昆虫在行走时是以"之"字形曲线前进的。

第四节　翅，最早飞上蓝天的助力

从生物出现在地球上开始，一直到今天，能够翱翔于苍穹之上的动物并不算多。在这些具有飞行能力的动物中，昆虫无疑是最早飞上蓝天的类群。它们早在古生代泥盆纪时期就已经出现在了地球上，而我们熟知的鸟类，甚至是翼龙则直到中生代才演化出来。细细算来，昆虫开始享受天空的时间要比其他飞行动物至少早了几亿年。

在所有无脊椎动物中，昆虫也同样是唯一一类特化出翅结构的动物类群。这也使得它们拥有了更好地扩散及适应能力，为其成为最繁盛的动物类群提供了不可或缺的助力。

因此，翅对昆虫来说有着和其他任何器官都不可比拟的重要性。同时，翅的结构也是昆虫形态学研究领域的重中之重。在本节中，将为大家介绍这个帮助昆虫最早飞向蓝天的器官。

翅的起源

关于昆虫翅的起源问题，目前科学界仍尚无统一定论。昆虫学家们在长期研究古昆虫及比较形态学时，对昆虫翅的起源问题提出了很多假说，如著名的侧背叶翅源假说、气管鳃翅源假说、侧板翅源假说等。由于目前大多数昆虫学家所认同的假说为侧背叶翅源假说，故而在此仅对其进行简单的介绍。

侧背叶不断演化最终形成了翅

侧背叶翅源假说是由多位昆虫学家经历近 20 年的时间最终提出的。这种假说认为，昆虫的翅是由其胸部侧背叶逐渐演化而来的。在早期的昆虫中，侧

背叶向外扩展，不能运动，仅仅借助风力起到类似于滑翔的作用。在漫长的演化过程中，昆虫的侧背叶基部不断变薄，最后完全膜质化，并通过昆虫背腹肌与背纵肌的相互交替收缩而形成了最初可以活动的翅。昆虫学家们还根据种种证据猜测出特化为翅的侧背叶是一个双层的体壁结构，这种猜测在现生昆虫翅的发生研究中得到证实。

正是由于侧背叶的变化，昆虫最后完全掌握了飞行能力，并且这种能力一直保存至今并不断被改善与加强。

翅的常见类型

在漫长的岁月中，昆虫的翅不断适应昆虫所栖息的环境以及昆虫多样的习性，特化出了多种形态，并拥有了除飞行以外的多种功能。昆虫学家们在将昆虫进行分类时，也大多数先以翅的不同类型加以划分，因此出现了很多以翅来命名的昆虫家族，如鞘翅目昆虫和鳞翅目昆虫等。下面，将为大家介绍一些昆虫家族中常见的翅的类型。

最常见的翅——膜翅

膜翅在所有昆虫翅的形态中最为普遍。其全翅的质地均为轻薄且透明的膜质结构，翅上的翅脉清晰可见。这个类型的翅基本上只起到飞行一种作用。在很多具有翅的昆虫中，至少有一对翅为膜翅。其最典型的代表为蜂类和蚁类。这两大类昆虫的前后翅均为膜翅，其翅除了飞行外几乎没有任何其他作用，在

具有膜翅的蚁类

昆虫分类学上也将这两类昆虫称为膜翅目昆虫。

坚硬甲胄——鞘翅

鞘翅在大多数情况下质地非常坚硬，一般并不能见到翅脉。这一类型的翅为前翅所特化，并不具有飞行的功能，而是起到保护用于飞行的后翅以及昆虫腹部重要器官的作用。就像刀与刀鞘一般，虽然刀的功能最为重要，但在平时也需要放置于

刀鞘中加以保养和防护，这也是这类翅名称的由来，即如同刀鞘一般的翅。它们是所有具翅甲虫所特有的，因此甲虫也被称为鞘翅目昆虫。值得一提的是，虽然所有具翅甲虫的前翅均称为鞘翅，但并不是所有鞘翅都十分坚硬。如甲虫中的萤火虫鞘翅就较为柔软。

前翅为鞘翅的甲虫

软硬兼施——半鞘翅

半鞘翅又称为半翅，意为具有一半类似于鞘翅的翅。这一类翅是由昆虫的前翅特化而来。翅基部半段为鞘翅或革质，而端部半段为膜质，即大致上可以理解为这种翅一半坚硬一半柔软，这也正是此类翅名称的由来。与鞘翅不同，半鞘翅是具有飞行功能的翅，同时还起到保护的作用。具有半鞘翅的昆虫最具

前翅为半鞘翅的蝽类

代表性的则为蝽类，蝽类也因此而被称为半翅目昆虫。

色彩斑斓——鳞翅

鳞翅的质地虽为膜质，但在其翅的表面密被大量鳞粉，因此得名鳞翅。鳞翅是由昆虫前后翅特化而来。除了拥有飞行的能力外，上面鳞粉组成的各种图案还有恐吓天敌和模拟环境等作用。当然，由于翅上鳞粉的色彩不同，鳞翅往往具有多种颜色。具有鳞翅的昆虫代表为蝴蝶与蛾类，这两大类昆虫因此也被称为鳞翅目昆虫。

具有鳞翅的蝶类

细密绸缎——覆翅

覆翅的质地介于膜质与革质之间，虽不及鞘翅坚硬但却比膜翅更具有韧性。这一类翅为昆虫前翅特化而来，常覆盖着整个后翅和腹部背面，故而得名。覆翅的翅脉一般清晰可见，有些则较为复杂。虽然在飞行时覆翅常随着后翅而振动，但其最主要的功能仍为保护。除此以外，覆翅有时还有帮助虫体

具有覆翅的螽斯

隐藏和模拟生存环境等功能，具有代表性的昆虫为蝗虫、螽斯、螳螂等的前翅。

最特殊的"翅"——平衡棒

后翅特化为平衡棒的虻类

平衡棒又称为棒翅，由于其已经丧失了翅的形态，特化为棍棒状而得名。严格来说，平衡棒并不能算是昆虫真正的翅，它早已不具有飞行功能。但其在昆虫飞行时又起到了平衡躯体的作用，因此也可以算是最为特殊和高度特化的翅。具有平衡棒的昆虫，最具代表性的则为蚊、蝇、虻等，它们因后翅特化为平衡棒，只留下了一对真正的翅，故而称为双翅目昆虫。另外，雄性捻翅目昆虫的前翅也特化成了棍棒状，与双翅目昆虫的平衡棒极为相似，故而又被称为伪平衡棒。"捻"字本身也有搓成的条状物之意，可以很好地诠释这一类翅的结构。

除了上述所说几大类常见翅的类型外，很多昆虫还特化出了各种各样不同类型的翅，如翅面和翅脉上着生疏毛的毛翅；抑或是翅脉退化，翅缘着生长缨毛的缨翅等。但由于这些昆虫并不算常见，或体型极小不引人关注，故而在此不做赘述。

翅的飞行

昆虫的翅在飞行时也并不都以同样的方式运动。一般来说，在昆虫飞行的过程

中，根据前后翅的相互关系可以分为两个大的类型，即单动类和双动类。

所谓翅的单动类飞行，顾名思义便是只有一对翅在进行飞行运动，抑或是只具有一对可以进行飞行的翅。首先先来说第一种情况：例如，膜翅目昆虫在飞行时，真正进行飞行运动的只有前翅，而后翅仅仅是被前翅带动而进行飞

鳞翅目昆虫为单动类飞行的代表

行动作。一般情况下，以前翅带动后翅完成飞行的昆虫，翅上都会具有可以让前后翅连接在一起的连锁器或连翅器。蜂类、蚁类和蝶类等均具有这样的结构。

除了前后翅相关联，以带动方式完成飞行动作的类型外，在单动类飞行中还有很多昆虫只有一对真正可以飞行的翅，在飞行时前后翅并不关联。例如鞘翅目和双翅目昆虫。它们在飞行时，特化成拥有其他功能的翅并不参与飞行或并不直接进行飞行动作。

而双动类飞行则指在昆虫飞行时，

蜻蜓目昆虫为双动类飞行的代表

两对翅都直接进行飞行动作，但相互并不关联，各自运动，如蜻蜓目昆虫和脉翅目昆虫。

这里要指出一点：昆虫在飞行的过程中，飞行翅的动作绝不仅仅是单纯的上下拍击，而是既有上下的拍击动作，还有前后倾斜、环绕等动作。一般来说，昆虫在飞行时，翅向下运动会与向前下方倾斜程度相同步；同理翅向上运动则会与向后上方倾斜程度相同步。每当昆虫的翅在飞行时上下拍动一次时，其翅尖便会沿着翅的纵轴旋转一圈。还有一部分昆虫，四个翅在特殊的情况下各自以 8 字形运动，利用彼此之间的相互作用让虫体在空中不动，保持悬停状态，如蜻蜓和蝇类便可做出这样的"高难度"动作。

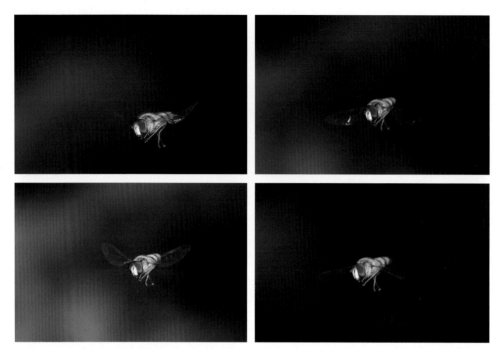

悬停的食蚜蝇翅运动呈 8 字环绕

形形色色的昆虫

正是由于我们探索昆虫的种类没有穷尽，才使得它们极具魅力！

——查尔斯·罗伯特·达尔文（Charles Robert Darwin）

美丽的丽蛱蝶

当我们看到一只美丽或长相奇怪的昆虫时，最常问的问题便是："这是什么昆虫？它的名字是什么？"由于昆虫的种类极为繁多，形态各式各样，因此想要全面地了解昆虫就必须将它们依照亲缘关系、形态特征进行"分门别类"。虽然目前昆虫分类大多依据分子手段来进行，但若想要在第一时间内对所发现、观察到的昆虫进行识别，仍需要利用昆虫的形态学特征。不同的昆虫类群各自有哪些明显的特点？将昆虫进行分类的依据是什么？当我们发现一只从未见过的昆虫时，需要观察它们的哪些部位来进行鉴定？不同的昆虫都有哪些不一样的习性？如果你掌握了这些知识，相信重新回到野外，看到形形色色的昆虫时，将会对它们更加痴迷！

第一节　生物分类的基本常识

　　想要了解昆虫的分类，就必须先要掌握昆虫分类学，抑或是生物分类学的基本常识。否则在阅读、学习昆虫分类时便会感到难度极大，不知所云。因此，在本章的第一节，将向各位读者简单介绍一下昆虫分类时所涉及的一些基本分类学基础知识，以便于之后的理解。

生物的学名

　　生物分类学的基本单位为种，种的定义为在自然环境下可以自行交配，并能够产生可育后代，且和其他物种存在着生殖隔离的生物群体。

　　在昆虫分类学中，最基本的单位同样是种。任何一种已被人们发现的昆虫都有着自己的物种学名。但这里要注意，所谓的学名，并不是我们常说的中文名字。真正的物种学名是由两个拉丁文词语所组成的。不仅仅是昆虫，任何一种被人类发现的生物，其学名都是拉丁名。

　　也许你会问，为什么生物的学名要用几乎没有人所使用的拉丁语呢？这就不得不提到一位伟大的生物学家，也是现代生物分类学的创始人——卡尔·林奈。

卡尔·林奈

　　在 18 世纪以前，各国博物学家就已经对很多生物有了认识并将之命名。但是在国际交流时，常常会因为语言不同变得十分吃力，甚至常有完全翻译错误的现象发生。因此，卡尔·林奈认为，针对这种情况给所有已发现的生物起一个世界公认的名称是十分必要的。在 1758 年，卡尔·林奈修改了 10 版的伟大生物学著作《自然系统》问世，他在书中规定任何生物都需要用拉丁语命名，并以属名 + 种名的方式进行，这便是著名的生物二名法。这个说法一提出，便受到了世界上各国生物学家

的拥护与支持。一直到今天，生物的命名仍然采用二名法的方式。因此，我们也将生物的拉丁名称为学名。

举个例子来说，低斑蜻是一种在北京较少见的蜻蜓，它的学名是 *Libellula angelina*。在一些分类学著作上，还需要加上定名人与定名时间，因此，完整呈现便是低斑蜻 *Libellula angelina* Selys, 1883。其中，*Libellula* 是低斑蜻的属名，*angelina* 是低斑蜻的种名，Selys 是定名人，1883 则是定名的时间。

低斑蜻 *Libellula angelina* Selys, 1883

虽然定名人与定名时间并不包括在双名法命名之内，却常和生物的学名一起出现。在生物学名书写上，也有极为严格的规定。通常，我们将属名的第一个字母大写，种名第一个字母小写，并将整个学名以斜体字表示。若有定名人与定名时间，则需要将定名人第一个字母大写，并以正体字表示，若定名人并非一人，则需要在两个名字间以"et"隔开，定名时间放在最后。

狭腹灰蜻 *Orthetrum sabina* (Drury), 1770

还有一个问题在看学名时常常出现。有的时候，我们看到定名人是直接书写出来的，有的时候却在定名人上加了个括号。这个括号并不是随意增设的。一旦我们发现定名人加了括号，则表示这个物种在属一级别（即二名法的第一个属名）的分类地位已发生了变更。例如，南方常见的狭腹灰蜻 *Orthetrum sabina* (Drury), 1770，则表示在 1770 年 Drury 发表这个物种时，并没有将其归入灰蜻属 *Orthetrum*，后人对这个物种重新研究时将其归入灰蜻属，狭腹灰蜻的属级发生了变化。因此现在的狭腹灰蜻学名便成为 *Orthetrum sabina* (Drury), 1770。

虽然生物的学名为拉丁名，但在国内交流时，为了方便，我们还是会使用一个大家都认同的中文名称，称为中文接受名。上述的低斑蜻、狭腹灰蜻便是中文接受名。当然，并不是所有中文名称都被称为中文接受名，中文接受名必须是在正规文献中出现过并被广泛接受的才可以。例如红蜻 *Crocothemis servilia*，红蜻是中文接受名，

而所谓的"红辣椒""红蜻蜓"等则就是它的俗名了。

生物的分类阶元

除了给生物命名外，我们还需要给各种各样的生物分类，因此也就有了生物分类学。简单来说，生物分类学就是起到了"在超市里可以快速找到牙刷"的作用。如果我们没有将所发现的各类生物进行分类工作，那么整个生物学研究将十分吃力且低效。

生物分类还有一个最为重要的目的，那便是可以直观地表现出生物彼此之间的亲缘关系。生物分类本身的原则也是根据生物之间的亲缘关系划定的。我们已经了解，生物的最基本单位为种，生物学家将很多亲缘关系极近的种组合成为一个属，再将很多亲缘关系相近的属组合成为一个科，再将很多亲缘

菜粉蝶 *Pieris rapae*

关系相近的科组合成为一个目……以此类推，最后以"界"为常用最大的分类单位，如动物界、植物界等。我们将上述这些分类单位称为分类阶元。

在生物分类中，最常出现的阶元有 7 个，从大到小排列分别是界、门、纲、目、科、属、种。以我们最常见的菜粉蝶 *Pieris rapae* 来举例，这个物种隶属于动物界 Animalia 节肢动物门 Arthropoda 昆虫纲 Insecta 鳞翅目 Lepidoptera 粉蝶科 Pieridae 菜粉蝶属 *Pieris*，种名则是菜粉蝶 *Pieris rapae*，不光是昆虫，只要是被人们发现并命名的生物，无论动物、植物、微生物，都是按照以上阶元来进行命名的。

在生物分类学中，以上这 7 个阶元只是最常用到的主要分类阶元，由于生物物种极为繁多，相互之间的关系又很复杂，因此仅用以上这 7 个阶元往往还不能完全将其表示出来，因此在这些阶元之下添加了亚，如亚门、亚纲、亚目等；在这些阶元之上添加总，如总纲、总目、总科等；在纲与目之间还会加上部，如直翅部、半翅部等；在科与属之间还会加上族，如槭瘿蜂族等。

第二节　昆虫纲分类系统

昆虫的种类与数量繁多，相互之间的亲缘关系又极为复杂，从昆虫学诞生开始，众多的昆虫学家就对昆虫的分类提出了不同的主张和观点。直到现在，昆虫的分类尚无明确且统一的系统。为了避免混乱，本书统一采用中国昆虫学家蔡邦华先生所提出的二亚纲十部分类系统（笔者略作修改）作为每一节的划定依据，并以"目"这一阶元进行介绍与阐述。

昆虫纲生物的两个亚纲

昆虫纲动物分为两个亚纲，即无翅亚纲 Apterygota 和有翅亚纲 Pterygota。无翅亚纲的昆虫是一类较原始的类群，没有翅的结构，且它们在生长的过程中没有明显的变态发育。在以前的分类系统中，无翅亚纲昆虫指原尾部的 4 个目，即原尾目、弹尾目、双尾目和缨尾目。但由于目前的分类系统中将原来的原尾目提升为原尾纲，弹尾目提升为弹尾纲，双尾目提升为双尾纲，缨尾目拆分成石蛃目和衣鱼目，因此目前狭义上的昆虫纲无翅亚纲类群仅指代石蛃目和衣鱼目。

有翅亚纲则包括具有翅或次生无翅的类群。它们是地球上所有生物中最早特化出飞行器官的动物家族。现在的昆虫纲生物，除了上述的石蛃目与衣鱼目外，全部属于有翅亚纲。但是，并不是所有的有翅亚纲昆虫都具有翅，如跳蚤和虱子等昆虫在外部形态上并没有真正的翅，但它们由于保持了如中胸、后胸发达强大等有翅昆虫的衍征，所以这些昆虫是次生性退化才成了无翅的形态，仍然算是有翅亚纲的成员。

昆虫纲的十部分类系统

中国著名昆虫学家蔡邦华先生将昆虫纲生物依照亲缘关系分为十个部级阶元，分类地位处于纲以下，目以上。本书将在后面以每一部作为一节进行介绍。在此先将整个十部列出，方便查阅。

本书在原来的十部分类系统中，对之前的原尾部和直翅部稍作修改。原尾部仅论述其中的石蛃目与衣鱼目，这样便符合目前的分类系统。由于这两个目的昆虫之前所属原尾部，故而暂时将它们所属的部命名为原尾部（狭义）。

除此以外，为了使读者阅读方便，本书在目一级别仍采用蔡邦华先生的分类系统，并不加以改变。如目前有将同翅目昆虫与半翅目昆虫合并为一个目的分类观点，抑或是将食毛目昆虫作为亚目并入虱目昆虫的分类观点，在本书中均不以采用，特在此说明。

原尾部（狭义）

本类群的昆虫为原始种类，没有翅结构。口器为咀嚼式口器。它们的体型都比较小，所含的昆虫目级阶元为石蛃目与衣鱼目。

蜉蝣部

本类群昆虫在有翅亚纲昆虫中最为原始。它们的稚虫生活在水中，羽化后成为亚成虫，需要再蜕一次皮才可成为真正的成虫。在成虫阶段，不具有取食能力，因此成虫期寿命极短。本部所含的昆虫目级阶元仅为蜉蝣目。

原尾部（狭义）代表——衣鱼目昆虫

蜉蝣部代表——蜉蝣目昆虫

蜻蜓部

本类群昆虫与蜉蝣部同样属于古翅类昆虫。体型从小到大不等。从卵孵化出来的稚虫开始，一直到成虫，几乎都以捕食其他小型无脊椎动物为生。复眼发达，胸部中胸与后胸紧密愈合，形成合胸。飞行能力高超，翅上的翅脉极为复杂。本部所含的昆虫目级阶元仅为蜻蜓目。

蜻蜓部代表——蜻蜓目昆虫

蜚蠊部

本类群昆虫同样是较为原始的类群。体型从小到大不等。一般以杂食性为主，仅有一个目的昆虫为纯粹的肉食性，即螳螂目。口器为咀嚼式。一些蜚蠊部昆虫产卵时，会将卵包裹在卵鞘内产出，甚至还会有母体携带卵鞘的习性。本部所含的昆虫目级阶元有 4 个，分别是蜚蠊目、螳螂目、等翅目和缺翅

蜚蠊部代表——蜚蠊目昆虫

目。除此以外，蜚蠊部还包括了两个化石昆虫的类群，即古网翅目和原直翅目。

直翅部

直翅部代表——直翅目昆虫

本类群昆虫体型从小到大不等。分布较为广泛，且习性多样化。例如，本部昆虫的幼体大部分生活在陆地，但襀翅目幼体生活在水中。在发育方面，本类群的昆虫均为不完全变态发育，即没有蛹期阶段。本部所含的昆虫目级阶元有 7 个，但本书中稍有修改。现直翅部包括襀翅目、蜻目、蛩蠊目、直翅目、纺足目、革翅目和螳䗛目。原来直翅部中还有重舌目，但目前重舌目昆虫已被并入

革翅目，称为革翅目的鼠螋亚目。除此以外，原来的直翅部并没有螳䗛目，这是因为螳䗛目昆虫是继缺翅目和蛩蠊目被发现以来，直到 2001 年才被发现的新类群。因此在最早的直翅部中并没有它们的身影。

半翅部

本类群昆虫体型一般为小至中型，有少数类群为大型。它们全部为不完全变态发育类型，且半翅部昆虫是所有不完全变态发育类型中数量最多的家族。半翅部家族的口器为刺吸式口器或咀嚼式口器，以植物汁液、动物血液及其他动植物部位为食。在半翅部家族中，虱目昆虫为真正的次生无翅类群。本部所含的昆虫目级阶元有 6 个，分别是同翅目、半翅目、啮目、食毛目、虱目和缨翅目。

半翅部代表——半翅目昆虫

脉翅部

本类群昆虫一般体型为小至中型，但有少数种类为大型。它们大多数为肉食性。从此部开始，昆虫的生长为完全变态发育，即有了蛹期。脉翅部的幼虫生活环境为陆生或水生。本部所含的昆虫目级阶元有 3 个，分别是广翅目、蛇蛉目和脉翅目。

脉翅部代表——脉翅目昆虫

鞘翅部

本类群昆虫的体型从小到大不等，且种类数量最为繁盛。鞘翅部绝大多数前翅均为鞘翅，但其中的捻翅目雄虫前翅特化成伪平衡棒，后翅膜质。虽然有一些学者认为捻翅目昆虫应归入鞘翅目昆虫中，但实际上这些昆虫类群仍存在有很多差异，故而目前大多数学者仍普

鞘翅部代表——鞘翅目昆虫

遍认为应将其二者分开为独立的两个目级阶元。本部所含的昆虫目级阶元为鞘翅目和捻翅目。

长翅部

本类群昆虫的种类数量仅次于鞘翅部，它们的形态极具多样性，如在长翅部中，仅口器就有咀嚼式、虹吸式、刺吸式等。除此以外，翅等重要器官的特化程度同样较高。本部所含的昆虫目级阶元有 5 个，分别是长翅目、毛翅目、鳞翅目、双翅目和蚤目。其中，毛翅目与鳞翅目之间存在很多的共同衍征，相

长翅部代表——长翅目昆虫

互为姐妹群关系；蚤目与长翅目亲缘关系较近。

膜翅部

本部昆虫可以算是所有昆虫类群中进化程度最高的家族，部分种类演化出了社会性及各种较复杂的生物学习性。在两性分化上，一些膜翅部昆虫也较为特殊。它们的雄虫为单倍体生物，而雌虫则为二倍体生物。本部所含的昆虫目级阶元仅为膜翅目。

以上便是昆虫纲动物的十部分类系统。在之后的内容中，会在每一节介绍

膜翅部代表——膜翅目昆虫

一个部，且各节中在目为一级别进行详细阐述。其中，中国并没有发现的螳䗛目，仅作简单介绍。为了能让读者更好地掌握昆虫各目一级别的特征，本书引用了著名昆虫学家杨集昆先生的"昆虫分目科普诗"作为每一个目的起笔（若无参考，笔者冒昧自行编写）。在阐述各个昆虫类群时，对于一些必要的分类特征，本书会以检索表的方式进行呈现。除此以外，为了方便读者对所论述的类群加以查阅，在本书很多分类阶元后会提供拉丁文名称。

第三节　原始昆虫——原尾部（狭义）

　　原尾部（狭义）是指石蛃目与衣鱼目，此两类家族原先为一个目，即缨尾目。所谓"具眼缨尾目，触角长丝如；尾须中尾丝，二九泡刺突。"

　　虽然石蛃目与衣鱼目有很多相似的形态，如体表密被鳞毛或鳞片，具有咀嚼式口器，原始无翅，腹部具有 11 个体节，腹部末端具一对尾须，且在尾须间具一中尾丝等，但目前的昆虫分类系统根据它们诸多特征的区别，将其分为两个目。

石蛃目昆虫与衣鱼目昆虫的形态区别

　　石蛃目与衣鱼目除了在系统发育上有所不同，在形态上也有一定的区别。

石蛃目昆虫

衣鱼目昆虫

　　石蛃目昆虫的胸部常向上凸起，形似"罗锅儿"，而衣鱼目昆虫的胸部则一般为扁平状；石蛃目昆虫的复眼较大，且大多数在头部中间处相连接，衣鱼目昆虫的复眼退化，十分微小，且分离在头部两侧；石蛃目昆虫的中尾丝一般会长于尾须，而衣鱼目昆虫的中尾丝则与尾须长度相近；石蛃目昆虫善于跳跃，衣鱼目昆虫为非跳跃性昆虫。

无翅小跳手——石蛃目 Microcoryphia

石蛃，大多数为小型昆虫，一般我们在野外观察到的个体不会超过 2 厘米。很多石蛃善于跳跃，当遇到危险时，会直接弹射逃离现场。它们是一类分布极为广泛的昆虫，虽主要分布在热带及亚热带地区，但海滨礁石、高原石堆甚至近极地岩石地区都可看到它们的身影。大部分石蛃喜欢栖息于阴暗且潮湿

栖息在具有地衣岩石上的石蛃

的生境中，如布满苔藓、地衣的岩石上、石缝中、较厚的落叶层及洞穴中。

石蛃是一类十分古老的昆虫，人们曾在距今近 3 亿年的二叠纪地层中发现过石蛃化石，且化石中的石蛃已经具有了现生石蛃的基本形态。在距今 3.5 亿年的石炭纪地层中，人们曾发现类似于现生石蛃目昆虫的单尾类生物化石。

石蛃目昆虫的食性极为广泛，大部分为植食性，以藻类、菌类、地衣类、苔藓类及腐败的蕨类和种子植物为食，也有少数种类有取食动物尸体、无脊椎动物卵等习性。

在发育上，石蛃目昆虫为表变态发育。从卵孵化后，就和成虫的形态基本相似。随着不断地蜕皮，石蛃的体长有所增加，触角及尾节不断增长，最终性器官成熟步入成虫期，但在外形上并没有太大的改变。

石蛃目昆虫的外部形态

石蛃目昆虫身体分为头、胸、腹三个部分，整个身体密被鳞毛。头部为卵圆形，并具有发达的复眼。在复眼的下方具有一对单眼，单眼的形态根据不同种类具有较大的区别，如有长条形、圆形、棒形等。在石蛃的头部前方，往往可以见到极长且弯曲的下颚须。石蛃的触角为细长的丝状，且一般会在 30 节以上。

石蛃的胸部相对较为狭窄，前、中、后胸上各有一对胸足。3 对足的形态较为相似，但石蛃的足具有亚基节，且很多种类在部分中足和后足上具有针突。所谓针突，顾名思义便是一个针状突起，一般会着生在足的基节或腿节上。

石蛃的腹部从第 2~9 节有成对的刺突，腹部末端具有 1 对尾须和 1 根中尾丝。一般来说，中尾丝的长度长于尾须，甚至有的种类超过了整个虫体的一半。

石蛃全身密被鳞毛

很多石蛃中、后足具针突（王吉申 摄）

石蛃目昆虫的分类

石蛃目昆虫虽然分布较为广泛，但却并不是一个庞大的家族。到目前为止，全世界共发现石蛃目昆虫约 500 种，中国已发现的石蛃目昆虫不到 30 种。

石蛃目昆虫目前仅分为两个科，即石蛃科 Machilidae 和光角蛃科 Meinertellidae。其中，石蛃科至少后足具有针突，而光角蛃科的所有胸足均

目前在中国发现的石蛃均为石蛃科

没有针突。在中国，已经发现的所有石蛃目昆虫均为石蛃科，而光角蛃科基本均分布在南半球地区。

居家小精灵——衣鱼目 Zygentoma

衣鱼目也是一类小型昆虫。世界性分布，一般比较喜欢温暖的环境。衣鱼目昆虫的栖息环境可以分为三大类型：第一类是在户外的土壤、朽木、岩石堆、落叶层和树洞等环境；第二类则是在室内的衣服、纸张、书籍、杂货间等环境；第三类则是栖息在蚂蚁或白蚁巢穴里，如很多土衣鱼科 Nicoletiidae 的类群便是如此。

由于衣鱼目昆虫有很多是在室内生存的，故而和人们相遇的概率大大提升。中国人可能是世界上最早对衣鱼目昆虫进行观察和描述的人群。在《本草衍义》中，就有"衣鱼多在故书中，久不动，帛中或有之，不若故纸中多也。身有厚粉，手搐之则落。亦啮蠹衣，用处亦少。其形稍似鱼，其尾又分二歧"的记录。这对于衣鱼

目无论是形态还是习性都已做了较为详尽的描述。

衣鱼同样是一类极为古老的昆虫类群。人们曾经在距今 3.6 亿年的石炭纪地层中发现了衣鱼目昆虫化石，甚至有人推测衣鱼目昆虫在石炭纪之前的泥盆纪时期就已经出现在地球上了。

衣鱼目昆虫的食性较为广泛，主要以植食性为主。除了腐败的落叶、藻类、菌类、苔藓等，栖息在室内的衣鱼常以纸张、衣料及一些胶质物品为食。

在发育上，衣鱼目昆虫为表变态发育。一般来说，从幼期发育至成虫需几个月的时间，有些种类甚至会长达 2~3 年之久。到成虫期后，衣鱼会继续蜕皮，有时仅成虫期的蜕皮次数就有 19~60 次不等。

很多衣鱼目昆虫都栖息在室内

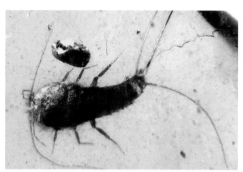

距今 0.99 亿年缅甸琥珀中的衣鱼（贾晓 摄）

衣鱼目昆虫的外部形态

衣鱼目昆虫的头部较扁平，具较长的丝状触角。口器为咀嚼式，由于其上颚着生强有力的收缩肌，故而可以食用质地较为坚硬的食物。复眼较退化，大多数种类的复眼是由 12 个小眼组成的一个聚合状小眼群。其中，衣鱼目毛衣鱼科 Lepidotrichidae 的复眼较为发达，可以包含 40~50 个小眼。大部分衣鱼目昆虫没有单眼，但毛衣鱼科的种类则具有 3 个单眼。

衣鱼的胸部较为宽大，在整个身体结构中也最为宽阔，且较扁平。胸足没有针突，通过这一点也可以和大多数石蛃目昆虫区分开来。

腹部具 11 节，在腹部末端具一对尾须，并在尾须中间具一根细长的中尾丝。大部分种类的衣鱼中尾丝和尾须长度相近，但有少数种类的中尾丝比尾须稍长。

衣鱼的中尾丝大多与尾须长度相近

衣鱼的胸部在整个身体中最为宽阔（陈尽　摄）

衣鱼目昆虫的分类

衣鱼目昆虫也是一个较小的类群。到目前为止，全世界共发现了衣鱼目昆虫 5 个科不到 400 种，中国则发现了 4 个科 10 余种。其中，较为常见的是衣鱼科 Lepismatidae、土衣鱼科 Nicoletiidae 和毛衣鱼科 Lepidotrichidae。

这三个科从外部形态上便可以区分：具有单眼和复眼结构，且虫体表面没有鳞毛，胸足跗节为 5 节的是毛衣鱼

通过有无单复眼等特征即可辨认衣鱼（王吉申　摄）

科类群；仅有复眼没有单眼，虫体表面多数具鳞毛，且跗节为 3~4 节的是衣鱼科类群；既无单眼也无复眼，大多数虫体表面没有鳞毛，跗节 3~4 节，且生活在土壤及蚁巢内的为土衣鱼科类群。

第四节 麻衣如雪——蜉蝣部

纤细柔美的蜉蝣目昆虫（陈尽 摄）

"蜉蝣之羽，衣裳楚楚。心之忧矣，于我归处。蜉蝣之翼，采采衣服。心之忧矣，于我归息。蜉蝣掘阅，麻衣如雪。心之忧矣，于我归说。"

这首华美的篇章，出自于《诗经·曹风·蜉蝣》。在公元前655年前后，人们第一次描述了这类柔美的精灵。而"蜉蝣"一词，也从那时起，一直沿用至今。

在昆虫分类学中，昆虫学家因蜉蝣的特殊形态及亲缘关系，将其单独划分在了一个部中，称为蜉蝣部。

朝生暮死——蜉蝣目 Ephemeroptera

"朝生暮死蜉蝣目，触角如毛口若无；多节尾须三两根，四或二翅背上竖。"

蜉蝣目昆虫是一类较为原始的类群。人们曾在距今近3亿年的石炭纪地层中发现了古蜉蝣目昆虫化石，并在距今2.5亿年的二叠纪地层中发现了现生蜉蝣目昆虫的直系祖先化石。

蜉蝣目昆虫有很多极具特殊性的地方，如它们是所有昆虫中唯一具有两个有翅阶段的昆虫类群，即蜉蝣的亚成虫期和成虫期；又如蜉蝣的成虫期口器完全退化，仅保留了2~3节下颚须，并已经失

距今0.99亿年缅甸琥珀内的蜉蝣（贾晓 摄）

去了取食的功能等。

　　蜉蝣成虫具有飞行、求偶、交配、产卵等一系列复杂的行为，但没有食物能量来源，这使得成虫的寿命极短，少则 1~2 个小时，多则几天便会死去。正因如此，蜉蝣目昆虫成了"朝生暮死"的"代名词"。在中国古代的文学中，我们经常可以看到以蜉蝣来形容生命苦短的词句。例如西汉淮南王刘安的《淮

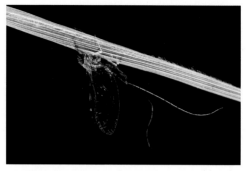

蜉蝣成虫因口器退化而寿命极短
（崔世辰 摄）

南子》中就有"鹤寿千岁以极其游，蜉蝣朝生暮死而尽其乐"的描述；北宋文学家苏轼在其著名篇章《前赤壁赋》中，更是有"寄蜉蝣于天地，渺沧海之一粟"的千古绝句。《词源》一书甚至推测，蜉蝣一词来源于"浮游"，即蜉蝣在交配结束后大量死亡落入水面，随水流浮游而去的样子；抑或是指其在水面羽化时，随着水流上下摆动的状态。另外，古希腊著名博物学家亚里士多德也观察到了蜉蝣在天空飞行，很快便落入水中死亡的现象，并将其命名为"Ephemeron"，即"生命短暂的昆虫"。

　　虽然一提到蜉蝣目昆虫，我们就想到其生命短暂、朝生暮死的特点，但这仅仅是它们成虫期的特征。蜉蝣的稚虫在水中生存，在这个阶段的寿命与很多水生昆虫幼体都没有区别，甚至有一些蜉蝣稚虫可以在水中生存达 3 年之久。

蜉蝣稚虫的口器完整，以植食性为主

　　蜉蝣目昆虫虽然在成虫期不具备取食能力，但其稚虫的食性却较为多样。一般来说，蜉蝣目昆虫的稚虫以植食性为主，取食藻类及一些高等植物，少数类群为滤食性，如细蜉科 Caenidae、河花蜉科 Potamanthidae 稚虫便是如此。除此以外，还有一部分蜉蝣稚虫为肉食性，且具有捕食行为，如短丝蜉科 Siphlonuridae 等。捕食性蜉蝣稚虫的食物以无脊椎动物为主，其捕食范围及捕食程度与其个体的大小、栖息环境、数量等因素密切相关。昆虫中的毛翅目幼虫、襀翅目稚虫，甚至一些蜻蜓目稚虫；其他无脊椎动物如涡虫都有被蜉蝣目稚虫捕食的记录。

　　蜉蝣目昆虫为世界性分布，栖息生境极具多样性，但蜉蝣目稚虫生活在水中，

因此它们的分布不可能离水源很远。蜉蝣稚虫所生存的水环境可大致分为流水环境和静水环境。在静水中，所栖息的环境大部分是水系的浅滩或沿岸的浅水区，深处并没有发现过它们的身影。

蜉蝣目昆虫一生要经历 4 个阶段，即卵期、稚虫期、亚成虫期和成虫期，其中亚成虫期较为特殊。

蜉蝣从稚虫羽化后，首先要进入亚成虫期。在亚成虫期需要再进行一次蜕皮，才进入真正的成虫期。目前，已经发现的所有蜉蝣类群都具有亚成虫期，但鲎蜉科 Prosopistomatidae、褶缘蜉科 Palingeniidae 以及多脉蜉科 Polymitarcyidae 的埃蜉属 Ephoron、曲足蜉属 Behningia 和道氏蜉属 Dolania 雌虫的成虫期已经消失，其亚成虫已具有交配及产卵的能力。寡脉蜉科 Oligoneuriidae 即使到成虫期，翅表面仍保留有亚成虫期的外皮。

蜉蝣的亚成虫期和成虫期在形态上较为相似，有一些特征可加以区分。一般来说，蜉蝣亚成虫期的整个体表，包括翅的表面都着生有浓密的细毛，大部分至成虫期这些细毛消失或极为稀疏；亚成虫期的翅在外观上并不透明，而成虫期的翅大多数已透明；亚成虫期很多附肢，如前足、尾丝等还没有完全伸展，成虫期则全部完全伸展；亚成虫期的复眼并没有完全发育，成虫期则完全发育；亚成虫期的体色较为暗淡，而成虫期的体色则会有一些较为鲜艳。

蜉蝣目的亚成虫（崔世辰 摄）

蜉蝣目的成虫

蜉蝣目昆虫的外部形态

成虫

蜉蝣目成虫期头部略呈三角形，一些雌性成虫头部略呈四边形。雄虫复眼发达，且大部分相互连接或紧靠在一起；雌虫的复眼较小，且一般彼此分离，但有些种类

雌雄复眼均分离，具有 3 个单眼，刚毛状触角，退化的口器。

成虫中胸最大，也最为坚硬。胸部着生 3 对胸足，雄虫的前足有很长的胫节和跗节，用以在交配时抱住雌虫。大部分类群着生 2 对膜质透明的翅，前翅发达，后翅较小。少数种类后翅完全缺失，如四节蜉科 Baetidae 的二翅蜉属 Cloeon 和假二翅蜉属 Pseudocloeon 等。

后翅缺失的假二翅蜉属蜉蝣（陈尽 摄）

成虫腹部多为 10 个体节，第 11 体节仅保留退化的背板。腹部第 10 体节着生 2~3 根尾丝，一般可达到整个体长的 2~3 倍。

稚虫

蜉蝣目稚虫的头部形状较多，具有发达的复眼和明显的 3 个单眼；触角呈丝状；咀嚼式口器，具有取食功能并发育完全。

稚虫胸部分为前胸、中胸和后胸。翅芽着生在中、后胸部。翅芽在即将羽化时，通常会变为黑色，且延伸扩大。

稚虫腹部两侧着生气管鳃，不同种

蜉蝣稚虫腹部两侧具气管鳃（崔世辰 摄）

类的气管鳃所着生的体节也不相同。大多数气管鳃呈叶片状，也有部分种类形态较为特殊。这些气管鳃是稚虫的呼吸器官，常随着肌肉收缩进行持续有规律的振动。气管鳃大部分是随着稚虫不断脱皮而慢慢增加的，也有少数种类在 2 龄稚虫时就已经长出全部的气管鳃。另外，稚虫的腹部末端已具有 2~3 根尾丝。

蜉蝣目昆虫的分类

蜉蝣目昆虫种类并不算多，目前全世界已经发现的种类有 2000 多种，中国已发现 300 多种。

在一些分类系统中，蜉蝣目昆虫根据前翅的翅脉不同被分为了两个亚目，即后翅角蜉亚目 Posteritorna 和前翅角蜉亚目 Anteritorna。其中，后翅角蜉亚目仅包含了两个科，即鲎蜉科 Prosopistomatidae 和圆裳蜉科 Baetiscidae（中国未发现），

已发现的蜉蝣目昆虫种类并不算多

其余的所有蜉蝣家族均属于前翅角蜉亚目。但是有一点值得注意，蜉蝣目昆虫至今仍有多个分类系统，并未统一，如 Ogden、McCafferty 等学者提出过不同的系统，本书所论述的为克卢格（Kluge）提出的分类系统。

在中国，已有 22 个科的蜉蝣目昆虫被发现，其中像扁蜉科 Heptageniidae、等蜉科 Isonychiidae、蜉蝣科 Ephemeridae 最为常见。一般来说，蜉蝣目昆虫分科、属是以尾丝的数量、翅脉脉序、足的形态等特征作为依据。下面将给出上述系统中蜉蝣目分亚目的具体检索表，有一定昆虫学基础的读者可以加以参考。

Kluge 提出的蜉蝣目分亚目特征检索表

1　前翅的后角位于 Cup 脉与翅缘的连接点之后 ………………………… 后翅角蜉亚目

-　前翅的后角位于 CuP 脉与 CuA 之间 ……………………………… 前翅角蜉亚目

第五节　空中飞龙——蜻蜓部

蜻蜓，是一类人们再熟悉不过的昆虫类群。几乎每一个孩子都有小时候在水塘边寻找蜻蜓的记忆。它们有着斑斓的色泽、轻盈的身躯，飞行时是那样的婀娜飘逸。这样富有灵动的小昆虫让很多人为其倾倒。南宋著名诗人杨万里的那一句"小荷才露尖尖角，早有蜻蜓立上头"更是将这类美丽的精灵深深地刻入了每一个人的心扉。

蜻蜓是人们最熟悉的昆虫类群之一

蜻蜓是一类极其善于飞行的昆虫，它们在空中高超的技巧，加上其凶猛的习性，使其在英文中有了"Dragonfly"的名称。也正因如此，很多昆虫爱好者们也将蜻蜓称为"空中飞龙"。

目前的昆虫分类系统中，将蜻蜓与蜉蝣二者均归入古翅部。但在蔡邦华先生的十部分类系统中，蜻蜓被单独划分蜻蜓部，而且此部仅蜻蜓目一个家族。

清流舞者——蜻蜓目 Odonata

"飞行捕食蜻蜓目，刚毛触角多刺足；四翅发达有结痕，粗短尾须细长腹。"

蜻蜓目昆虫是一类较为原始的类群。在距今亿万年的地球上，就已有了它们的身影。一提到古代的蜻蜓，大部分人会先想到生存在石炭纪时期"体型巨大"的著名物种——巨脉蜻蜓。其实，这里面有两个较为常见的误区：第一个是虽然巨脉蜻蜓体型很大，但绝没有夸张到"翅展几米"。根据化石测量数据推测，巨脉蜻蜓的大小仅和今天的喜鹊相近。但这样的体型在昆虫家族中也无疑称得上是"巨人"了。第二个误区则是很多人认为如今的蜻蜓目昆虫是巨脉蜻蜓的后裔。事实上，巨脉蜻

距今 0.99 亿年缅甸琥珀中的蜻蜓目昆虫
（贾晓 摄）

蜓并非现生蜻蜓目昆虫的祖先。现生蜻蜓目昆虫最早在侏罗纪的地层中发现，如中国辽西侏罗纪地层的北票组就曾发现过大量蜻蜓目成虫及稚虫的化石。

自古以来，中国人就对蜻蜓目昆虫有着细致的观察和描述。在《尔雅·释虫》中，就有"虹蛵负劳"的记载。而"蜻蜓"一词则最早出现在东汉时期高诱对《吕氏春秋·精论》的注解中。书中写道："海上之人有好蜻者，每居海上从蜻游，蜻之至者百数而不止，前后左右尽蜻也。终日玩之而不去。"这段文字描述了蜻蜓的集群性与迁飞性，成为迄今为止人类对蜻蜓行为最早的记录。高诱对此注解称："蜻，蜻蛉，小虫，细腰，四翅，一名白宿。"品字笺曰："蜻蛉，头如琉璃，身有数节，六足四翼之飞虫。"

蜻蜓目昆虫的食性较为单一，几乎所有的蜻蜓都是肉食性昆虫，且无论稚虫还是成虫都具有捕食性。一般来说，蜻蜓（差翅亚目）的成虫会在飞行时捕获其他正在飞行或运动的猎物，而豆娘（均翅亚目）则会捕食静止不动的猎物。

蜻蜓的分布较为广泛，除了极地环境外，它们几乎遍布全世界的各个角落。就目前已发现的种类来说，蜻蜓目昆虫主要分布在热带及亚热带地区，种类数量随着环境平均气温的降低而减少。蜻蜓的卵和稚虫需要生活在淡水中，因此它们的分布也和淡水水源有着密切的关系。

蜻蜓目昆虫一生要经历三个阶段，即卵、稚虫和成虫。卵期在水中度过，几乎所有的稚虫也均在水中生存，但有少数种类较为特殊。蜻蜓目稚虫生存的淡水环境大体可以分为两类，一个是静水环境，如池塘和湖泊；另一个是流水环境，如溪流。除此以外，还有少数的蜻蜓稚虫生活在较为特殊的水环境中，如分布在中国海南等地的三色宽腹蜻 *Lyriothemis tricolor* 稚虫就有生活在积水树洞的行为，分布在澳洲的 *Podopteryx selysi* 稚虫也是如此。除此以外，还有一些种类的蜻蜓习性更加特殊，它们的稚虫甚至可以在陆地上生存，如分布在澳大利亚的 *Antipodophlibia asthenes*，它的稚虫至少在老熟阶段会在热带雨林的地面上生存，维尔逊（Watson）在 1982 年还报道了一些分布在澳大利亚的伪蜻科 Corduliidae 稚虫在陆地上生存的现象。

正在取食猎物的黄肩华综螅（陈尽 摄）　　　绝大多数蜻蜓稚虫均生活在水中

蜻蜓目昆虫的外部形态

成虫

　　蜻蜓目昆虫的头部着生在前胸前部，可以十分自由地转动。整个头部区域划分较为明显。从前面观看，自上而下分别是后头、头顶、额和唇基。触角呈刚毛状，最多由 7 节组成。复眼发达，由极为众多的小眼组成，这对蜻蜓目昆虫搜寻猎物和躲避天敌都起到了十分重要的作用。在头顶上，有 3 个单眼。口器为咀嚼式口器，且发育完整。

　　蜻蜓的胸部有 3 对足，常着生有大量的长短刺。较为特殊的是，蜻蜓的胸部虽分为前胸、中胸和后胸，但中胸与后胸紧密愈合在一起，两节之间不能转动，称为合胸。合胸是蜻蜓身体中最为强壮的部位，在其上着生两对异常发达的膜质翅。大多数蜻蜓的翅透明，但也有很多种类在翅上有各种色斑和花纹，如蜻科 Libellulidae 丽翅蜻属 *Rhyothemis* 的翅便有各种强烈金属光泽。蜻蜓的翅有十分密集且复杂的翅脉，这些翅脉形成很多封闭的翅室，最多时甚至在一个翅上有 3000 多个翅室。绝大多数蜻蜓在翅的近前端会有一处加厚的不透明斑纹，称为翅痣。这也是蜻蜓目昆虫最为显著的特征之一。翅痣的形状和长短则根据不同蜻蜓的类群有所差别，也有一些蜻蜓的翅上根本没有翅痣或仅有一个伪翅痣，如色螅科 Calopterygidae 很多类群的雄虫就没有翅痣，雌虫则仅有一个假翅痣，或称伪翅痣。

　　蜻蜓目昆虫腹部细长，呈圆筒状，在雄性蜻蜓的第 2、3 腹节形成了一个十分复杂的副生殖器官，称为交合器。在其腹部末端，着生有一个发达的上肛附器和一个下肛附器，这个结构在交配时起到了夹住雌虫等重要作用。雌性蜻蜓的腹部末端具产卵器，产卵器的形状、大小根据不同蜻蜓种类和产卵方式有着较为明显的差别。

美丽的黑丽翅蜻

雄性华艳色蟌不具翅痣

稚虫

　　蜻蜓目昆虫的稚虫称为水虿（音：chài）。其头部最为特殊的器官当属其口器中的下唇部分。它们的下唇强烈特化，称为下唇罩，或面罩。下唇罩分为两个部分，可以折叠。在没有捕食的情况下，下唇罩会折叠并收缩包裹着整个口器，当遇到猎物时，水虿会将下唇罩弹射出去，并利用前端的锯齿状结构将

收缩时的下唇罩

其抓住，再拖回至口器处取食。这个特化的下唇罩也帮助蜻蜓稚虫在水中获得了巨大的生存优势。

　　稚虫的胸部着生着 2 对未来将要发育成翅的翅函。在胸部还着生有 3 对足，有些蜻蜓目稚虫的前足和中足末端外侧还具有 1 个较短的突起，称为挖掘钩，在水中起到挖掘底沙的作用。

　　稚虫的腹部为 10 节，大多数呈脊状或具棱的圆柱状。在很多水虿的腹部末端，会有一些刺状的结构，称为侧刺。稚虫腹部还会着生一些呼吸器官，但不同的蜻蜓目其呼吸器官有着很大的区别，之后会详细说明。

蜻蜓目昆虫的繁殖行为

　　当蜻蜓目昆虫离开水体，羽化为成虫的时候，便迎来了一生中最重要的繁殖阶段。它们求偶和交配的地点与稚虫生存的水系有着密不可分的关系。但是，蜻蜓目昆虫的成虫并不一直在水系旁栖息，很多物种在刚刚羽化后会自由地选择栖息地，直到性成熟，临近繁殖期时才会飞回到水边。雄虫通常会早于雌虫返回水边，并长

时间占据一处领地，若有其他蜻蜓个体
进入，则会被其驱赶。

当雌虫出现在水系旁时，雄虫会
追逐并向雌虫求偶。不同的蜻蜓种类
求偶的方式也不尽相同，如一些隼蟌
科 Chlorocyphidae 的物种，雄虫会在
停落的雌虫面前飞舞，并利用中、后
足内侧的白色与翅上的紫色金属光
斑在雌虫前晃动，以达到求偶的目
的。而一些蜻科 Libellulidae 或扇蟌科
Platycnemididae 的雄虫会在繁殖期将
体色变得异常鲜艳，以吸引雌虫。

当蜻蜓目昆虫开始正式交配时，其
交配方式也是在昆虫中独一无二的。此
时，雄虫会利用自己腹部末端的肛附器
夹住雌虫的前胸，并轻微扣住雌虫的复
眼内侧，雌虫则会将腹部向前弯曲，将
自己腹部第 8 与第 9 腹节之间的生殖孔
和雄虫第 2 腹节的副生殖器连接。此时，
整个雌雄虫连接成一个如爱心一般的环
状，无论在植被上停落还是飞行之中，二
者都不分开。虽然雌雄虫相互连接的时间
较长，但真正授精的时间却仅有几秒钟。
很多雄性蜻蜓在交配结束后并不会立即离
去，而是一直持续到雌虫产卵后。

交配中的海神斜痣蜻（陈尽 摄）

交配中的透顶单脉色蟌

蜻蜓目昆虫的产卵也很多样，一般有 5 种方式：

第一种是雌虫借助挺水植物整个潜入水底，雄虫会持续用肛附器夹住雌虫前
胸，雌虫利用产卵器在植物体内产卵，这种产卵方式被称为"潜水式"，如一些蟌科
Coenagrionidae 物种。

第二种是雄虫依然利用肛附器夹住雌虫的前胸，但二者停落在一些水面漂浮的
植物或物体上，雌虫将腹部伸入水中，并利用产卵器将卵产入这些漂浮物体的水下

部分，这种产卵方式称为"浮水式"，如一些蜓科 Aeshnidae 物种。

第三种产卵方式是大家最为熟悉的，即"点水式"产卵。几乎所有蜻科 Libellulidae 的物种都是这样产卵的。蜻科雌虫没有产卵器，因此需要借助水将已经从产卵孔排出的卵"涮洗"到水中去。大蜓科 Cordulegasteridae 的雌虫具有产卵器，但也是以点水的方式产

"插秧式点水"产卵的双斑圆臀大蜓

卵。只不过，它们与蜻科的产卵细节并不相同。蜻科是将卵直接排放到水中，让卵自然沉入水底，而大蜓科则是将整个身体竖直，并用产卵器猛烈戳进水底中的泥沙，并在此产卵。为了将其与蜻科的点水式产卵区分开，大蜓科的产卵方式又被称为"插秧式点水"。

第四种是一些雌虫会沿着水面进行飞行，并将卵粒或卵块以空投的方式洒入水中。虽然这种产卵方式已经多次在一些文献中被报道，但却较难进行验证。这种产卵方式被称为"空投式"。

第五种产卵方式是所有蜻蜓目昆虫中最为独特的，常见于一些综蟌科 Synlestidae 的物种。它们的雌虫并不在水中进行产卵，而是在雨林等环境中寻找一处水潭，并在其上方的树枝上产卵。这种产卵方式被称为"树产式"。

当然，除了以上 5 种产卵方式外，还有一些蜻蜓目昆虫的产卵方式与以上所论述的均有差别。例如，分布在北京等地的山西黑额蜓 Planaeschna shanxiensis，它们在产卵时会选择在与水接触的岩石上，并更偏爱临水岩石上的湿润苔藓处。这种产卵方式虽然与"浮水式"较为接近，但却没有雄虫在雌虫的身边。

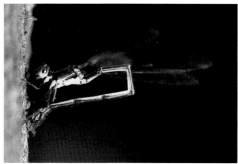

在树枝上产卵的绿综蟌（陈尽 摄）

集群产卵的山西黑额蜓

蜻蜓目昆虫的保护

野生动植物保护学指出，我们应该科学地保护各种各样的物种。蜻蜓目昆虫稚虫生活在水中，成虫生活在陆地上，加之全部为肉食性，故而对水陆昆虫及其他无脊椎动物的数量调控起到了十分重要的作用。另外，由于很多蜻蜓目昆虫对水质要求较高，它们的数量可以直接反映当地水环境质量的改变，因此也被称为水质监测昆虫类群，这无疑对环境保护起到了重要的参考作用。

国家二级保护动物——棘角蛇纹春蜓

除了上述的作用外，蜻蜓目昆虫对仿生学、文学、书画艺术等也有着不可替代的意义。

但是，由于现在很多蜻蜓栖息地被破坏，水资源被污染，野外的蜻蜓目昆虫面临着巨大的威胁，甚至有很多地域特有种面临着灭绝的危险。因此，针对以上情况，社会各界人士应努力进行环境保护宣传，提升国民环保意识和野生动植物保护意识。针对很多地区分布的特有蜻蜓目昆虫，应设立专门的保护区进行保护，例如，日本就有针对蜻蜓目昆虫而专门设立的自然保护区。

蜻蜓目昆虫的分类

蜻蜓目昆虫在昆虫家族中算是种类较少的一个类群。全世界已经发现的蜻蜓目昆虫有 5000~6500 种，而中国已发现的蜻蜓目昆虫则有 800 种以上。

蜻蜓目昆虫分为 3 个亚目，即差翅亚目 Anisoptera、均翅亚目 Zygoptera 和间翅亚目 Anisozygoptera。其中，差翅亚目是指狭义上的蜻蜓，均翅亚目也称为束翅亚目，是指螅类，也就是俗称的豆娘。而间翅亚目只有 3 个近缘种，它们分布在日本、中国的东北地区和喜马拉雅山脉。虽然目前已有学者提出应将间翅亚目与差翅亚目合并，但这种说法却没有被学术界广泛接受。

间翅亚目的蜻蜓极为罕见，在平时根本没有相遇的机会，本书仅介绍差翅亚目和均翅亚目昆虫的区分方法。

首先说一下成虫，顾名思义，差翅亚目昆虫的前后翅形状及翅脉有些差别，如后翅的基部会比前翅更加宽阔，而均翅亚目的前后翅形状及翅脉较为相似；差翅亚目的体型一般相对比较大，且一般情况下差翅亚目会比均翅亚目更加强壮；在停落

休息时，差翅亚目会将翅展向两侧，而大部分均翅亚目会将翅合拢；从正面观看，差翅亚目的复眼宽度会大于两个复眼的间距，而均翅亚目的复眼宽度会小于两个复眼的间距。差翅亚目和均翅亚目的成虫通过这些特征较易辨别。

隶属于差翅亚目的锥腹蜻

隶属于均翅亚目的黄翅溪蟌

差翅亚目复眼宽度大于复眼间距

均翅亚目复眼宽度小于复眼间距

在稚虫方面，差翅亚目与均翅亚目也存在很大的形态区别。除了差翅亚目稚虫一般比均翅亚目稚虫更加粗壮外，其最明显的区别在于差翅亚目稚虫腹部末端仅有3个锥形刺状结构，这是1个肛背板和两侧的肛侧板组成的。在肛背板的两侧，还有一对尾须。而均翅亚目稚虫腹部末端的肛背板和肛侧板特化成叶状结构，称为尾鳃，极为明显。通过这个特征，便可区分这两个亚目的稚虫。

最后值得一提的是，蜻蜓目昆虫的分类目前已有较大变化，现列举一些，以便对蜻蜓目昆虫感兴趣的读者参考。

首先，在早期分类系统中所建立的很多科级阶元未被广泛应用，新的分子系统将它们的地位重新确立，如黑山蟌科 Philosinidae，并将早期分类系统中山蟌科 Megapodagrionidae 的一些属归入此科当中，如黑山蟌属 *Philosina* 以及鲨山

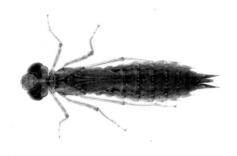

隶属于差翅亚目的碧伟蜓稚虫（陈尽 摄）

隶属于均翅亚目的蓝纹尾蟌稚虫（陈尽 摄）

蟌属 *Rhinagrion* 等。除了黑山蟌科 Philosinidae 外，野山蟌科 Argiolestidae、综蜻科 Synthemistidae 等也是如此。另外，早期分类系统中的原蟌科 Protoneuridae 现已被降级，之前的原蟌属 *Prodasineura* 现称为微桥蟌属，并入扇蟌科 Platycnemididae；当然，最新的分类系统中还有很多属、种级的变化，如同痣蟌属 *Onychargia* 由原来的蟌科 Coenagrionidae 变更归入扇蟌科 Platycnemididae、原来隼蟌科 Chlorocyphidae 的华氏阳鼻蟌 *Heliocypha huai* 变更归入鼻蟌属 *Rhinocypha*，现被称为华氏鼻蟌 *Rhinocypha huai* 等，在此不做赘述。

第六节　四小家族——蜚蠊部

蜚蠊部昆虫由 4 个目的昆虫类群组成，它们分别是蜚蠊目、螳螂目、等翅目和缺翅目。有一些学者认为应将缺翅目移除，本书依照蔡邦华先生所沿用的詹尼尔（Jeannel）在 1949 年提出的观点，将缺翅目仍旧归入蜚蠊部中。除此以外，最新的分类系统有科学家提出将蜚蠊目昆虫降为亚目，归入网翅目 Dictyoptera，但考虑到阅读的便捷性，依旧沿用蜚蠊目。

本部昆虫在外部形态上相似性较高，例如均为丝状触角、咀嚼式口器和产卵管较小等。构成蜚蠊部的 4 个目昆虫在昆虫纲中，种类都不算繁盛。最多的类群已发现种类也不到 5000 种，而最少的缺翅目昆虫直至现在仅发现了 40 种左右。

深居简出——蜚蠊目 Blattodea

"畏光喜暗蜚蠊目，盾形前胸头上覆；体扁椭圆触角长，扁宽基节多刺足。"

蜚蠊目昆虫俗称蟑螂、小强，古语称其为地鳖、土鳖、负盘或蜚盘。在《尔雅》中，则将其称为"香娘子"。它们起源非常早，在众多被发现的蜚蠊目昆虫化石中，最久远的存在于距今 3 亿年左右的石炭纪地层中，且在外部形态上与现生种类相似

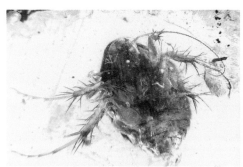

距今 0.99 亿年缅甸琥珀内的蜚蠊
（贾晓 摄）

缅甸琥珀内的奇翅目昆虫

度较高，仅在翅的形态上具有较大差异。这就说明，至少在古生代的中晚期，这类昆虫就已经存在于地球上了。不仅如此，在近年的缅甸琥珀中还建立了一类古昆虫的新目，称为奇翅目 Alienoptera。通过研究，目前学术界认为奇翅目昆虫也是蜚蠊目昆虫演化的一个类群，但早已灭绝。

蜚蠊目可谓一类真正的陆栖性昆虫。它们的分布范围极广，以热带和亚热带地区种类最为繁多，少数种类在温带亦有分布。虽然一提到蟑螂，很多人就会想到它们是在室内的一类昆虫，但实际上真正扩散到人类居住环境的种类却不及整个蜚蠊目的 1%。

在野外，蜚蠊目昆虫会选择光线阴暗、较为潮湿的生境生存，如岩石底、树皮中和落叶层。但其中也有一些种类则较为特殊，例如光蠊科 Epilampridae 的东方水蠊（旧称东方土蠊）Opisthoplatia orientalis，它们的若虫会在溪流附近等环境栖息，并具有潜入水中的习性；而蟹蠊科 Nocticolidae 蟹蠊属 Nocticola 的类群则会在白蚁巢内生存，姬蠊科 Blattellidae 蚁蠊属 Attaphila 的类群则会在蚂蚁巢内生存。

蜚蠊目昆虫的食性很广，以植食为主的杂食性偏多。在野外环境中，很多种类对食物的类型并没有过多的挑剔。有一些生活在朽木中的蜚蠊，则会以取食朽木为主。它们的成虫与若虫通常生活在一起，这是由于若虫必须依靠成虫才可存活。这些蜚蠊的后肠中有很多帮助其消化和消毒的共生菌类，因此若虫在早期必须食用成虫的粪便，将这些共生菌类带入自己的身体中，才可以消化朽木等食材。

栖息在溪流附近的东方水蠊若虫

大多数蜚蠊目昆虫为杂食性

蜚蠊目昆虫大多数是通过有性繁殖产生下一代。很多雌性蟑螂在交配期会释放一种性外激素吸引雄虫。在交配结束一段时间后，雌性蟑螂的腹部末端便会看到一个如豆荚一样的物体，这实际上是它们的卵鞘。每一个卵鞘大约可孕育 20 枚卵。雌虫会将卵鞘携带一段时间，在卵孵化前，将卵鞘排出体外。除了上述这种繁殖方

缅甸琥珀内携带卵鞘的蟑螂

式外，还有一些蟑螂是以卵胎生的形式繁殖的。例如目前作为宠物蟑螂之一的马达加斯加发声蟑螂 *Gromphadorhina portentosa*，它们的卵鞘是柔软的膜质，当即将孵化时会在雌虫的生殖腔内滞留。此时，胚胎会从自己的卵黄中吸取营养，水分则从母体中获得。当胚胎发育完全后，便会从生殖腔挤出，脱离卵鞘从雌虫腹部末端爬出。

蜚蠊目昆虫一生要经历三个阶段，即卵、若虫和成虫。在卵刚刚孵化的过程中，会有一小段时间其触角、口器、足等蜷缩在腹面，虫体并没有移动的能力，此时称为预若虫期。在此状态持续几分钟后，虫体便开始进行第一次蜕皮。待到虫体蜕皮完成后，才真正具有行动的能力，进入到若虫期。

一般来说，蟑螂的寿命为几个月到几年不等。大部分时间均为若虫期，成虫的寿命从 1 个月到 1 年不等。

蜚蠊目昆虫的外部形态

蜚蠊目昆虫体型跨度很大，体长从几毫米至近 10 厘米不等。蜚蠊目昆虫的头部一般会隐藏在前胸之下，但头顶部分经常露在外面。虫体拥有丝状触角，咀嚼式口器，并有发达的复眼和两个单眼，单眼通常位于复眼的内侧上方。

蜚蠊目昆虫的胸部较为明显，且前胸背板庞大，形如盾牌。虫体翅的类型较为多变。在有发达翅的昆虫种类中，前后翅的形态并不相同。大多数蟑螂的前翅会以左上右下的形式相互覆盖，后翅则为膜质，并有明显的纵向折缝。当然，还有一些蟑螂的前翅翅脉退化，并且极度角质化，用以更好自我保护，如硕蠊科 Blaberidae 甲蠊属 *Diploptera*。除了具翅的蟑螂外，还有很多蟑螂的成虫并不具翅结构，如隐尾蠊科 Cryptocercidae 的成虫就完全不具翅；地鳖蠊科 Polyphagidae 的一些类群，雄虫具有较为发达的前、后翅，雌性成虫则不具翅，如较为常见的中华真地鳖 *Eupolyphaga sinensis* 等。

蜚蠊目昆虫的腹部末端具有尾须 1 对。第 8、9 腹节经常藏匿于第 7 腹节背板之下。雄性成虫的第 9 腹板以及雌性成虫的第 7 腹板特化，形成了生殖板。

雌性中华真地鳖成虫不具翅

绝大多数的蟑螂成虫具翅（陈鸣跃 摄）

　　大部分蜚蠊目昆虫的体色一般都以黑、灰和黄褐色为主，但却有一些种类体色鲜艳，并具有金属光泽，例如分布在中国华南地区硕蠊科 Blaberidae 的丽冠蠊 *Corydidarum magnifica*，分布在云南较为稀少的真鳖蠊属 *Eucorydia* 昆虫，以及常见于南方的黄缘拟截尾蠊 *Hemithyrsocera lateralis* 等，也都是国内美丽蜚蠊的代表。作为常见的宠物蟑螂物种，古巴蟑螂 *Panchlora nivea* 有鲜艳的淡翠绿色，并且在身体靠近两侧的部位还具淡雅的黄色条纹。在所有的蜚蠊目昆虫中，最为奇特的要数分布在南美洲的一种硕蠊科 Blaberidae 蟑螂，它们为了模拟当地一种具有毒素且可以发光的甲虫，形态上发生了很大的特化，同时也具备了发光的能力，这种蟑螂也被称为南美发光蟑螂 *Lucihormetica luckae*。

美丽的真鳖蠊属昆虫

黄缘拟截尾蠊是南方常见的美丽蜚蠊

蜚蠊目昆虫的分类

　　蜚蠊目昆虫的种类虽不算多，但确是蜚蠊部四个目昆虫中种类最多的。目前，全世界已发现蜚蠊目昆虫 4000 余种。据著名昆虫学家刘宪伟 1999 年统计，中国已发现的蜚蠊目昆虫约为 240 种。

蜚蠊目昆虫的分类系统并不统一，国内学者目前普遍接受将蜚蠊目分为2个总科，即蜚蠊总科 Blattoidea 和硕蠊总科 Blaberoidea。在这两个总科下分6个科，如蜚蠊总科中的蜚蠊科 Blattdiae 和光蠊科 Epilampridae，硕蠊总科中的硕蠊科 Blaberidae 和地鳖蠊科 Polyphagidae 等。

分布在云南的硕蠊总科昆虫

区分蜚蠊目昆虫两个总科的方法，笔者在此简单进行介绍。蜚蠊总科的中足和后足腿节腹面一般有刺状结构，且前足的胫节比较长，并同样具有较多的刺状结构；而硕蠊总科的中、后足腿节腹面缺刺，仅有端刺存在，前足的胫节比较粗短，并通常有较多的柔毛。

二刀流杀手——螳螂目 Mantodea

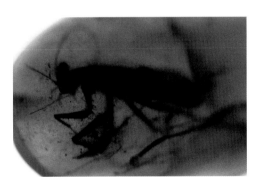

距今 0.99 亿年缅甸琥珀内的螳螂

"合掌祈祷螳螂目，挥臂挡车猛如虎；头似三角复眼大，前胸延长捕捉足。"

螳螂目昆虫同样在地球上出现较早，例如在距今 0.99 亿年的缅甸琥珀里就发现了大量的螳螂目昆虫化石。根据系统发育学的研究，目前学术界很多学者认为螳螂目昆虫是由蜚蠊目昆虫进化而来。上文中提到的奇翅目 Alienoptera 昆虫，其实就可以看作是一种十分特殊的蟑螂，即蜚蠊目和螳螂目的中间过渡物种。

螳螂目昆虫同样是人们十分熟悉的一类昆虫。自古代起，世界各地的人们就对这种昆虫有着较为详细的观察和记录。中国古人对螳螂目昆虫有诸多叫法，如螳娘、蟷娘、石娘、当郎和斫郎等，其中最好听的当属"天马"一名。东汉高诱曾写道："螳螂，世谓之天马。一名龁肫，兖、豫间谓之巨斧也。"这是高诱在注释《淮南子·时则训》中"小暑至，螳螂生。鵙始鸣，反舌无声"一句时所作。通过这一点，我们

可以了解，"螳螂"一词至少在西汉时期便已出现，且一直沿用至今。

古代的欧洲等地，人们观察到螳螂目昆虫经常将前足折于身体前，形似人们祈祷时的动作，故将这类昆虫命名为"祈祷者""预言者""先知"等。

螳螂目昆虫是蜚蠊部中唯一纯肉食性的昆虫类群，除了很多无脊椎动物外，甚至还有捕食两栖动物、小型爬行动物、鸟类的记录。它们的分布较为广泛，除了严寒的极地等环境外，螳螂几乎遍及世界各地。其中，以热带、亚热带地区的种类最为繁多。在生境方面，螳螂目昆虫比较喜爱植被较多的环境，但也有一些出现在植被稀少的荒原之地，例如分布在中国新疆的短翅搏螳 Bolivaria brachyptera 等。

螳螂目昆虫通常以有性繁殖产生下一代，但极少数会有孤雌繁殖的现象，即不需要雄虫即可产下后代，如分布在美国东南部的美国大草螳 Brunneria borealis 等。提到螳螂的繁殖，不少人会想到它们在交配时"弑夫"的行为。的确，在螳螂目昆虫中，有一些螳螂确实存在弑夫行为，如螳科 Mantidae 薄翅螳属 Mantis、斧螳属 Hierodula 及刀螳属 Tenodera 的大部分种类。但值得注意的是，并不是所有螳螂都存在弑夫行为。人们之所以会误认为只要是螳螂就会弑夫，是因为在最早记录其这种习性的文献中，博物学家所观察的螳螂属于薄翅螳属 Mantis 的种类。在记录时，本来是为了表示薄翅螳属存在这样的行为，但薄翅螳的属名 Mantis 与英语"螳螂"一词拼写完全相同，因此就被错误地翻译成螳螂目了。很多人为了验证这一现象去观察螳螂，而最为常见也是最易观察的类群又几乎都是刀螳、斧螳等具有弑夫行为的类群，久而久之，所有螳螂目昆虫都存在弑夫行为的说法就流传开了。

螳螂目昆虫是一类纯肉食性昆虫　　　　斧螳是具有"弑夫"行为的类群之一

实际上，在野外的环境中，大多数雄性螳螂在交配时会十分小心。当繁殖期到

来时，雌性螳螂会释放性激素。雄性螳螂被吸引后，并不会直接前往雌性螳螂身边，而会躲避在雌性螳螂的周围观察，挑选合适的时机交配。螳螂的交配时间不同类群差异较大。一般和其体型成正比。一些小型螳螂交配时间通常为 2~3 个小时，而大型螳螂最长可持续 10 小时以上。无论交配时间长短，一旦交配结束，雄性螳螂会立即离开雌性，以躲避被捕捉的危险。

刚从螳螂卵鞘内孵化出来的螳小蜂（王弋辉 摄）

虽然螳螂目昆虫是凶猛的捕食者，但在自然界中也绝不是没有天敌。且不说鸟类等会捕食螳螂，很多无脊椎动物也扮演着螳螂目昆虫天敌的角色。其中，对螳螂目昆虫影响最大的无脊椎动物有两类。

第一类为同样是昆虫家族的动物类群，它们隶属于膜翅目 Hymenoptera 长尾小蜂科 Torymidae 螳小蜂属 *Podagrion*。在中国，已发现了 20 种左右的螳小蜂属昆虫。它们的雌虫要产卵时，通常会停驻在雌性螳螂身上，等待雌性螳螂产卵。当螳螂刚开始产卵时，卵鞘呈泡沫状。此时，螳小蜂会用其细长的产卵管将卵产入螳螂卵鞘中。虽然一颗螳螂卵基本只能提供一个螳小蜂的养分，但卵鞘内众多的卵仍会同时养育很多螳小蜂。

第二类则是隶属于铁线虫目 Gordioidea 的一些动物，它们会寄生在螳螂目昆虫的体内。铁线虫的卵存在于水中，幼体孵出后很小，会攀附在岸边的浅滩处。当有昆虫喝水时，这些铁线虫幼体便会进入昆虫身体。当螳螂捕食这些昆虫后，铁线虫便成功地进入到了它们的体内。待到这些铁线虫发育成熟、即将产卵时，会分泌一种特殊的物质，称为 Wnt 分子。这种分子进入到宿主神经系统中后，便会让宿主的一部分蛋白质活跃起来。这些活跃的蛋白质会驱使宿主本能地向地势低的地方运动。因此，很多螳螂会跳入溪流中。铁线虫感知到水环境后，便会从宿主腹部钻出产卵。学术界还有另一种假说，即铁线虫在即将产卵时释放出的 Wnt 分子会让宿主感到十分炎热，并具有强烈痛感。因此，宿主只能迫不得已选择跳入水中降温，铁线虫因此可以进入水中产卵。当然，通过观察感染铁线虫的螳螂行为发现，也许铁线虫还会让宿主对光有特别的喜好。例如，在夜晚被灯光吸引的螳螂体内几乎都有铁线虫的存在，而到了铁线虫产卵的季节，除了水中，很多柏油路环境也发现了大量寄生

了铁线虫的螳螂。通过这些现象，曾有学者推测，螳螂跳水是单纯地被反光水面吸引所致。总而言之，当你在秋季看到螳螂莫名其妙地"投河自尽"，那便是铁线虫寄生导致的。

其实，不仅仅是这两类动物，在自然界能够杀死螳螂的生物还有很多。如鞘翅目 Coleoptera 皮蠹科 Dermestidae 的部分种类就可危害螳螂卵鞘；膜翅目 Hymenoptera 胡蜂科 Vespidae 的部分种类可猎杀螳螂若虫，甚至成虫。当然，人类对螳螂目昆虫栖息地的破坏，以及环境污染等也对它们产生了极大的毁灭性影响。综上所述，尽管螳螂是昆虫家族中的杀手，却也是生活在夹缝中。

螳螂目昆虫的一生要经历三个阶段，即卵、若虫和成虫。卵在卵鞘内生长发育，卵鞘称为螵蛸。螳螂目昆虫的卵鞘给卵提供了很多十分有利的条件。首先，很多螳螂的卵鞘其形态和颜色和周围的环境如出一辙，有利于隐蔽自己。同时，螳螂卵鞘还可以保温、保暖，这使得螳螂卵越冬成活率大大提升。虽

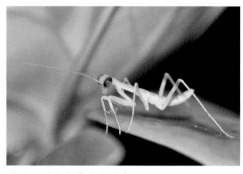

螳螂的若虫与成虫极为相似

然螳螂卵鞘都会产在高空，但刚孵化的小螳螂会自带"保险丝"，这使得它们不会被风刮走，抑或是掉落摔伤。

螳螂的若虫与成虫形态十分相似，只是没有发育完全的翅，仅以翅芽的形态出现。有一些螳螂目昆虫的若虫腹部背面有眼斑等可以恐吓天敌的图案。一般来说，螳螂若虫需要蜕皮 7~8 次才能羽化为成虫，羽化时间一般在清晨。

在成虫期，螳螂将完成重要的任务，即繁殖后代。通常螳螂目昆虫的寿命为一年左右，在昆虫家族中并不算长寿。

螳螂目昆虫的外部形态

螳螂目昆虫体型跨度较大，如螳科 Mantidae 小跳螳属 Amantis 的体型通常不超过 4 厘米，而同样属于此科的菱背螳属 Rhombodera 雌虫可超过 10 厘米。

螳螂目昆虫头部呈三角形或五角形，可完全灵活地运动，其咀嚼式口器十分发达，上颚十分有力。同时一对发达的复眼向外凸出，可以快速地计算出猎物和自己的距离，极大提高了捕食效率。触角大部分为丝状，但少数种类则为栉状或念珠状。

螳螂的前胸通常极度延长，但也有一些种类会扩张呈叶状，最具代表性的是分

布于东南亚的枯叶螳属 *Deroplatys* 类群。它们的前胸向两侧扩展呈各种形状，并具有极像枯叶的斑纹和颜色，用以在野外环境下隐蔽。螳螂的前足为捕捉足，可以捕获猎物。通常在捕捉足的腿节和胫节处有较多发达的刺状结构，这些强刺可以有效地防止猎物挣脱。但怪螳科 Amorphoscelidae 物种大部分捕捉足的胫节没有刺状结构，仅在腿节有 1~3 枚刺。螳螂的前翅较厚，并常有各类斑纹，如花螳科 Hymenopodidae 眼斑螳属 *Creobroter* 的前翅则常具眼斑。后翅为膜质，较为发达，一些物种的雌虫后翅退化。

菱背螳的体型极大　　　　　　　　　　　前翅具眼斑图案的眼斑螳

　　螳螂目昆虫的腹部较为肥大，共 11 节，最后一节通常退化，仅留下 1 对尾须。雌虫的第 7 腹节腹板扩大，特化为生殖板。雄虫的外生殖器通常不对称，在交配时起到抱握作用。

螳螂目昆虫的分类

　　虽然螳螂目昆虫被人们所熟悉，但它们却是一类小家族。目前，全世界已发现螳螂目昆虫约 2000 种，而中国仅发现不到 150 种。

　　在中国发现的螳螂目昆虫共有 9 个科，并在以前的分类基础上做了较大的变动。如早期分类中的长颈螳科 Vatidae 现已无效；扁尾螳科 Toxoderidae 目前称为箭螳科；叶背螳科 Choeradodidae 已无效，其中物种如菱背螳属 *Rhombodera* 现已归入螳科 Mantidae；原来螳科 Mantidae 虹翅螳亚科 Iridopteriginae 目前提升为虹翅螳科 Iridopterygidae。除此以外，螳螂目属级的名称也有较多变动，如原来虹翅螳科 Iridopterygidae 的小丝螳属 *Leptomantella* 现称为纤柔螳属等。

隐秘王国——等翅目 Isoptera

"害木白蚁等翅目，四翅相同角
如珠；工兵王后专职化，同巢共居千
万数。"

等翅目昆虫，被称为白蚁或蟚（音：
wèi），是一类自古就被人们频繁关注的
昆虫类群。中国人是最早观察白蚁，并
对其进行记录的人群之一。早在晋朝郭
义恭所著的《广志》一书中，就有"有

距今 0.99 亿年缅甸琥珀内的白蚁

飞蚁，有木蚁，古曰玄驹是也……"的记录。其中，推测木蚁极有可能为白蚁，而
飞蚁则有可能是白蚁及蚂蚁的繁殖蚁。虽然目前已无从知晓郭义恭具体是西晋还是
东晋人氏，但即使是东晋末年，至今也已有 1600 多年的历史了。另外，在南宋罗
愿所著的《尔雅翼》、明代李时珍所著的《本草纲目》中，也都有对等翅目昆虫的详
尽描述。

实际上，等翅目昆虫同样是一类较为原始的昆虫类群。根据古生物学的研究推
测，白蚁的祖先很可能在三叠纪甚至更早时期就出现在地球上了。而在白垩纪时期
的缅甸琥珀中，人们也发现了不计其数的等翅目昆虫。

在系统发育研究方面，我们已经知晓等翅目昆虫与蜚蠊目昆虫和螳螂目昆虫的
亲缘关系最近，这三类昆虫可能起源于共同的祖先。系统发育研究者曾推测认为有
可能在中生代早期，很多裸子植物逐渐衰落，被子植物的兴起给其祖先带来了极大
的影响，促使它们的祖先向多种方向演化。

等翅目昆虫的分布极为广泛，但大部分物种在赤道至南、北回归线之间分布。
当然，也会有一些种类成功扩散至气温较为寒冷的地区，以中国为例，已发现的等
翅目昆虫最北的分布可至辽宁丹东。

就生境而言，大部分等翅目昆虫所栖息的海拔并不高，低海拔、较温暖且木材
较多的原始森林是它们最喜爱的生境之一。当然，少数等翅目昆虫也会有高海拔分
布的现象，如鼻白蚁科 Rhinotermitidae 的肖若散白蚁 *Reticulitermes affinis* 便是中
国已发现海拔分布最高的种类，其栖息海拔在 2400 米左右。

等翅目昆虫是一类具有社会性的昆虫类群。在一个白蚁巢内，所有个体并不是
简单的聚合在一起，而是具有严密的组成比例及各自明确的分工。从其生物学类型

上来讲，白蚁群分为两大类，即繁殖蚁和非繁殖蚁。这两个类型的主要区别是：繁殖蚁一般体型较大，而非繁殖蚁的体型则相对较小；繁殖蚁具有发育完全的生殖器官，而非繁殖蚁则没有发育完全的生殖器官，无繁殖能力；繁殖蚁的数量较少，而非繁殖蚁的数量较多。在这两个类型中，又细分了不同的品级，其地位和分工也均不同。

正在婚飞中的繁殖蚁（陈尽 摄）　　　非繁殖蚁的数量远超繁殖蚁（张旭 摄）

首先，繁殖蚁的第一品级称为原始蚁王和蚁后。这一品级的个体是有翅成虫经过婚飞、交配后可以繁殖的个体。其中，雄性个体称为蚁王，雌性个体称为蚁后。在白蚁的巢穴中，大多数仅有一对蚁王和蚁后，但也有一些类群出现了多对蚁王和蚁后的现象，如白蚁科 Termitidae 中的土白蚁属 Odontotermes 和大白蚁属 Macrotermes 中的一些类群。中国较为常见的黑翅土白蚁 Odontotermes formosanus 在建巢初期甚至会出现五六个蚁王，八九个蚁后的现象。

繁殖蚁的第二个品级称为短翅补充蚁王和蚁后。它们通常体色较浅，并具有翅芽的结构。通常这一品级的繁殖蚁最主要的功能是应急。当原始蚁王和蚁后因特殊原因而发生丢失或死亡时，短翅补充蚁王和蚁后会直接发育成补充蚁王、蚁后。当然，并不是所有的白蚁群体都具有这一品级的繁殖蚁，且具有这一品级的繁殖蚁数量也根据不同白蚁种类而有所不同。例如，白蚁科 Termitidae 黄球白蚁 Globitermes sulphureus 的巢穴内曾有过同时存在 43 头短翅补充蚁后的记录，而同样是白蚁科 Termitidae 的黑塚白蚁 Amitermes atlanticus，则有过一只原始蚁王和一只短翅补充蚁后的记录。

繁殖蚁的第三个品级称为无翅补充蚁王、蚁后。这一品级的繁殖蚁功能同样是应急，但却是由无翅个体发育成补充蚁王、蚁后。它们往往体色也较浅，且没有复眼。相比之下，无翅补充蚁王、蚁后更加少见，通常只有在完全失去原始蚁王、蚁后的

群体中才有可能存在。

非繁殖蚁的品级只有两个，即工蚁和兵蚁。其中，工蚁是白蚁巢穴中个体数量最多的一个品级。但即使是这样，有少数白蚁巢穴内也存在根本没有工蚁的现象，如较为原始的木白蚁科Kalotermitidae。虽然工蚁没有繁殖能力，但它们所承担的任务却是最多的，包括筑巢、清洁蚁巢、开路、搬运蚁卵和照料幼蚁等一系列繁杂的工作。值得一提的是，有一些白蚁的工蚁也存在较大的形态差别，如白蚁科 Termitidae 大白蚁属 *Macrotermes* 的部分物种在同一巢内就有大、小工蚁之分。

栖息在朽木中的补充型繁殖蚁（崔世辰 摄）

兵蚁在数量上与工蚁比相差甚远，但却比繁殖蚁的数量多。绝大多数的白蚁巢内都有兵蚁，目前仅发现极少数种类缺少兵蚁，如白蚁科 Termitidae 的圆头原丫白蚁 *Protohamitermes globiceps*。兵蚁最主要的作用是御敌。当一个蚁巢有外来入侵的敌人时，兵蚁会殊死相抗。由于兵蚁的口器已特化为御敌武器，因此基本已丧失自主取食的能力，需要工蚁喂食才能存活。和工蚁一样，一些白蚁的兵蚁也有形态上的

工蚁是蚁群中最多的个体

口器极度特化的兵蚁（陈尽 摄）

区别，如白蚁科 Termitidae 大白蚁属 *Macrotermes* 的部分物种在同一巢内就有大、小兵蚁之分。

几乎所有的等翅目昆虫都有筑巢的习性。一般来说，蚁巢的类型根据其建巢地点分为木栖性蚁巢和土栖性蚁巢。也有一些白蚁类群自己并不筑巢，而是寄居在其他白蚁巢内，如白蚁科 Termitidae 的钳白蚁 *Termes winifredae* 就经常寄居于黑塚

白蚁 *Amitermes atlanticus* 靠近外部的几个小巢室中。除此以外，很多白蚁巢穴内还会有其他无脊椎动物寄宿，它们有些会和白蚁形成互利共赢的关系，昆虫学家将这些无脊椎动物称为白蚁的"食客"。

等翅目昆虫的外部形态

等翅目昆虫的体型较小，暗色或乳白色，触角为念珠状。由于其分为多种品级，不同品级之间的形态有很大的差别。白蚁的头部多呈圆形或卵圆形，一些兵蚁和工蚁的头部则呈近方形、梨形或锥形，并具有较大程度的特化，如白蚁科 Termitidae 象白蚁属 *Nasutitermes* 的兵蚁头壳极度向前延长，形似象鼻。

象白蚁的兵蚁头壳延长

白蚁的胸部为前胸、中胸和后胸三个部分，有 3 对步行足。根据不同品级，其中胸和后胸可具有 2 对翅或无翅。翅为膜质，较狭长。当繁殖蚁婚飞结束后，会一起将翅脱去，因此经常会有白蚁繁殖期过后满地白蚁翅的现象。

等翅目昆虫的腹部呈圆柱形或橄榄形，具有 10 个腹节。前 8 个腹节两侧

繁殖期后的满地白蚁翅

各有 1 个气门，第 10 腹节通常背板逐渐变尖，并将肛门覆盖。在腹部末端，通常有 1 对尾须，位于第 10 腹节腹板两侧。非繁殖蚁由于其生殖器官已退化或不完全，故而雌雄两性的腹部形态十分相似。

等翅目昆虫的分类

等翅目昆虫虽为世界性分布，但其已发现的种类并不算多。至目前为止，全世界已发现等翅目昆虫 3000 余种，而中国已发现的等翅目昆虫则仅有不到 500 种。

等翅目昆虫的下级分类在学术界仍有一些争议，但大多数学者建议将其分为 6 个科，即澳白蚁科 Mastotermitidae、草白蚁科 Hodotermitidae、木白蚁科 Kalotermitidae、鼻白蚁科 Rhinotermitidae、齿白蚁科 Serritermitidae 和白蚁科

Termitidae。其中，白蚁科是种类、数量最多的家族。除澳白蚁科和齿白蚁科外其他科在中国均已被发现。

在鉴定等翅目时，一般只能借助繁殖蚁或较为特化的兵蚁形态比较，通过其跗节的数目、头部的形态、上颚的形态，兵蚁尾须的节数、繁殖蚁前翅的形态等特征加以识别。

渺如尘埃——缺翅目 Zoraptera

"触角九节缺翅目，一节尾须二节跗；无翅有翅常脱落，隐居高温高湿处。"

缺翅目昆虫常被称为缺翅虫，是一类既原始又极其稀少的昆虫类群。可以说，它们是目前所有昆虫家族中被研究最少的一个目。1913 年，意大利昆虫学家 F. Silvestri 最早创立这个家族。但是，由于当初在加纳、斯里兰卡等地发现的缺翅目昆虫都是没有翅的类型，因此将它们误认为是一类次生无翅的昆虫家族，定名为缺翅目。直到 1920 年，库德尔（Caudell）发现了有翅的缺翅虫，大家才了解到原来这一类昆虫是由两个类型组成的，即缺翅型和有翅型。

距今 0.99 亿年缅甸琥珀内的有翅型缺翅虫

缺翅目昆虫虽分布广，但数量极少
（董志巍 摄）

缺翅目昆虫主要分布在南回归线与北回归线之间的热带及亚热带地区，中、南美洲的种类最多。除此以外，在南亚的一些岛国，以及非洲、大洋洲等地也陆续发现了缺翅虫。1974 年前后，中国著名昆虫学家黄复生先生在西藏采集到了两个新种，即鼎鼎大名的中华缺翅虫 Zorotypus sinensis 和墨脱缺翅虫 Zorotypus medoensis，由此填补了中国的缺翅目昆虫新纪录。

缺翅目昆虫的分布相当广泛，但除了如胡氏缺翅虫 Zorotypus hubbardi 这些较为特殊的种类外，绝大多数缺翅虫由于扩散能力较差，每一种的分布范围都极其狭

窄，很多岛屿上所发现的缺翅目昆虫都是当地的特有物种。这种广布目但狭窄种的现象和其起源、演化及大陆的变迁有着密不可分的关系。例如，没有翅的缺翅虫是如何做到广布地球各地的？对这个问题，学术界目前统一认为这些缺翅目昆虫的祖先生存在原始大陆上，后来随着板块漂移、分裂，原始的缺翅目昆虫彼此分离，在其他地方各自安家落户，随着长时间的隔离、发展，最终形成了各式各样的特有物种。也因此，缺翅目昆虫的分布恰好证明了大陆漂移推动物种演化这一理论。

从生境上来讲，缺翅虫喜欢生存在常绿阔叶林中倒木、折木等的树皮之下，以腐殖质、真菌等为食。它们的成虫与若虫生活在一起，当遇到惊吓时则四处奔跑、逃逸。加上它们的体型渺如尘埃，因此在野外十分难觅其踪影。

缺翅目昆虫的外部形态

缺翅目昆虫的体型极小，一般体长只有不到 5 毫米，体色以深褐色、红褐色为主。触角为念珠状，共 9 节。它们由两大类所组成，即缺翅型和有翅型。一般来说，当一些栖息地变得较为拥挤或其他原因时，才会产生一小部分有翅型的个体。当这些有翅型个体成功扩散至其他较近距离的地点后，便会和白蚁

缺翅目昆虫体型极小

一样，将翅自行脱落。缺翅目昆虫的缺翅型和有翅型在外部形态上有着较大的区别。

缺翅型

缺翅型个体头部呈近三角形，没有复眼和单眼。口器为咀嚼式，较为完整，例如有上唇结构，并具较尖锐的咀嚼齿，有下唇须。

胸部由前胸、中胸和后胸组成。其中，前胸十分发达，中、后胸背板呈梯形。着生较为发达的 3 对足，且最后一对后足最为强壮，可快速发力奔跑。

腹部每节腹板都有对称生长的刚毛，在腹部末端还有 1 对尾须。雄性成虫的腹面末节有时会露出如钩子状的外生殖器。

有翅型

有翅型与缺翅型在头部最大的区别是具有较为突出的复眼，且额面具有 3 个单眼。

它们的翅较为狭长，翅面具有很多又短又细的柔毛，前翅比后翅略长。翅脉极

为简单，前翅翅脉仅有 3 条，而后翅翅脉仅有一条"人"字形脉贯穿其上。成虫在完成迁飞后，翅通常会自行脱落，但仍会有翅基残留。

缺翅目昆虫的分类

缺翅目昆虫虽然分布广泛，但目前发现的物种数量却极其稀少。如今全世界发现的缺翅目昆虫种类仅有 40 种左右，而中国除了黄复生先生发现的中华缺翅虫 *Zorotypus sinensis* 和墨脱缺翅虫 *Zorotypus medoensis* 外，在台湾 2000 年又发现了纽氏缺翅虫 *Formosozoros newi*；2015 年在海南

2017 年最新发现的黄氏缺翅虫（董志巍 摄）

发现了海南缺翅虫 *Zorotypus hainanensis*；最近的 2017 年，由殷子为等人在云南再度发现一种新的缺翅目昆虫，并将其定名为黄氏缺翅虫 *Zorotypus huangi*。至此，中国已发现了 5 种缺翅目昆虫。

一般来说，缺翅虫目昆虫的雄虫第 8 腹板后部的 4 枚强刚毛的排列方式及外生殖器形态为其种类的鉴定特征，如中华缺翅虫 *Zorotypus sinensis* 雄虫第 8 腹板后部 4 枚强刚毛呈弧形排列，而墨脱缺翅虫 *Zorotypus medoensis* 则呈梯形排列。

第七节　隐居雅士——直翅部

直翅部是所有昆虫十部中所涵盖家族最多的部级阶元。在直翅部中，大多数类群都很擅长将自己与其所栖息的环境融为一体。除此以外，本部昆虫有些类群本身就喜欢栖息在较为隐蔽的环境中，如革翅目昆虫就喜欢藏身于岩石、缝隙等地，而纺足目昆虫则喜欢在树皮等环境中用丝将自己隐藏。本部昆虫除襀翅目外均为陆生昆虫。在分别介绍时，作者将原先的分类系统略作修改：据蔡邦华先生的文献，本部具有重舌目，但现在的分类系统已将其归为革翅目的鼠螋亚目 Hemimerina，而新发现的螳䗛目昆虫在老文献中没有出现。由于螳䗛目昆虫在中国并没有被发现，仅在本节末尾做简单介绍。

水域使者——襀翅目 Plecoptera

"扁软石蝇襀翅目，方形前胸三节跗；前翅中肘多横脉，尾须丝状或短突。"

襀翅目昆虫俗称石蝇和襀翅虫，它们的起源十分久远。已发现襀翅目昆虫化石的最古老地层为距今近 3 亿年的二叠纪地层。随后的三叠纪、侏罗纪、白垩纪以及新生代各地层中也都有大量的襀翅目昆虫化石被发现。经过古生物学家们的不断研究，目前认为现生的襀翅目昆虫祖先生存在二叠纪时期甚至更悠久的年代中，并称其为原襀翅目 Protoperlaria 昆虫。

距今 0.99 亿年缅甸琥珀内的石蝇（夏方远 摄）

襀翅目昆虫的分布极为广泛。除了在南极地区以外，世界各地都有它们的足迹。值得一提的是，襀翅目的刺襀科 Styloperlidae 是一类仅在中国被发现的类群，而裸

襀科 Scopuridae 则只在日本和朝鲜半岛北部被发现。

对生境而言，石蝇的稚虫均为水生，且大部分都生存在水质较为清澈的环境中。因此这一类昆虫和蜉蝣目、蜻蜓目等类群一样，也是一类水质监测指示生物。从海拔上来讲，襀翅目昆虫的分布跨越性极大。从几乎没有海拔高度的溪流到海拔 5000 多米的雪山，人们都发现过它们的身影。

襀翅目昆虫的分布极为广泛

襀翅目昆虫的食性较为复杂，不同种类的食性完全不同，且一些种类的稚虫与成虫的食性亦不相同。例如，一些襀科 Perlidae 的物种在稚虫时期会捕食如蜉蝣目稚虫，而大部分大襀科 Pteronarcyidae 的稚虫则以水中的藻类及植物碎屑为食。

待到羽化后，大部分的襀翅目成虫会和蜉蝣目成虫一样不进行取食，如一些襀科 Perlidae 昆虫。但也有例外，如网襀科 Perlodidae 的一少部分物种在成虫时依然会有取食花粉的行为。

襀翅目昆虫的一生要经历三个阶段，即卵、稚虫和成虫。大部分襀翅目昆虫仍是两性卵生生殖，但有少数种类则会进行卵胎生甚至孤雌生殖。

襀翅目的稚虫生活在水中，并在水环境中度过较长的时间。一般来说，襀翅目的稚虫在水中会生存几个月至几年不等，大多数种类会蜕皮 20 多次，最多的襀翅目稚虫在水中蜕皮可达 36 次。它们喜欢在水温较低、含氧量较高的环境下栖息，甚至如带襀科 Taeniopterygidae 和黑襀科 Capniidae 的一些物种稚虫会生存在冰川融化的极地水温环境中。

在即将羽化时，大部分襀翅目稚虫喜欢趴在临水环境的岩石、枯枝等环境中，而黑襀科 Capniidae 通常则会在冰层之下羽化。羽化后的襀翅目成虫大多数飞行能力较弱，因此会在临近水边的环境中栖息。上文已经提到，一般的襀翅目成虫并不取食，只有少数物

襀翅目成虫喜欢趴在临水的岩石上

种会以花粉、蜜露、真菌等为食，为自身补充营养和能量，以提高交配和产卵时的体力。

襀翅目昆虫的外部形态

成虫

襀翅目昆虫的体型从小至大均有发现，但一般则以中小型居多。它们的成虫体色与环境大体颜色相近，以黄色、灰色、黑色、褐色等居多。

成虫头部有一对发达的复眼，并具 2~3 个单眼，当然也有少数种类没有单眼。触角丝状并有刚毛。部分类群的口器为咀嚼式口器，且发育完整，但也有很多口器退化的种类，这些种类通常不具有取食的功能。

襀翅目成虫的胸部由前胸、中胸和后胸组成。其中前胸最为发达。大部分物种在中、后胸各具一对翅，翅为膜质。襀翅目昆虫翅的发育及形态有很多不同。首先，大部分襀翅目昆虫雌雄都有较为相似的翅，但还有一些类群会有长翅型和短翅型之分。例如，襀科 Perlidae 钩襀属 *Kamimuria* 的一些种类雄虫既有长翅型个体，又有短翅型个体，而雌虫则全部为长翅型个体。除此以外，最为特殊的要数裸襀科 Scopuridae 及纬襀科 Gripopterygidae 的一些物种，它们的成虫并没有翅。

正在交配中的石蝇

襀翅目成虫的腹部末端常有一对明显的尾须，有些类群的尾须还会发生特化以辅助交配。在第 8 腹节的腹板后缘中部则具有生殖器官，如生殖孔。雌虫的生殖器官不外露。在一些雄虫的腹部还会有一些骨化的结构，这些特化的形态同样与交配有关，如襀科 Perlidae 襟襀属 *Togoperla* 的雄虫，其第 5 腹节背板较为发达，并特化呈叶突状结构。交配时，第 6 至第 9 腹节背板会伸入叶突下，将雌虫的生殖板夹住。

稚虫

襀翅目的稚虫身体呈蜗型，口器为咀嚼式，具一对发达的复眼和 2~3 个

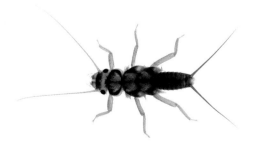

襀翅目昆虫的稚虫（陈尽 摄）

单眼。它们虽和蜉蝣目的稚虫在形态上较为相似，但仍有很多明显的特征可以加以区分：首先，襀翅目的稚虫腹部末端仅有 1 对尾须，而一些蜉蝣目的稚虫腹部末端则有 2~3 根尾丝；另外，襀翅目稚虫的足上多具有用来在水中行动的缘毛，而蜉蝣目稚虫的足形态较为多样，常具刺状、瘤状等结构。

襀翅目昆虫的分类

襀翅目昆虫的分布较广，但却是一类并不算多的昆虫类群。目前，在全世界已发现襀翅目昆虫约 3500 种，而中国则已发现了 500 多种。

对于襀翅目昆虫的分类，目前学术上尚无统一定论。本书所用系统为兹韦克（Zwick）于 1980 年及内田（Uchida）等人于 1989 年所提出的系统。该系统将襀翅目昆虫分为 2 个亚目，6 个总科和 16 个科级阶元。

襀翅目的两个亚目分别为南襀亚目 Antarctoperlaria 和北襀亚目 Arctoperlaria。其中，南襀亚目的所有物种均生活在南半球的澳洲和南美洲，它们的前后翅均有很多横脉；而北襀亚目绝大多数分布在北半球，但也有极少数种类如背襀科 Notonemouridae 扩散到了南半球的澳洲等地。它们的特征为

分布在中国的均为北襀亚目成员

在翅近端部的径脉区并没有横脉。因此，分布在中国的襀翅目昆虫均为北襀亚目的类群。目前，在北襀亚目的 12 个科中，共有 10 个科的襀翅目昆虫在中国被发现，即除了裸襀科 Scopuridae 和背襀科 Notonemouridae 外，其他北襀亚目的科级阶元均有分布在中国的物种，且刺襀科 Styloperlidae 还是一类仅在中国南方地区被发现的类群。在中国分布的所有科中，襀科 Perlidae 种类最为繁多，它们分布广、适应力较强，且飞行能力也在襀翅目昆虫中处于领先地位。

伪装大师——螂目 Phasmida

"奇形怪虫为螂目，体细足长如修竹；更有宽扁似树叶，如枝似叶害林木。"

螂目又称为竹节虫目，是一类以善于伪装环境（即拟态）而著称的昆虫家族。它们被人们所熟知，在很多的昆虫纪录片中频频亮相。当你看到它们时，一定会被

这类大自然的精巧杰作深深震撼。

蝎目昆虫出现在地球上的年代极为久远。目前已发现的最古老蝎目化石应处于距今2.7亿年的二叠纪时期。在这之后的中生代和新生代各个时期也有大量的蝎目昆虫化石被发现。中国古昆虫学家任东先生在晚侏罗纪地层中建立了一个蝎目的已灭绝新科，称为神蝎科Hagiphasmatidae，并在此科中发布了3个新属及新种。根据古环境学的研究，有昆虫学家推测远古的蝎目昆虫就已经在高温环境中栖息。一直到现在，蝎目昆虫最主要的分布地仍然为热带及亚热带区域。

蝎目昆虫的分布较为广泛，除了大多数物种分布在热带及亚热带地区外，还有少数物种扩散到了温带地区。以中国的蝎目昆虫为例，蝎目昆虫分布

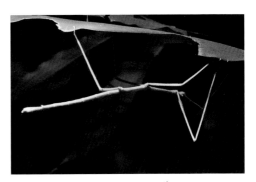

蝎目昆虫无疑是昆虫家族的伪装大师

距今0.99亿年缅甸琥珀内的竹节虫
（夏方远 摄）

最多的省为云南、海南和台湾，但在气温相对寒冷的偏北部地区也有蝎目昆虫的踪影，如蝎科 Phasmatidae 的仿短肛蝎属 Paraclitumnus 便有分布在河南省的记录；蝎科 Phasmatidae 短肛蝎属 Baculum 的一些物种甚至可以在东北地区生存；笛蝎科 Diapheromeridae 管蝎属 Sipyloidea 的一些物种扩散到了西北甘肃等地区。总之，蝎目昆虫的分布大致上在温暖地区占到了绝大多数，但气温较低的环境中也并不是全无踪迹。

蝎目昆虫多为夜行性，它们的食性均为植食性，大部分的蝎目昆虫其若虫和成虫所取食的寄主植物种类一致，但不同物种所取食的寄主植物种类有所不同。虽然很多种蝎目昆虫所取食的植物

所有的蝎目昆虫均为植食性

种类范围较广，但它们对自己可以取食的多种植物有着不同的偏爱程度。例如，螳科 Phasmatidae 短肛螳属 *Baculum* 的小齿短肛螳 *Baculum minutidentatum*，尽管它们可以取食几十种植物，却非常"挑食"，最喜欢取食蒙古栎、栲树等物种，只有当这些最喜食的植物严重短缺时，才会选择其他的植物。

除此之外，还有一些螳目的昆虫为单一食性，即一生仅以一种植物作为寄主，如笛螳科 Diapheromeridae 华枝螳属 *Sinophasma* 的叉臀华枝螳 *Sinophasma furcatum*，它的一生仅以苦竹为食。

螳目昆虫最被人们所熟知的是它们的拟态，有的模拟成树枝，有的模拟成树叶。然而，螳目昆虫的防御机制实际上并不仅仅只有拟态一种。例如，一些螳目昆虫的身体会具有很多尖锐的刺状结构，让很多天敌难以找到攻击的部位，如笛螳科 Diapheromeridae 龙螳属 *Parastheneboea* 的种类；而螳

一些叶螳科若虫的体色为红色

科 Phasmatidae 叶尾螳属 *Acrophylla* 的一些物种在其低龄若虫阶段会将腹部向上卷曲，模拟蝎子等具有攻击能力的物种；叶螳科 Phylliidae 的一些若虫体色为红色，让很多天敌误认为它们是有毒的个体；还有一些物种会在受到惊扰或危险时出现假死行为来欺骗天敌；一些具翅的螳目成虫会在遇到危险时突然将其前后翅打开，露出鲜艳的颜色或斑纹，甚至会同时利用前后翅发出声响，用以恐吓天敌。在众多的防御机制中，最有意思的则为利用一些刺激性分泌物来喷射天敌的物种，如螳科 Phasmatidae 大头螳属 *Megacrania* 的津田氏大头螳 *Megacrania tsudai*，它们的若虫可以从身体内喷射刺激性的液体来对抗天敌的攻击。

螳目昆虫的一生经历三个阶段，即卵、若虫和成虫。虽然有一部分的螳目昆虫为两性生殖，但也有部分螳目昆虫为孤雌生殖，津田氏大头螳 *Megacrania tsudai*，直至现在仍仅有雌虫被发现。还有一些种类则既可以

交配中的竹节虫

两性生殖，又可孤雌生殖，且以孤雌生殖为主，如笛螩科 Diapheromeridae 管螩属 *Sipyloidea* 发现的雄虫甚少，大部分都为雌虫。螩目昆虫的产卵量和卵期因物种的不同而有较大差异，产卵量从几十颗至几百颗不等，甚至异螩科 Heteronemiidae 小异螩属 *Micadina* 的部分物种产卵量可达 800 颗。

螩目昆虫的外部形态

螩目昆虫的体型一般为中至大型，但不同物种或雌雄的体长往往跨度很大。其中，螩科 Phasmatidae 足刺螩属 *Phobaeticus* 的齿足刺螩 *Phobaeticus serratipes*，若包括伸展的前足，则可达到 55 厘米左右，是目前所有昆虫中体型最长的物种。

在螩目中，除了叶螩科 Phylliidae 外，大部分的体型均为圆筒状、杆状或棒状。触角为丝状或念珠状，头部具有复眼，但却并不是所有物种都具单眼。口器为咀嚼式。

叶螩科昆虫的足呈叶状特化

胸部有 3 对足。有一些种类根本不具翅，有一些则仅具极为短小的翅芽，如笛螩科 Diapheromeridae 刺笛螩属 *Oxyartes* 的部分物种雌雄成虫也均只有翅芽。另外，有一些物种的雄虫有 2 对完整的翅，雌虫则仅具前翅或无翅。螩目昆虫的足较长，并常有刺状结构，叶螩科 Phylliidae 昆虫的足常具有扩展呈叶状的特化，用以更好地模拟栖息环境。螩目昆虫后足胫节端部的腹面形态是区分亚目的重要判断依据。

螩目昆虫的腹部由 11 个腹节组成，在腹部末端通常具有 1 对不分节的尾须。尾须的形态各异，有一些种类的尾须会特化，在交配中起到辅助作用。雄虫的外生殖器大部分包在第 8 腹节的腹板内，雌虫的产卵器着生在第 8 和第 9 腹节上。

螩目昆虫的分类

螩目昆虫是一个并不算庞大的昆虫家族。目前全世界已发现的螩目昆虫约为 3000 种，在中国已被发现的螩目昆虫则不到 400 种。

螩目的分类系统较多，也较为复杂，目前学术界较为统一的是螩目分亚目的方法。螩目昆虫目前分为两个亚目，即胫棱亚目 Areolatae 和胫缘亚目 Anareolatae。其分类方法为：后足胫节端部腹面若具有三角形凹窝，则为胫棱亚目，如叶螩科 Phylliidae 就是胫棱亚目的成员；后足胫节端部腹面若没有三角形的凹窝，则为胫缘

亚目，如蟾科 Phasmatidae 便是胫缘亚目的成员。

除此以外，螳目昆虫分科亦有所变化。如在陈树椿先生的《中国螳目昆虫》一书中，沿用布拉德利（Bradley）于 1977 年提出的分类系统，将螳目昆虫分为 2 个亚目 6 个科。但在此系统中，并没有笛螳科 Diapheromeridae

你能否在这个环境中找到一只螳目昆虫呢？

这一科级阶元，而是将本科的很多属分别放置于螳科 Phasmatidae 和异螳科 Heteronemiidae 中。但是，叶螳科 Phylliidae 的物种由于其形态的特殊性，在分类系统中并没有太多改变。在螳目昆虫分类时，往往以其卵的形态、成虫触角、足、腹板及生殖器等形态作为依据。

冰凌神物——蛩蠊目 Grylloblattodea

"高寒稀有蛩蠊目，单眼与翅皆退无；身似蟋蟀与蟑螂，分布零星受保护。"

蛩蠊目昆虫由于外形既像蟋蟀又像蟑螂，而蟋蟀在古语中称为"蛩"，蟑螂则称为"蠊"，因此这类昆虫被命名为"蛩蠊"。它们的起源极为古老，是目前昆虫家族中唯——类真正古老的孑遗家族。现生蛩蠊目昆虫在形态上仍保

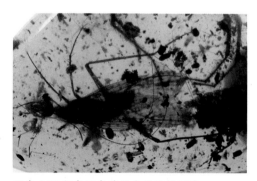

距今 0.99 亿年缅甸琥珀内的具翅蛩蠊（夏方远 摄）

留有大量的原始特征，如代表着它们是原始疾走类的 5 跗节型形态；极为原始的前胸侧片构造等。从起源上说，目前有学者认为它们的祖先可以追溯到距今 3 亿多年的石炭纪，蛩蠊目昆虫的化石在这之后的各个地层中均有发现。虽然现生蛩蠊目昆虫均无翅，但很多古代的蛩蠊目昆虫是具翅的。这也能说明蛩蠊目昆虫的系统发育方向是从有翅向无翅演化。蛩蠊目昆虫无论是对古昆虫学的研究还是系统发育学的研究，都具有重要意义。

蛩蠊目昆虫的分布极为狭窄且分散，目前已知的蛩蠊目昆虫仅分布在日本、中国、北美落基山脉西部、朝鲜半岛、俄罗斯远东地区、西伯利亚南部的阿尔泰以及萨彦岭山地，其中，分布在中国的蛩蠊目昆虫仅记录在吉林长白山和新疆的阿尔泰山。

蛩蠊目昆虫分布极为狭窄（王传齐 摄）

正是由于蛩蠊目昆虫的分布极为零散，且成虫无翅，它们的扩散能力和适应能力都极为有限。这些不利的因素，让本目昆虫的发展面临着巨大的威胁，它们是真正濒临灭绝的珍稀类群。也正因如此，富有极大科研意义的蛩蠊目昆虫在各个分布区都受到了保护，如由王书永先生发现，分布在中国的中华蛩蠊 *Galloisiana sinensis* Wang，1988 在被发表之年即被列为中国国家一级保护动物。

蛩蠊目是以植食性为主的杂食性昆虫（王传齐 摄）

蛩蠊目昆虫是一类较为长寿的昆虫，一般寿命可有 5~8 年。它们的发育极为缓慢，如分布在北美的蛩蠊属 *Grylloblatta* 物种 *Grylloblatta campodeiformis*，它的寿命就可以达到 8 年，仅若虫发育就需要 5 年左右，在这过程中要进行 8 次蜕皮，第一年蜕 3 次皮，之后每年蜕 1 次皮，在最后一次蜕皮时与上一次相差 6 周左右；在其交配时，基本会耗费约 12 个小时，且卵在雌虫体内发育长达半年之久。

蛩蠊目昆虫喜欢栖息在十分寒冷的地区，如冰河周边、冰雪表面、冰洞和高山雪线以上地区。它们所生存的地域平均温度仅为 0℃或稍高于此气温，当气温高于 16℃左右时，蛩蠊目昆虫便会出现大量死亡的现象。

蛩蠊目昆虫是一种以植食性为主的杂食性昆虫。它们一般会在夜晚觅食，以苔藓、地衣或雪面上被冻死的无脊椎动物尸体为食。除了极度饥饿的情况，它们是不会主动攻击猎物的。但是，有一些蛩蠊目昆虫在交配时，会和部分螳螂目昆虫一样有"弑夫"的行为。它们的上颚较为原始，没有磨区，因此蛩蠊目昆虫即使取食肉类，也

仅能取食柔软的部分。

蛩蠊目昆虫的外部形态

蛩蠊目昆虫有近三角形的头部，细长的丝状触角，咀嚼式口器，1 对复眼，无单眼——有些栖息在洞穴里的种类则有复眼退化或消失的现象。

虫体胸部的前、中、后胸形态较为接近，均可以自由活动；不具翅，具 3 对步行足；前足比中、后足强壮，但中、后足比前足细长；在足腿节和胫节上有刺状毛，跗节为 5 节。

腹部由 11 个腹节构成。其中前 10 节较为明显，最后一节由 1 个肛上板和 1 对肛侧板构成。在腹部末端有一对较为细长的尾须，呈丝状，通常由 8~10 节组成。

蛩蠊目昆虫的分类

蛩蠊目昆虫是现生已发现的所有昆虫中，除螳螂目外种类最少的一个家族。目前全世界已发现的蛩蠊目昆虫仅有 28 种，而中国仅发现了 2 种，分别为格氏蛩蠊属 *Galloisiana* 的中华蛩蠊 *Galloisiana sinensis* 和西蛩蠊属 *Grylloblattella* 的陈氏西蛩蠊 *Grylloblattella cheni*。其中前者分布在

隶属于格氏蛩蠊属的日本蛩蠊（王传齐 摄）

吉林长白山，后者分布在新疆的阿尔泰山。另外，陈氏西蛩蠊是 2009 年才被发现的物种。

目前已发现的所有蛩蠊目昆虫仅有 1 个科，即蛩蠊科 Grylloblattidae，下分为四个属，分别是格氏蛩蠊属 *Galloisiana*、西蛩蠊属 *Grylloblattella*、东蛩蠊属 *Grylloblattina* 和蛩蠊属 *Grylloblatta*。鉴定蛩蠊目昆虫属级需要观察其触角、前胸背板、下颚内颚叶、跗节垫、肛上板和颈片外缘毛等特征。现将其检索表列出，以便有兴趣及有一定昆虫学基础的读者加以参考。

蛩蠊目蛩蠊科分属检索表（据王书永，1999，笔者略作修改）

1　前胸背板后缘中央向后突出，其两侧具 2 块弱骨化带 ……………………………… 2

-　前胸背板后缘宽圆或平直略向内凹，无弱骨化带 …………………………………3

2　下颚内颚叶具 1 齿，颈片具弱刚毛，不限于边缘，跗节瘦长，跗垫短小；雄虫肛

上板左右不对称，分布于北美 ┈┈┈┈┈┈┈┈┈┈┈┈┈┈┈┈┈┈ 蛩蠊属

- 下颚内颚叶具 2 齿，颈片外缘具 4~5 根刺状刚毛，内缘具 2 至 4 根弱刚毛，跗节较宽短，跗垫长且大；雄虫肛上板左右对称，分布于俄罗斯滨海区南部 ┈┈┈┈┈┈┈┈┈┈┈┈┈┈┈┈┈┈┈┈┈┈┈┈┈┈┈┈┈┈┈┈ 东蛩蠊属

3 触角长，30~50 节，跗节垫极为发达；雄虫肛上板后缘中突长且尖，或顶端呈截形，分布于中国东北、朝鲜半岛、日本及俄罗斯滨海南部地区 ┈┈┈┈┈┈┈┈┈┈┈┈┈┈┈┈┈┈┈┈┈┈┈┈┈┈┈┈┈┈┈┈ 格氏蛩蠊属

- 触角短，27~29 节，跗节垫短小；雄虫肛上板后缘中突呈三角形，短而钝，分布于俄罗斯西部利亚西南部地区及中国新疆 ┈┈┈┈┈┈┈┈┈┈┈┈ 西蛩蠊属

月下演奏家——直翅目 Orthoptera

"后足善跳直翅目，前胸发达前翅覆；雄鸣雌具产卵器，蝗虫螽斯蟋蟀谱。"

直翅目昆虫是一类被人们熟悉的类群

直翅目昆虫是一类人们非常熟悉的昆虫家族。早在《诗经·豳风·七月》中，就有对直翅目十分经典而确切的观察记录："五月斯螽动股，六月莎鸡振羽，七月在野，八月在宇，九月在户，十月蟋蟀入我床下。"这是对各类直翅目昆虫发生期和部分生物学习性的描述。除此以外，诗词中也大量的出现了有关直翅目昆虫的内容，例如南宋著名诗人杨万里的《题山庄草虫扇》中，一开始便写到"风生蚱蜢怒须头，执扇团圆璧月流"；南宋著名文学家陆游的《杂兴》中，也有"万物各有时，蟋蟀以秋鸣"的诗句。

直翅目昆虫被人们所大量关注有这么几个原因：第一，它们十分常见，几乎没有人从未见过直翅目昆虫，这增加了它们被观察到的概率；第二，直翅目昆虫大多数雄虫可以鸣叫，且很多种类鸣叫的声音清脆动听，博得了人们的喜爱，激发了众多文人骚客的诗情；第三，直翅目昆虫中的蝗虫若大量迅速发生，往往会造成十分严重的蝗灾，因此人们会持续关注它们。

实际上，直翅目昆虫早在距今 3 亿多年的石炭纪就已出现在地球上了，在之后

各个地质年代的地层中均发现了大量直翅目各类昆虫的化石。根据古生物学研究，现生的直翅目昆虫是由原直翅类 Protorthoptera 昆虫演化而来，且演化方向有两个，一类是螽斯类 Ensifera，包括现生的螽斯、蟋蟀和蝼蛄等，还有一类则是蝗虫类 Caelifera，包括现生的蝗虫、蚱类和蜢类等。

距今 0.99 亿年缅甸琥珀内的蟋蟀

提到直翅目昆虫，也许绝大多数人都会认为它们是一类仅以植物为食的昆虫类群。其实很多直翅目昆虫均为杂食性，甚至存在以肉食性为主的杂食性类群或肉食性类群。例如，蟋螽科 Gryllacrididae 的大部分物种就是凶猛的猎杀者，它们会捕食很多种无脊椎动物。而我们较为熟悉的螽斯科 Tettigoniidae 则是杂食性的类群，最

蟋螽科是一类以肉食为主的直翅目昆虫

为著名的要数常见饲养种类优雅蝈螽 Gampsocleis gratiosa（即蝈蝈儿），很多饲养它们的人士会不时投喂一些如面包虫之类的昆虫。当然，直翅目昆虫中确实也有一些仅以植物为食的类群，甚至还有一些物种对植物的选择极为挑剔，如斑翅蝗科 Oedipodidae 的鼓翅皱膝蝗 Angaracris barabensis 便对直翅目常常取食的禾本科植物没有什么进食意向。

直翅目昆虫的成年雄虫很多都具有鸣叫的习性。也因此成为人们所钟爱的饲养类群。这里需要说明一点，虽然大部分直翅目昆虫的雄虫可以发出声音，但这些昆虫的叫声却并不是和我们人类一样从喉咙中发出。直翅目昆虫发音大致可以分为两类：一类是以蟋蟀和螽斯等为代表的类型，它们仅靠两个翅上的刮器及音齿（或称音锉）相互摩擦发出声音，再利用翅上的镜膜将声音放大；第二类则是以蝗虫为代表的类型，它们会利用后足和翅相互摩擦发出声音。

直翅目雄虫的发音原因有很多，十分有趣。一般来说，大部分直翅目雄虫的发音是为了吸引雌虫前来交配繁殖，除此以外还会有多种目的。蟋蟀科 Gryllidae 的

正在鸣叫的双斑蟋

很多物种在吸引雌虫时会持续鸣叫，但雌虫已经到达后，会发出不同音色的求爱叫声，即蟋蟀饲养业内所称的"打克斯"；另外，当雄虫相互争斗前有时也会发出叫声，以此恐吓对手，这种行为在蟋蟀饲养业内称为"炸罐儿"；一旦雄虫争斗完毕，获胜的一方往往会鸣叫，以此来表明自己的地位。由此可以看出直翅目昆虫的发音绝不仅仅只有吸引雌虫一个目的。

直翅目昆虫的交配行为也很有意思。这里先要强调一点，在直翅目昆虫中，同样也会有孤雌生殖的现象，只是这种现象极为少见。在两性繁殖时，不同类群的直翅目昆虫其交配行为也是不一样的。大部分蝗虫类的雄虫较雌虫要小，交配时大多数雄虫会主动试探，爬到雌虫身上。在交配期间，雌虫仍可以自由活动及取食，但雄虫则只能趴伏在雌虫身上。甚至有些蝗虫，如锥头蝗科 Pyrgomorphidae 负蝗属 *Atractomorpha* 的物种，雄虫在交配结束后仍会在雌虫身上一段时间，以防止其他雄虫前来——这也是这类昆虫名称的由来。

螽斯类的交配则更为复杂。首先，它们大多数和蝗虫类相反，雌虫在上，雄虫在下。有些雄性螽斯类昆虫除了鸣叫外，很多物种还会释放一些化学气味吸引雌虫。树蟋科 Oecanthidae 的一些物种，雄虫在鸣叫的同时腹部还会分泌蜜露，吸引雌虫前来舔食。当螽斯类昆虫交配结束后，雄虫会在雌虫腹部末端留下一个白色的精包，这个精包内含有精子和营养物质，在慢慢被雌虫吸收之时，雌虫还会取食精荚以外的营养物质。

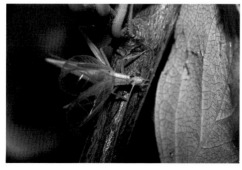

鸣叫中的中华树蟋

直翅类昆虫的一生要经历三个阶段，即卵、若虫和成虫。大部分直翅目昆虫会将卵产在土壤中，这样既有效躲避了天敌，还可以助其越过寒冷的冬天。等到卵孵化后，若虫能在第一时间内寻找到食物，可谓一举多得。当然，直翅目昆虫产卵的地点并不唯一，如一些螽斯类昆虫就会把卵产在树皮的缝隙

大部分直翅目昆虫体色都与环境一致

腹部拟态病变植物的褐斜缘螽

之间。

　　直翅目的若虫和成虫外形较为相似，但会有一些种类的体色和成虫完全不像。如草螽科 Conocephalidae 的一些物种，其若虫为鲜红色，而成虫却是绿色或灰绿色。单凭体色的话，是绝对不会将它们想成一个物种的。

　　直翅目的成虫形态多样。在长期的岁月中演化出了诸多的防御机制。这也是直翅目昆虫在数量上占据优势的原因之一。大部分的直翅目昆虫成虫体色一般都会和环境颜色相近，以绿色、黄色居多。当它们静止于植被上时，人们很难将其发现。除此以外，还有一些直翅目昆虫会模拟病变的植物，使它们看起来更加自然。如露螽科 Phaneropteridae 的褐斜缘螽 *Deflorita deflorita*，其腹部就具有一排白色并具橙黄色外圈的斑纹，配合上其绿色的体色，很像病变的植物叶片。一些分布在南方的直翅目昆虫，其体色会和树干上地衣或苔藓的颜色极为相像，当它们静止时极难被天敌发现。

　　除了拟态外，有些直翅目昆虫还有吐丝的行为。例如，蟋螽科 Gryllacrididae 的一些物种，会吐丝将植物叶片卷在一起，自己藏身其中。至于它们吐丝的原因现有两种主要的猜测：一是隐蔽自身，防止被天敌发现；另一种说法则认为这样会防止它们周围环境干燥，并方便它们以此为巢进行各种生物活动。

会吐丝的素色杆蟋螽

　　一些直翅目昆虫还会利用化学物质或体内的分泌物进行防御——最为常见的当属蝗虫类。也许大家都有这样的经历：当我们捕捉到一只蝗虫时，蝗虫会

从口中吐出一些棕色的液体，这些液体有异味，可以让天敌厌恶从而将其放掉。一些拟叶螽科 Pseudophyllidae 的物种，它们受到惊吓时会从背部等地方分泌出一种黄褐色的液体，用以恐吓天敌并传递自己不可被食用的信息。

虽然直翅目昆虫拥有诸多的防御机制，但在大自然中仍会遭到各式各样的天敌制约。首先，很多动物都会直接捕食直翅目昆虫。除此以外，直翅目昆虫还会遭到一些生物的寄生。例如，铁线虫目 Gordioidea 会寄生在一些直翅目昆虫的体内，而膜翅目 Hymenoptera 泥蜂科 Sphecidae 等一些物种成虫会蜇刺直翅目昆虫，将其神经系统麻痹，拖入巢中，并在其身上产卵——其幼虫会慢慢地取食直翅目昆虫，且此时的直翅目昆虫仍然活着。

一些拟叶螽科的物种会分泌黄褐色液体　　　　一只膜翅目昆虫正将一只蟋蟀拖回巢中

在自然界中，还有很多真菌也会感染直翅目昆虫使其死亡。其中最著名的则是杀蝗菌 Entomophthora grylli，当蝗虫被感染后，会头向上方用前足和中足抱住植物茎秆而亡，民间将其称为"抱草瘟"。早在《旧五代史》中便有蝗虫"一夕抱草而死"的记录。当然，杀死直翅目昆虫的真菌绝非仅有这一种，还有很多真菌会让直翅目昆虫犹如"冬虫夏草"一般：待直翅目昆虫死后，在其尸体上长出很多菌体。

被"抱草瘟"感染的蝗虫　　　　　　　　　一只被真菌感染的螽斯

直翅目昆虫的外部形态

直翅目昆虫体型差异很大，如蚤蝼科 Tridactylidae 的体型常在 1 厘米以下，而拟叶螽科 Pseudophyllidae 的巨拟叶螽 *Pseudophyllus titan* 体型则可达到 12 厘米及以上。虽然其形态多样，但也有很多相似的形态特征。直翅目昆虫的头部发育极为典型，大多数触角为丝状；口器为经典的咀嚼式口器，由上

蚤蝼科体型通常较小

唇、上颚、舌、下颚和下唇 5 部分组成；复眼较为发达，位于头部两侧，单眼一般为 3 个，但在一些螽斯类昆虫中会有无单眼的现象。

胸部分为前胸、中胸和后胸 3 节。大多数前足为步行足，但蝼蛄科 Gryllotalpidae 的前足特化为开掘足。一些螽斯类的前足上还有听器。直翅目昆虫的后足特化为跳跃足，用以逃脱天敌的追捕。大部分直翅目昆虫具 2 对翅，前翅较狭长且厚，并有一定的硬化，有的种类退化为短翅型。后翅膜质，常有各种较为鲜艳的颜色。另外，在直翅目昆虫中，有一些类群不具翅结构，如筒蝼科 Cylindrachetidae、驼螽科 Rhaphidophoridae 和沙螽科 Stenopelmatidae 的一些物种类群就没有翅的结构。

腹部由 11 个腹节组成，前 10 个腹节较明显，最后的第 11 腹节为肛上板，且有些类群退化或消失，大部分雄虫仅可见第 2~9 腹板。蝗虫类的第 1 腹节背板两侧有听器。直翅目昆虫的下生殖板及产卵器较为明显，且形态各异，如蝗虫类的产卵器呈锥状，而螽斯类的产卵器可为镰刀状、针状或剑状。

直翅目昆虫的分类

直翅目昆虫分布广泛，种类量与数量均较多。目前，全世界已发现的直翅目昆虫有近 20000 种，而中国已发现的直翅目昆虫亦有近 1000 种。

直翅目昆虫种类繁多，主要有蝗虫类、蚱蜢类、螽斯类、蟋蟀类、蝼蛄类和蚤蝼类等，其目下的科级阶元有 56 个。如此众多的直翅目昆虫可根据形态分为两大类，称为直翅目的两个亚目，即蝗亚目 Caelifera 和螽亚目 Ensifera。现将二者区分方法做简单介绍。

蝗亚目昆虫的触角一般情况下短于体长；若有听器，则听器位于腹部；发音由后

足和翅共同完成。螽亚目的触角一般长于体长，但蝼蛄科 Gryllotalpidae 除外；若有听器，则听器位于前足上；发音均由前翅完成。用上述方法，便可十分容易地将直翅目两个亚目做出辨别。

蝗亚目昆虫的触角短于体长　　　　　　　螽亚目昆虫的触角一般长于体长

结丝隐士——纺足目 Embioptera

"足丝蚁乃纺足目，前足纺丝在基跗；胸长尾短节分二，雄具四翅雌则无。"

通过对化石的研究，科学家们认为纺足目昆虫的祖先应生存在距今约 3 亿年的二叠纪甚至更早的时期。化石中的纺足目昆虫是一类身体细长，具翅的陆生性昆虫。对琥珀中的纺足目昆虫化石进行比较分析后发现，真正意义上的纺足目昆虫应生存于距今至少 1 亿年的白垩纪时期，如在缅甸琥珀中就发现了一些纺足目昆虫的化石。

在漫长的岁月中，昆虫想要繁衍生息，就必须具备多种多样躲避天敌的生存技能。如很多昆虫将自身的运动速度提升以逃脱天敌的追捕；抑或是将自己的口器咬

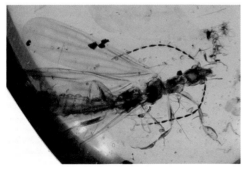

距今 0.99 亿年缅甸琥珀内的足丝蚁　　　　足丝蚁的前足具丝腺
（夏方远 摄）

合力增强，让其可以充当防御的武器。而纺足目昆虫则采取了一种极为特殊的防御手段，将自己隐匿在环境之中，如利用丝状物将所在的生存环境覆盖，从而成功避开大量天敌的视线。

"蜘蛛侠"是美国漫威漫画影视公司旗下的经典影视形象。剧中的彼得·帕克被一只变异的蜘蛛咬伤，从而获得了蜘蛛的能力，并自制了蛛网发射器守卫城市。只不过，"蜘蛛侠"是用手腕部出丝，而真正的蜘蛛则是用腹部的纺丝器出丝，从这一点来讲"蜘蛛侠"和蜘蛛还存在着较大的差距。但纺足目的昆虫，却真正和"蜘蛛侠"一般，利用前足的丝腺出丝。

纺足目昆虫利用前足前基跗节中的丝腺纺丝。一般来说，从 1 龄若虫开始，直至死亡前虫体都拥有纺丝能力。这在昆虫家族中十分特别。可以产生丝状物的昆虫种类较多，但能将产丝行为一直延续到成虫期的却极为稀少。

大部分纺足目昆虫生存在热带及亚热带地区，并喜欢在树皮下、土壤和岩石缝隙等地方挖掘隧道。在海拔较高的热带雨林里，浓密的苔藓植物也是纺足目昆虫的栖息环境之一。在其生存的隧道处，纺足目昆虫会用丝将隧道覆盖。一般来说，只要不是在气温较低的情况下，纺足目昆虫都会不断地延伸自己所处的隧道，并以此来寻找新的食物。当纺足目昆虫在隧道纺丝时，会同时扭动自己的身体，让这些丝状物变成一个可以容纳自己身体的丝道。还有一些种类会将自己的粪便或植物碎片附于丝状物之上，让丝道看起来更加自然且隐蔽。

纺足目昆虫的食性为植食性，真菌、苔藓、地衣，甚至是树皮及落叶都会是它们的食物。但有一些纺足目的昆虫，在交配后会有雌虫将雄虫吃掉的行为。

虽然纺足目昆虫经常会多只共同生存在一个大型的丝道中，却并不像白蚁、蜜蜂或蚂蚁等社会性昆虫一样拥有

纺足目昆虫几乎全部为植食性

不同品级或分工行为。一个纺足目昆虫的丝道中一般会有一群若虫和若干的雌虫。而雄性成虫寿命较短，交配后或被雌虫吃掉，或者在很短一段时间内死亡，因此在纺足目丝道中难以被发现。

纺足目昆虫一生经历 3 个阶段，即卵、若虫和成虫。在成虫交配后，怀卵的雌

虫会在一个新的环境中建造丝道，也有一些种类是在原来的丝道中继续扩张。大多数雌虫会有护卵的行为，在一些种类中，雌虫会将卵搬运到各自的隧道中。待到卵孵化成 1 龄若虫后，便可以自行织造属于自己的隧道了。

虽然纺足目昆虫的防御能力极高，但仍有很多种昆虫会找到它们的藏身处并进行攻击或寄生。例如，膜翅目 Hymenoptera 短节蜂科 Sclerogibbidae 的一些物种会寄生纺足目昆虫的若虫，半翅目 Hemiptera 丝蝽科 Plokiophilidae 的一些物种则会潜进隧道吸食纺足目昆虫。

纺足目昆虫的外部形态

纺足目昆虫是一类小到中型的昆虫，体色多以黑色或褐色为主。在成虫阶段，大部分雄虫具翅，雌虫无翅。

纺足目昆虫的头部呈圆形或近圆形；前口式，咀嚼式口器；一些雄虫口器缺失；丝状触角，具有肾形的复眼，无单眼。

虫体胸部由前胸、中胸和后胸组

雌性纺足目昆虫不具翅

成。并依次着生有前足、中足和后足。前足最为特殊，其基跗节膨大并具有丝腺，此特征也是识别纺足目昆虫的第一大依据。中足较小，后足较发达，尤其在腿节处最为强壮。雌虫无翅，形态和不具翅的雄虫个体较像。具翅的雄虫前胸背板较为坚硬，腹面的骨片相互愈合在一起。翅较狭长，通常前翅比后翅大，但形状较为相似。翅上有纤毛或较粗的刚毛。

虫体腹部狭长，有 10 个明显的腹节。腹部末端具有 2 节尾须。雄虫的外生殖器极为复杂，且一般情况下并不对称。第 10 腹节的背板分裂，并着生各种附属物及突起，例如一些物种在两尾须节愈合成棍棒状的抱握器用以辅助交配。

纺足目昆虫的分类

纺足目昆虫由于分布较为局限，种类数量相对较少。目前，全世界已发现的纺足目昆虫约有 300 种，但根据统计学分析，推断出全世界应有纺足目昆虫约 1000 种。在中国，已发现、命名的纺足目昆虫仅有 10 种左右。

关于纺足目昆虫的分类文献较少，目前公开出版的纺足目昆虫分类文章不足10 篇。大多数学者将全世界的纺足目昆虫分为 2 个亚目、8 个科。其中，两个亚

目分别是古丝蚁亚目 Protembioptera 和真丝蚁亚目 Euembioptera。且古丝蚁亚目均为化石种，如 *Protembia permiana* 和 *Tillyardembia biarmica*。值得一提的是，由于琥珀的形成普遍在白垩纪之后，因此在琥珀中若发现纺足目昆虫，并不能代表它们就是古丝蚁亚目的物种。

中国的纺足目昆虫仅发现等尾丝蚁科

　　在中国已发现的纺足目昆虫均为等尾丝蚁科 Oligotomidae，但根据南亚及东南亚的纺足目昆虫分布推测，也许在中国还有奇丝蚁科 Teratembiidae 和异尾丝蚁科 Notoligotomidae 物种的分布。

舐犊情深——革翅目 Dermaptera

　　"前翅短截革翅目，后翅如扇脉如骨；尾须坚硬成镊状，蠼螋护卵若鸡孵。"

　　革翅目昆虫被称为蠼螋（音：qú sōu），这个名字看似十分生僻，实际上是根据明代著名医学家李时珍的《本草纲目》中的记载而来。《本草纲目》中写道："蠼螋喜伏氍毹下，故名，或作蛷螋"。所谓的"氍毹"，可以理解为用皮毛织成的毯状物，类似于今天的地毯。

　　由于有一些蠼螋物种经常在人类的房屋中生存，故而在很早的时候就被关注和描述。中国早在《周礼·赤犮氏》中，就有"凡隙屋除其狸虫蛷螋之属，乃求而搜之义，其虫隐居墙壁及器物下，长不及寸，状如小蜈蚣，青黑色，二须六足，足在腹前，尾有叉岐，能夹人物……"等记载。这短短的几句话，已经将革翅目昆虫的形态和生物学习性十分准确地记录了下来。这也是世界上最早对蠼螋的详细描述。

　　革翅目昆虫的起源尚无统一定论，但可以确定的是这个家族至少在距今 2 亿年左右的侏罗纪时期便已经存在地球上，也有学者认为革翅目昆虫的祖先在距今近 3 亿年前的二叠纪时期便已出现。目前，在很多侏罗纪地层中均有革翅目昆虫化石被发现，之后的地质年代中就更多了。例如，处于白垩纪时期的缅甸琥珀中就发现了较多的革翅目昆虫化石。

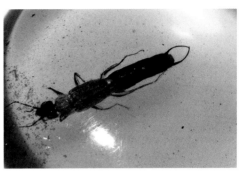

蠼螋是一类较为常见的昆虫类群
（陈尽 摄）

距今 0.99 亿年缅甸琥珀内的蠼螋

革翅目昆虫的分布范围较广，在热带、亚热带、温带、寒带都有它们的足迹。据文献记载，革翅目迄今为止发现的最极端环境当属在海拔 5000 米以上的高山。从生境来说，大部分的革翅目昆虫喜欢栖息在岩石下、枯枝及落叶中，也有一些物种喜欢藏匿于土壤、朽木等环境中，如一些球螋科 Forficulidae 和肥螋科 Anisolabididae 的雌虫会在朽木里筑巢。

革翅目昆虫大部分为夜行性昆虫，白天躲藏在避光的环境中。不同的蠼螋其食性也不尽相同，虽大部分以植物碎屑和花粉为食，但也有一些物种是肉食或其他食性。例如，蠼螋科 Labiduridae 的蠼螋 *Labidura riparia* 就有捕食鳞翅目 Lepidoptera 幼虫的行为；球螋科 Forficulidae 乔球螋属 *Timomenus* 的一些物种有舔舐介壳虫分泌物的行为；一些球螋科 Forficulidae 物种还有取食动物尸体的习性。革翅目昆虫的一些物种还具有外寄生性，如蝠螋亚目 Arixeniina 和鼠螋亚目 Hemimerina（即早期分类系统的重舌目 Diploglossata）等物种。

一些蠼螋栖息在树皮等环境中

大部分蠼螋以植物为食（张旭 摄）

革翅目昆虫最具有特点的习性当属护卵行为。一般来说，雌性蠼螋会一次将卵

全部产完，产卵量多为 10~30 枚。产卵完毕后，雌虫会将卵聚集在一起，并守护在卵的上面。为了不让卵被真菌感染，雌虫往往还会不时地舔吸卵表面的有害真菌，并会把卵不时翻动和搬运。例如，一些肥螋科 Anisolabididae 肥螋属 Anisolabis 的物种在一天之内可搬移虫卵多达数十次。当卵孵化成若虫后，低龄的若虫仍会受到雌性成虫的保护。当遇到危险时，雌虫会将腹部举起，并张开腹部末端如铗子一般的尾须恐吓敌人。在整个昆虫家族中，革翅目昆虫是为数不多展现出极端母爱的类群之一。

革翅目昆虫一生经过 3 个阶段，即卵、若虫和成虫。若虫和成虫的形态极为相似，但并没有发育完整的翅和生殖器官。蠼螋的寿命大多数可以达到 1 年，在很多热带地区还会在 1 年内发生 3~4 代，形成世代重叠。

革翅目昆虫的外部形态

革翅目昆虫是一类体型小至中型的昆虫，身体多呈狭长形，体表较为坚硬。大多数的蠼螋身体呈暗色调，以黑色、褐色和红褐色为主，也有一些种类的体色较为鲜艳。

蠼螋的头部扁宽，丝状触角，且触角常达到 10~50 节。一般来说，越为原始的种类其触角节数越多，反之则越少。

大部分蠼螋的体色均呈暗色系

虫体头部复眼比较发达，但蝠螋亚目 Arixeniina 的物种复眼较小或退化、消失；无单眼结构；咀嚼式口器，且上颚较为发达。

蠼螋的胸部由前、中、后胸组成，前胸背板近似四角形，且比较发达。前后翅的形态完全不同：绝大多数的革翅目昆虫前翅为革质，比较坚硬，没有翅脉；而后翅则呈膜质，比前翅要大得多，在平时经过极为复杂的折叠藏匿在前翅下方。当然，有一部分的革翅目昆虫并不具有翅的结构，如蝠螋亚目 Arixeniina、鼠螋亚目 Hemimerina，以及一些肥螋科 Anisolabididae 的物种。

革翅目昆虫的腹部由 11 个腹节组成，第 1 腹节常与后胸后背板愈合在一起。在腹部的末端，常有 1 对极为坚硬且特化为铗状结构的尾须，或称尾铗。不同种类或不同性别的尾铗形状不尽相同，如球螋科 Forficulidae 的异螋 Allodahlia scabriuscula 雄虫有大而弯曲的尾铗，而雌虫则只有短而较直的尾铗。除此以外，

很多丝尾螋科 Diplatyidae 的若虫尾须并不呈铗状，直到羽化为成虫后才具有真正的尾铗。

异螋的雄虫尾铗大且弯　　　　　　　丝尾螋的若虫尾须为丝状（陈尽 摄）

革翅目昆虫的分类

革翅目昆虫是一类较小的昆虫家族，目前全世界已发现的革翅目昆虫仅不到2000 种，而中国已发现的革翅目昆虫有 200 余种。

由于革翅目昆虫其前翅的形态，最早由林奈将其归入鞘翅目 Coleoptera 中，直到 1773 年才被独立为一个目级阶元。目前，较为公认的革翅目昆虫分类系统将本类群分为 3 个亚目，即蠼螋亚目 Forficulina、蝠螋亚目 Arixeniina 和鼠螋亚目 Hemimerina。其中，蠼螋亚目的物种最为繁多，其特点为身体较为光滑，复眼发达，且没有外寄生的习性。蝠螋亚目 Arixeniina 的物种常外寄生于蝙蝠类动物身体上，鼠螋亚目 Hemimerina 的物种则常外寄生于啮齿类动物身体上。

境外角斗士——螳䗛目 Mantophasmatodea

"虫界斗士螳䗛目，既像螳螂也像䗛；身居草原种类少，善捕昆虫处非洲。"

螳䗛目昆虫是一类于 2001 年才被发现的新目级阶元。这对昆虫的形态学、分类学和系统学等研究无疑都是十分重要的。这一类昆虫最早是由哥本哈根大学研究生 O. 扎姆普（O.Zompro）在研究距今 4000 多万年波罗的海琥珀昆虫时发现的。

O. 扎姆普在观察这种昆虫时，发现它们的前足呈现出类似于捕捉足的形态，但这一类昆虫与螳螂目 Mantodea 的昆虫形态仍有一些出入；他还发现这类昆虫细长的体型以及翅膀退化等与䗛目 Phasmida 昆虫的形态较为相似，但其捕捉足又不符合，因此推断其不属于任何一个现生已知目级阶元的昆虫类群。

　　在这之后，有一支纳米比亚的考察队在考察时发现了这一类昆虫的活体，并将其带回研究。最终，这一新目级阶元在 2001 年被正式发布。由于这一类昆虫的形态和螳螂与蜴类最为相似，因此被称为螳蜴目。

　　螳蜴目昆虫在全世界已经被发现了近 20 种，在琥珀及化石中发现了 3 种，是已知昆虫目级阶元中种类最少的家族。

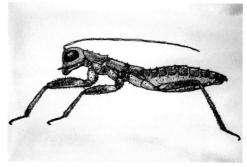

螳蜴目代表——丰暴螳蜴 *Tyrannophasma gladiator*（汪阗 绘 仿彩万志）

通过分子生物学的手段，昆虫学家认为螳蜴目昆虫与蛩蠊目 Grylloblattodea 昆虫应为姊妹群。

　　截至目前，所有已发现的螳蜴目昆虫均分布在非洲。它们的体型小至中型，体色由黄褐色至鲜绿色不等，变化较多；口器咀嚼式；触角呈丝状且细长；前足及中足都类似于捕捉足，腿节与胫节均有成排的刺状突起，跗节为 5 节；无翅；雄虫从第 9 腹节开始分化为生殖板，并有尾须。

　　螳蜴目昆虫是一类较为凶猛的昆虫，因其常常将前足举起，类似于勇士示威，也被称为昆虫家族的"角斗士"。它们喜欢栖息在岩石或低矮植被丛下，以一些小型昆虫或其他无脊椎动物为食。当它们遇到和自身几乎同样大小的猎物时，会先悄悄接近对方，用前、中 4 足同时进攻，且一般直击猎物的前胸或颈部，然后将其头部吃掉。昆虫学家们还发现螳蜴目昆虫成虫会猎杀一些弱小或受伤的螳蜴若虫。除此以外，很多螳蜴目昆虫还会取食昆虫的尸体。

　　螳蜴目昆虫的交配时间较长，在没有任何干扰的情况下可达到 3 天左右。有些螳蜴目昆虫在交配时会有"弑夫"的现象发生。交配结束后，雌虫会将卵产在土壤表面。大部分种类的螳蜴目昆虫有卵荚，这些卵荚一般由泡沫和沙土混合而成。

第八节　渐变豪门——半翅部

　　半翅部昆虫是所有不完全变态昆虫中种类和数量最多的类群，由6个目组成，分别是同翅目、半翅目、啮目、食毛目、虱目和缨翅目。虽然目前很多昆虫分类系统将同翅目与半翅目合并为一起；将食毛目作为亚目并入虱目中，但为了让读者阅读方便，本书依然参考蔡邦华先生的分类系统，将这些类群逐一介绍。

　　本部昆虫类群大多数为刺吸式口器，啮目和食毛目为咀嚼式口器，缨翅目为特有的锉吸式口器。在构成半翅部的6个家族中，同翅目与半翅目的亲缘关系无疑是最为亲近的，缨翅目虽然口器和翅都有较为特殊的特点，但在其整体形态上与半翅目具有很多相似甚至相同的地方；虱目与食毛目昆虫同为次生无翅类群，二者的关系较为密切；啮目与虱目、食毛目和缨翅目的关系比与另外两个目要近得多，这4个目构成了准新翅群 Paraneoptera。

素餐吸食者——同翅目 Homoptera

　　"前翅同质同翅目，喙出头下近前足；叶蝉飞虱蚜和蚧，常害农林与果蔬。"

　　同翅目昆虫是人们较为熟悉的一类昆虫。从鸣蝉到蚜虫，几乎每个人都见过它们的身影。但实际上，除了上述两类常见的类群外，同翅目昆虫还包括如蜡蝉、叶蝉、角蝉、粉虱、木虱和蚧壳虫等并不太被平常人所关注的类群。

　　大部分学者认为，同翅目昆虫起源于最原始的半翅目 Hemiptera 类群，且最早出现的同翅目类群为蜡蝉科 Fulgoridae，在这之后又逐渐地向着两种形态类型演化：一类前胸背板延伸，将中胸背板盖住；而另一类前胸背板较

距今 0.99 亿年缅甸琥珀内的蚜虫（贾晓 摄）

小，触角变粗。古昆虫学家曾在距今约 1.6 亿年的侏罗纪地层，如道虎沟生物群中就发现了大量的同翅目化石，而在距今 1 亿年左右的白垩纪及之后的地层中也同样存在着大量的同翅目昆虫化石。由此可以推断，同翅目昆虫在不晚于中生代，甚至更早的时期就出现在了地球上。

同翅目昆虫的分布极为广泛，几乎世界上每一个角落都有它们的身影。很多同翅目昆虫的扩散能力及适应能力也很强，如原产于北美根瘤蚜科 Phylloxeridae 的葡萄根瘤蚜 Aphanostigma jakusuiensis，现已在世界各地出现，且在大多数地区已完全适应了当地的气候和环境。

一些同翅目昆虫还有很强的繁殖能力，如我们熟悉的蚜虫经常会给人以"随处可见"的感觉。在夏季，行道树上栖息的蚜虫所排泄的蜜露甚至可以将地面完全覆盖，使人踩上去有一种黏乎乎的感觉。同翅目昆虫数量众多的原因之一是因为它们除了两性生殖外，还有较多的物种具有孤雌生殖的能力，如很

大多数蚜虫的繁殖能力都非常强（陈尽 摄）

多蚜亚目 Aphidomorpha 的物种。据一些昆虫学家统计，在蚜虫大量发生时，仅一棵树上的种群数量就可以达到 1 万 ~10 万头，而当一只雌性蚜虫繁殖，若它们的后代及后代的后代全部存活，6 个月后甚至可以累积到近 6 万亿亿头，这无疑是一个天文数字。

同翅目昆虫几乎全部为植食性昆虫，大多数可以取食多种植物，只有少数物种仅取食一种或几种植物，如尾蚧科 Aclerdidae 尾蚧属 Aclerda 的一些物种仅取食甘蔗及甘蔗属的植物。

虽然很多同翅目昆虫取食植物及作物，对人类生产存在着较大的影响，但也有部分物种在人类工业生产等经济产业上扮演着不可或缺的重要角色。例如，胶蚧科 Kerridae 著名的经济昆虫紫胶虫 Laccifer lacca、云南紫胶虫 Kerria yunnanensis 等物种所分泌的紫胶原胶成了国防、民用工业防潮涂料和粘合剂等产品的重要原料来源。

大多数可以鸣叫的蝉科 Cicadidae 物种，因其不绝于耳的声音，成了很多文学和艺术的创作源泉。在中国的古诗词中，描写蝉或以蝉来比喻诗人自身的篇章不计

其数，有很多已经成为家喻户晓的名句，如北宋著名词人柳永所作的《雨霖铃·寒蝉凄切》中，开头那一句"寒蝉凄切，对长亭晚"不知写出了多少人的境遇和心声；而南宋著名词人辛弃疾的《西江月·夜行黄沙道中》的"明月别枝惊鹊，清风半夜鸣蝉"，也是不可复制的经典。

鸣蝉是众多文学艺术创作的素材

同翅目昆虫的一生经历卵、若虫和成虫 3 个阶段。其寿命大部分为几个月至 1 年，但也有一些种类的寿命可以达到几年甚至十几年。其中，最著名的物种当属蝉科 Cicadidae 周期蝉属 *Magicicada* 的部分物种，它们的一生最多可以有 17 年之久，也因此被人们称为"十七年蝉"。

沫蝉成虫不再分泌泡沫状液体

在同翅目昆虫的若虫中，最有意思的当属沫蝉科 Cercopidae 的种类。它们的若虫会分泌很多的泡沫状液体，这些泡沫状液体是若虫通过不断吸食植物汁液，并将大部分未被完全吸收的汁液排出，再和第 7、8 腹节泡沫腺所分泌的物质相互混合而成的。通常认为，沫蝉若虫所排出的泡沫状液体可以帮助它们躲避天敌的搜索，并在其周围创造出一个稳定的小环境，保持恒定的温湿度，助其生长。当沫蝉科昆虫羽化为成虫时，便不再有分泌泡沫状液体的习性了。因此，在很多地区，我们经常可以看到植物上包裹着一层泡沫状的物质，那些大部分就是沫蝉的若虫了。除此以外，在中国分布的尖胸沫蝉科 Aphrophoridae 和巢沫蝉科（旧称棘沫蝉科）Machaerotidae 若虫也有这种习性。

虽然同翅目昆虫的分布很广，适应能力和繁殖能力也较强，同时还演化出了大量的防御技能，但在大自然中却仍有着很多制约它们的天敌。仅以昆虫家族来说，大部分肉食性的昆虫都会以同翅目昆虫为食，另外如脉翅目 Neuroptera 草蛉科 Chrysopidae 和鞘翅目 Coleoptera 瓢虫科 Coccinellidae 中的部分物种也以取食同翅目昆虫被人们所熟悉。除此以外，鳞翅目 Lepidoptera 寄蛾科 Epipyropidae 的

被蝉寄蛾寄生的蝉科昆虫

被食虫虻捕食的蝉

大部分种类会外寄生于同翅目的昆虫身体上，如最具代表性的蝉寄蛾 *Epipomponia oncotympana*。

同翅目昆虫的外部形态

同翅目昆虫的外部形态极具多样性，它们的体型从小型至大型均有。一些同翅目昆虫的体色与环境极为相似，从而逃避天敌的搜索；也有一些同翅目昆虫的体色异常鲜艳，通常被认为是一种警戒色或被用于恐吓天敌。

同翅目昆虫的头部，最具有特点的当属它们的刺吸式口器。同翅目的刺吸

一些同翅目昆虫的体色几乎与环境融为一体

式口器一般会从头部的腹面后方生出，多为 3 节。触角为丝状、刚毛状或念珠状。单眼数量根据物种的不同而不同。有一些种类单眼缺失，也有具 2~3 个单眼的类群。

同翅目昆虫的胸部由前胸、中胸和后胸组成。一般来说 6 足均为步行足，但蝉科 Cicadidae 的若虫前足特化为了可以挖掘土壤的开掘足；一些物种的后足虽然形态上与步行足较为相似，但有良好的弹跳能力，如蜡蝉科 Fulgoridae、袖蜡蝉科 Derbidae 及蛾蜡蝉科 Flatidae 等。同翅目昆虫的前后翅质地均一，多呈膜质或革质，但有一些物种不具翅，例如雌性蚧壳虫或一些蚜虫。很多雄性蚧壳虫的后翅退化，或特化呈平衡棒，仅具有一对完整的翅。在所有同翅目昆虫的胸部中，形态最为奇特的要数角蝉科 Membracidae 了。在它们的胸部，常有各种形状的背突、侧突等结构，且其前胸背板异常发达，会向后延伸并将小盾片、腹部前端等地方全部遮住。目前大部分学者认为角蝉之所以特化出这样的结构，是为了将自己更好地与环境融

为一体，抑或是模仿一些植物的结构，打破生物体常规的轮廓，避开天敌的搜索。

同翅目昆虫的腹部大部由 11 个腹节组成，但木虱科 Psyllidae 以及部分蚜虫、蚧壳虫的腹部前端合并在一起，仅可见到少于 9 个腹节所组成的腹部。和直翅目 Orthoptera 昆虫不同，同翅目可以鸣叫的器官并不在翅上，而是着生在腹部。其中，最具代表性的蝉科 Cicadidae 雄虫，在它们胸腹部之间有一个特殊的膜状物，称为鼓膜，当肌肉作用于鼓膜时，会因鼓膜的振动而发出声音。一般在鼓膜上还有一个被称为音盖的结构，与鼓膜形成空腔，以便于将声音扩大。而另一类会发声的同翅目昆虫，在其胸腹部会有一个发声器。当它们鸣叫时，腹部会沿着背腹方向振动，并在发声器内部相互摩擦最终发出声音，如飞虱科 Delphacidae 的褐飞虱 *Nilaparvata lugens* 雄虫。一些同翅目昆虫的腹部背面还有蜡腺，这些蜡腺所产生的蜡质分泌物具有保护虫体的作用。

善于跳跃的蛾蜡蝉科昆虫　　　　雌性草履蚧不具翅

同翅目昆虫的分类

同翅目昆虫不仅数量众多，其种类也不在少数。目前，同翅目昆虫在全世界已发现的种类已接近 5 万种，有一些学者认为同翅目昆虫所发现的种类已远远超过了 5 万种。中国已发现的同翅目昆虫有近 4000 种。

同翅目家族种类繁多，仅科一级阶元就有 70 个左右。若根据其形态特征进行分类，可以将它们分别归入两个大家族当中，即头喙亚目 Auchenorrhyncha 和胸喙亚目 Sternorrhyncha。

所谓的头喙亚目，指的是其口器着生在头的后方，且着生点位于前足基节的前方。从外表看口器仿佛是从头部生出，如蝉科 Cicadidae、叶蝉科 Cicadellidae、蜡蝉科 Fulgoridae、袖蜡蝉科 Derbidae、蛾蜡蝉科 Flatidae 和沫蝉科 Cercopidae 等。

胸喙亚目则是指其口器着生在前足基节之间。从外表看口器像是从胸部生出一般，如蚜科 Aphidoidae、木虱科 Psyllidae、绵蚧科 Monophlebidae、胶蚧科 Kerridae、蜡蚧科 Coccidae 和粉虱科 Aleyrodidae 等。

头喙亚目的代表——唇沟蝉

胸喙亚目的代表——蚜虫（张旭 摄）

异味望族——半翅目 Hemiptera

"基革端膜半翅目，前胸发达盾片露；刺吸口器分节喙，水陆取食动植物。"

半翅目昆虫是一类十分有趣的昆虫家族。人们在平时生活中就可以时常见到它们的身影。由于绝大多数的半翅目昆虫遇到危险后会释放出有刺激性气味的气体，民间将它们称为"臭大姐"。在昆虫学中，半翅目昆虫被称为"蝽"或"椿象"。其中，"椿象"之名来源于明朝末年散文家刘侗所著的《促织志》一书。

距今 0.99 亿年缅甸琥珀内的蝽（贾晓 摄）

半翅目昆虫起源较早，古生物学家曾在距今近 3 亿年的二叠纪地层中发现过一类鞘喙蝉的化石，这种昆虫的外部形态，尤其是翅的形态上与现生的半翅目昆虫结构较为相似。除此以外，在距今 1 亿多年的侏罗纪化石中，古生物学家发现了大量的半翅目昆虫化石，而在距今近 1 亿年的缅甸琥珀中，半翅目昆虫化石更是不计其

数，如奇蝽科 Enicocephalidae、黾蝽科 Gerridae、猎蝽科 Reduviidae 和盲蝽科 Miridae 等。由此可以看出，半翅目昆虫早在中生代时期就已经大量分化，且现生半翅目许多科级阶元在中生代时就已经存在地球上了。

半翅目昆虫分布极为广泛，且生境呈现多样化。大部分的半翅目昆虫为陆生性昆虫，我们经常可以在地表、岩石下和树林中等各个陆生环境看到它们的身影。除了常规的一些陆地环境，也有一部分陆生半翅目昆虫所栖息的场所较为特殊，例如，扁蝽科 Aradidae 的大部分物种一般栖息在树皮下方；而臭虫科 Cimicidae 和一些猎蝽科 Reduviidae 的物种则喜欢栖息在哺乳动物的巢穴里，甚至在人们居住的室内也发现了它们。在陆生半翅目昆虫中，栖息环境最为特殊的要数寄蝽科 Polyctenidae 了。这个家族的成员大部分既没有单眼也没有复眼，且后翅消失，剩余的前翅也极度退化。它们以外寄生方式度过一生。目前所发现的绝大部分寄蝽科成员，如摩寄蝽 Polyctenes molossus，其成虫和若虫均寄生于蝙蝠的身体上，以吸食蝙蝠的血液为生。

栖息于树皮下的扁蝽

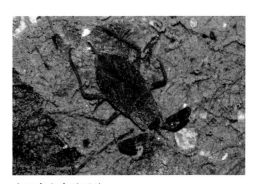

生活在水中的蝎蝽

在水面上交配的黾蝽

除了陆生的半翅目外，还有很多半翅目昆虫生活在水中或伴水而生。例如，蝎蝽科 Nepidae、负子蝽科 Belostomatidae、仰蝽科 Notonectidae 及划蝽科 Corixidae 等，它们有的依靠腹部末端的呼吸管直接呼吸水上的空气，也有的会利用体表的一层柔毛携带空气潜入水中呼吸。而潜蝽科 Naucoridae 的一些物种则在身

体中有一个气盾结构，依靠这个结构可以较长时间的在水下生活。

除了在水下生活的种类，还有一些半翅目昆虫在水面上长时间生存，其中最具有代表性的物种当属黾蝽科 Gerridae。这是一种十分常见的半翅目昆虫类群，几乎在任何静水环境中都可以见到。由于其形态及释放气体的味道，这种昆虫在民间有诸多的"外号"，如酱油虫、打酱油的、水蚊子和水苍蝇等。黾蝽科之所以会在水面上行走却不掉入水中，是因为水面有张力，再加上其体态轻盈和中、后足前端有防水的微毛层。可以说，这一类半翅目昆虫是所有昆虫中，占据水面生态位最庞大的类群。当然，并不是只有黾蝽科 Gerridae 在水面生存，尺蝽科 Hydrometridae、海蝽科 Hermatobatidae 以及宽肩蝽科（或称宽蝽科、宽肩黾蝽科等）Veliidae 等物种都有在水面栖息的习性。

值得一提的是，水生的半翅目昆虫并不仅仅占据淡水环境，还有很多类群成功地扩散到了海水环境中，如上述的海蝽科 Hermatobatidae 物种便生活在印度洋及太平洋的珊瑚礁海水水面上。而滨蝽科 Aepophilidae 和涯蝽科 Omaniidae 等物种则栖息在海边的潮间带环境中。除了已被发现栖息在海水环境中的物种外，还有一些广泛栖息于淡水环境中的半翅目昆虫也可能偶有扩散至海水中的现象，例如，笔者曾于 2011 年在渤海海边发现了 2 头从海水中冲上岸的负子蝽科 Belostomatidae 活体，但究竟是其扩散至海水中还是单纯的途经海水环境尚不得而知。

半翅目昆虫由于已经扩散至地球上的各种环境中，其形态及生物学习性也演化出了极具多样性的特点。其中，半翅目的食性便是如此。按照大类来分，半翅目昆虫可分为肉食性和植食性两类。但在这两个类型中，不同种类的半翅目昆虫又存在一些较为显著的区别。

正在捕食中的蝎蝽

肉食性的半翅目昆虫有很多，其中有一些物种仅为肉食性，且有捕食行为，如蝎蝽科 Nepidae、负子蝽科 Belostomatidae 及部分猎蝽科 Reduviidae 等。它们以捕杀其他昆虫及无脊椎动物为生。另外，猎蝽科 Reduviidae 的胶猎蝽属 Amulius 会用前足蘸取植物的胶状物粘住猎物取食，极为有趣。和常规的肉食性昆虫不同，蝽类昆虫的口器并不是咀嚼式口器，而是刺吸式口器，当捕捉到猎物后，只能吸取猎物的体液来补充营养。在

这些捕食性半翅目昆虫中，大多数的唾液中有一种蛋白质水解酶及麻痹性的毒性物质，这些物质有助于其快速捕杀猎物并取食。除了捕食性的半翅目昆虫外，还有一些物种则有吸血的习性，如寄蝽科 Polyctenidae、臭虫科 Cimicidae 以及部分猎蝽科 Reduviidae 等。大多数吸血的半翅目昆虫其唾液中含有一些抗凝血的物质，有助于其吸食寄主血液。

具有吸血习性的臭虫（王弋辉 摄）

植食性的半翅目昆虫，其取食范围更加多样化。大多数植食性半翅目昆虫会以植物的花、果实及种子为食，也有一些物种会直接取食寄主植物输导组织中的液体，如网蝽科 Tingidae 和蝽科 Pentatomidae 的一些物种。除了常规的植食性外，还有一些植食性的半翅目昆虫所取食的种类较为特殊，如扁蝽科 Aradidae 的绝大多数物种会以树皮下方生长的真菌菌丝为食。

聚集在一起的盾蝽若虫

半翅目昆虫除了肉食性和植食性两大类外，还有很多物种则为杂食性。这些半翅目昆虫既取食植物，也有捕食动物的现象，如一些盲蝽科 Miridae 的物种。值得一提的是，在半翅目昆虫中，有一些大部分取食植物的家族中也会有一些种类取食动物或动物性食料，如蝽科 Pentatomidae 大部分为植食性，但其中的益蝽亚科 Asopinae 便是一类肉食性半翅目昆虫——它们口器发达、粗壮，以一些鳞翅目 Lepidoptera 幼虫为食。

半翅目昆虫的一生经历卵、若虫和成虫三个阶段。在半翅目的很多家族中，成虫会将卵或卵块保护在身体下方，在遇到危险时，以用足踢出、将口器伸出、排出臭味或直接进行攻击等方式防御，如荔蝽科 Tessaratomidae 和缘蝽科 Coreidae 等类群大多数物种便具有这种护卵行为。

当卵孵化后，有很多种类的若虫会先守在卵旁一起生活一段时间，甚至有一些物种的若虫已经长到较高龄期仍会一起觅食，一起捕猎，一起越冬。这种行为可以

帮助若虫降低觅食难度，同时还会降低每一只若虫被天敌取食的概率，可谓一举两得。一些蝽科 Pentatomidae、盾蝽科 Scutelleridae 的若虫经常有这样的行为。其中，较为常见的金绿宽盾蝽 *Poecilocoris lewisi* 若虫最多可集群至几百甚至近千只。

半翅目昆虫的外部形态

半翅目昆虫的外部形态极具多样性，体型从小至大均有，如蚤蝽科 Helotrephidae 的物种体长几乎均在 5 毫米以下，而负子蝽科 Belostomatidae 大田鳖属 *Lethocerus* 的部分种类可以轻而易举长到 11 厘米左右。半翅目昆虫的头部大多数各部分愈合在一起，口器均为刺吸式。但刺吸式口器的粗细、长短及节数根据种类的不同有较大差别。陆生的半翅目昆虫触角为较典型的丝状触角，多数为 4 节，也有少数种类第 3、4 节合并在一起。水生的半翅目昆虫触角大多数隐藏在头部下方。

半翅目昆虫的胸部由前胸、中胸和后胸构成。大多数种类六足均为步行足，但蝎蝽科 Nepidae、负子蝽科 Belostomatidae 以及猎蝽科 Reduviidae 蚊猎蝽亚科 Emesinae、螳瘤猎蝽属 *Cnizocoris* 等类群的前足特化为捕捉足；猎蝽科 Reduviidae 瘤蝽属 *Carcinochelis* 的蟹瘤蝽类群前足则特化为如螃蟹一般的钳状捕捉足。除此以外，很多在水中栖息的半翅目昆虫，后足还特化为用于游泳的游泳足，或近似游泳足的结构，如仰蝽科 Notonectidae 和划蝽科 Corixidae 等物种。半翅目的翅极具特点，其前翅质地有加厚，且绝大多数半翅目昆虫的前翅基部为鞘翅或革质，端部为膜质。这也是半翅目昆虫家族名称的由来。一般而言，半翅目昆虫的前翅主要用于保护后翅及腹部，而真正具有飞行能力的是后翅。因此，半翅目昆虫是一类典型由后翅完成飞行的昆虫类群，在昆虫学中称为"后动类昆虫"。在半翅目昆虫中，也有一些类群的前翅不为半鞘翅，质地均一，如奇蝽科 Enicocephalidae 和黾蝽科 Veliidae 等类群。当然，还有一些半翅目昆虫成虫并不具翅，如一些奇蝽科

前足为捕捉足的螳瘤猎蝽

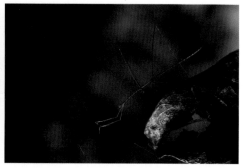

前足为捕捉足的蚊猎蝽（崔世辰 摄）

Enicocephalidae 的雌虫。

有意思的是，很多半翅目昆虫的前翅图案与小盾片等器官会组成如人脸一般的外观，如蝽科 Pentatomidae 的红显蝽 *Catacanthus iucarnatus*，其背面便如一个长髯人脸，再加上其浅红色或橙红色的底色，常被人们戏称作"关公虫"。

有着"关公虫"之称的红显蝽

半翅目昆虫的腹部通常由 11 个腹节组成。一般来说，雄虫的第 9 腹节为生殖节，而雌虫的第 8~9 腹节为生殖节。有一些半翅目昆虫的腹部左右不对称，目前认为这种变化和其交配的习性有关。

半翅目昆虫的分类

半翅目昆虫的分布广泛，种类也较多。目前全世界已发现的半翅目昆虫种类约有 40000 种，而中国已发现的半翅目昆虫则有 4200 余种。

半翅目昆虫的分类系统较为复杂，且归属存在争议，为了让读者方便阅读且不会混淆，本书仅介绍 1 个分类系统予以说明。在这个分类系统中，半翅目昆虫被分为两个大类，即显角亚目 Gymnocerata 和隐角亚目 Cryptocerata，其区分方法较为直观。

所谓显角亚目，是指触角较长，从虫体背面可以见到，一般为陆生性半翅目昆虫所具有，在半翅目中占据了绝大多数种类，如蝽科 Pentatomidae、猎蝽科 Reduviidae 和盾蝽科 Scutelleridae 等。除此以外，在水面上生活的黾蝽科 Gerridae 和尺蝽科 Hydrometridae 等也为这个家族的成员。

显角亚目的代表——猎蝽

隐角亚目的代表——蝎蝽

　　而隐角亚目，则是指其触角相对较短，隐藏在眼下沟中，从虫体的背面不能见到，一般为水生性半翅目昆虫所具有，如蝎蝽科 Nepidae 和负子蝽科 Belostomatidae 等。

　　值得一提的是，目前昆虫学界有关同翅目 Homoptera 与半翅目 Hemiptera 的分类地位仍然存在着争论，但国际昆虫分类的趋势已经主张将这两个昆虫家族合并在一起，并将蝽类归为异翅亚目 Heteroptera ，将蝉类、蚜虫类等原同翅目 Homoptera 昆虫归为胸喙亚目 Stemorrhyncha 。且蝽类目前按照前翅质地、触角形态、膜片翅室数量、有无爪垫等特征分成各个次目，如奇蝽次目 Enicocephalomorpha 、臭蝽次目 Cimicomorpha 等。

袖珍家族——啮目 Psocoptera

　　"书虱树虱啮虫目，前胸如颈唇基突；前翅具痣脉波状，跗节三两尾须无。"

　　啮目昆虫虽然种类和数量都不算少，但由于其体型较小，或其集群行为常给人们以不舒服的感觉，并不算是一类被平常人所关注的昆虫类群。在早期的文献和书籍中，常常将其称为"书虱"，如今大部分人将其称为"啮虫"。

　　啮目昆虫的起源时期较早，目前已发现的最古老啮目昆虫化石存在于距今约 3 亿年的二叠纪时期。不仅如此，啮目昆虫还被广大昆虫学者认为是半翅部中最接近其共同原始祖先的一个类群。

　　啮目昆虫的分布较为广泛，目前在绝大多数地区都曾发现过它们的身影，且热带、亚热带及温带地区为主要的分布区域。从生境上来说，啮目昆虫比较喜欢栖息在树皮、枯叶和岩石等地方，大多数啮目昆虫喜欢阴暗潮湿且生长有密集苔藓或地

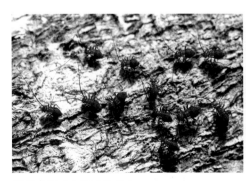

栖息在树皮上的啮目昆虫

啮目昆虫常聚集在一起

大部分啮目昆虫为植食性

衣的生境，也有少数以动物皮毛为食的啮虫栖息在鸟巢等环境中。值得一提的是，中国啮目昆虫非常丰富，是全世界啮目昆虫分布最多的国家之一。

由于啮目昆虫的体型较小，不具有攻击性，因此会采取很多防御或躲避天敌的措施。一般来说，它们最常使用的防御措施有两种：一是集群，二是分泌丝状物质。很多啮目昆虫常常会在一起行动或休息，这使得每一只被天敌捕食的概率降低，且众多的个体在一起会给天敌一定的视觉冲击，如啮虫科 Psocidae 和美啮科 Philotarsidae 等大多数种类。但也有一些种类会单独出现在人们的视野当中，它们会分泌一种丝状物质，让自己躲藏于丝状物下方，避免被天敌发现，如狭啮科 Caeciliusidae。当然，还有一些啮目的种类既具有集群行为，同时还会一起分泌丝状物质，如一些外啮科 Ectopsocidae 的种类。

啮目昆虫以植食性为主，也有大量种类会取食真菌。这些植食性啮虫有些种类的取食范围极广，不仅有植物、真菌，还有孢子、含纤维制品甚至烟草等。啮目昆虫也有少数肉食性种类。它们会捕食一些小型昆虫或其他无脊椎动物，还会取食一些动物附属物，如动物标本和毛皮等。当然，除了上述之外，在啮目昆虫中，也发现具有粪食性的种类。可以说，啮虫的取食类型及取食范围在昆虫家族中算是比较广泛的。

啮目一生经过 3 个阶段，即卵、若虫和成虫。在卵即将孵化时，啮目昆虫还会有一个短暂的预若虫期，这个时期的啮虫头部会有一个破卵器，以帮助它们从卵壳中突破出来。若虫的龄期根据不同种类而有所不同。大部分啮目昆虫的若虫期需要经历 6 个龄期，还会有一些种类的龄期缩短至 5 龄、4 龄甚至 3 龄。在成虫期交配时，啮目昆虫大部分种类为雌上雄下，这和很多昆虫都不一样。有些啮虫的雌虫会主动爬到雄虫背上交配，也有雄虫进行求偶行为后交配的现象。

啮目昆虫的外部形态

啮目昆虫的体型较小，一般在 1 厘米以下。其体色较为多样，常见的体色有红色、橙黄色、黄色、灰色和黑色等。除此以外，一些啮虫的全身形态类似于一些小型蛾类，如重啮科 Amphientomidae 的部分种类。

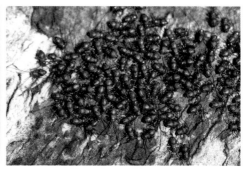

啮目昆虫翅上常有斑纹或斑块　　　　　　　啮目昆虫是一类体型较小的昆虫

　　啮目昆虫具有比较坚硬的头部，可自由活动；触角为丝状，极长，一般可达到几十节之多；口器为咀嚼式口器，下口式；一般来说，雄性啮虫有较大且较发达的复眼，而雌性啮虫的复眼较小；大部分啮虫具有 3 个单眼，也有少数种类单眼消失。

　　啮虫的胸部较为特殊，最有特点的便是在头部与胸部之间具有一环状的膜质结构，称为颈部。这也是啮目昆虫最典型的特征。成虫的足较长，且在后足的基节内侧常有一个可以发音的器官，称为皮氏器。啮目昆虫大多数有翅，且前翅大于后翅，一般呈三角形，将腹部完全覆盖并长于腹部末端。还有一些种类的翅上有翅痣，大部分翅具有斑纹或斑块。少数种类的啮虫成虫不具翅，其形态与若虫极为相似。

　　啮目昆虫的腹部为 9 节，在第 1 腹节两侧具有听器，雄虫的第 9 腹板特化为生殖板。雌虫的第 7 腹板极为发达，具有外生殖板和亚生殖板。在雌虫的第 8 腹节上常具有如尾须一般的结构，实际上是雌虫的一对产卵瓣，即腹瓣。其实，所有啮目昆虫的腹部并无尾须结构。

啮目昆虫的分类

　　啮目昆虫在全世界已被发现约 6000 种，中国的啮目昆虫种类繁多，目前已发现有近 2000 种。

　　啮目昆虫的分类较为复杂，仅科一阶元便有近 50 个，且经常需观察其翅的形态、翅脉、生殖器形态、跗节数等特征才可进行分辨。故在此不作科一阶元的分类赘述，仅介绍啮目昆虫分亚目的方法。

　　啮目昆虫分为 3 个亚目，分别是窃啮亚目 Trogiomorpha、粉啮亚目 Torctomorpha 和啮亚目 Psocomorpha。分辨这三个亚目较为直观，现将检索表列在下方，方便具有一定昆虫学分类基础或对啮目昆虫较为感兴趣的读者加以参考。

啮目分亚目检索表（据李法圣、彩万志，1999）

1　触角 20 节以上，无次生环结构，跗节 3 节，无翅痣或具有不加厚的翅痣 ……
　………………………………………………………………… 窃啮亚目

-　触角 20 节以下，通常 17 节以下，跗节 2~3 节，无翅痣或具有不加厚的翅痣…2

2　触角通常为 14~17 节，且部分在鞭节处具有次生的环状结构，跗节 3 节，无翅
　痣或具有不加厚的翅痣 …………………………………………… 粉啮亚目

-　触角通常 13 节，跗节 2~3 节，若跗节 3 节，则触角鞭节不具有次生的环状结构，
　翅痣加厚 …………………………………………………………… 啮亚目

鸟羽小盗——食毛目 Mallophaga

"下口咀嚼食毛目，触角短小节三五；前胸单独全无翅，鸟虱寄生禽兽肤。"

食毛目昆虫是一类平常人十分难以见到的物种。它们绝大多数均外寄生在鸟类的体表上，少数可以外寄生在野生食肉类及有蹄类哺乳动物体表上。也因这个习性，食毛目昆虫又被称为"鸟虱"。

食毛目昆虫终生在其寄主上度过，一旦脱离了寄主，便会快速死亡。实验发现，当一只鸟虱脱离了寄主，且没有寻找到新的寄主时，短则 2~3 个小时，长则两三天便会死亡。

食毛目昆虫虽然没有翅，但仍会有很多种方法扩散。例如，当它们的寄主和其他动物进行体表接触时，如交配、抚养幼雏，群集栖息在某一地方，甚至是被其他动物捕食，鸟虱都可以借此机会扩散至另一寄主身上。当然，还有一些鸟虱会攀附在如双翅目 Diptera 虱蝇科 Hippoboscidae 等一些具翅外寄生性昆虫的身上，从而完成扩散。

一般来说，不同种类的"鸟虱"会寄生在不同类群的寄主身上，当然也有一种"鸟虱"寄生在多个寄主或多种鸟虱共同寄生于一种寄主身上的现象。例如，短角鸟虱科 Menoponidae 的天鹅鹱鸟虱 *Ciconiphilus cygni* 目前仅发现外寄生于天鹅属 *Cygnus* 的鸟类上，而同属于短角鸟虱科 Menoponidae 的灰雁鹱鸟虱 *Ciconiphilus pectiniventris* 则发现可外寄生于灰雁属 *Branta*、雁属 *Anser* 和雪雁属 *Chen* 等多个属的鸟类身上。另外，常见养殖的家鸡身上曾同时发现近 20 种食毛目昆虫。

除了不同种类的鸟虱外寄生于不同的寄主外，在一个寄主身上，可以出现不同

位置寄生不同种类鸟虱的现象，且这种现象较为常见。这是由于在寄主身上，不同的位置相对的小环境和温湿度有着差别，因此不同鸟虱会选择不同的位置进行外寄生。以家鸡为例，家鸡的体表往往会有多种鸟虱寄生，但在头部、颈部所寄生的鸟虱往往体型较为粗短，行动力较差，如长角鸟虱科 Philopteridae 的大家鸡圆鸟虱 Goniodes gigas。这是因为这些部位均是寄主很难用喙进行梳理的地方，故而在长期的演化中，寄生于这种部位的鸟虱只需要用发达的上颚咬住寄主的羽毛便可安全。在家鸡的背部或翅上，会外寄生一些身体较

食毛目昆虫是一类较难发现的昆虫（李虎 摄）

为细长，行动力较强的鸟虱，如长角鸟虱科 Philopteridae 的家鸡长鸟虱 Lipeurus caponis。寄生在这些部位的鸟虱，可以在浓密的羽毛间迅速移动，以防止被寄主捕捉。当然，还有一些体型较小的食毛目昆虫，它们会在寄主的全身羽毛间游走，这些鸟虱行动力较强，可躲避寄主捕捉，且一旦被寄主捕捉，其微小的身躯也可帮助它们迅速从寄主喙中逃脱，如短角鸟虱科 Menoponidae 的家鸡禽鸟虱 Menopon gallinae。

　　食毛目昆虫大部分以动物羽毛、毛发及皮肤分泌物为食，但也有少数种类可将寄主的皮肤撕裂开，并以其血液和一些皮肤黏液为食。

　　食毛目昆虫有些对于寄主的影响并不大，但有一些则会对寄主造成十分巨大的伤害。这种伤害可分为直接伤害与间接伤害两类。一些食毛目昆虫会传播动物疾病及寄生虫，对寄主造成直接的伤害；而有些鸟虱在一个寄主上大量繁殖，则会造成寄主局部羽轴裸露、脱毛的现象，让寄主食欲不振、免疫力下降，更易被疾病所感染。

　　食毛目昆虫一生经历 3 个阶段，即卵、若虫和成虫。卵期很短，通常 2~4 天就可以孵化。其若虫 3 周左右便可羽化为成虫，大部分若虫需经历 3 个龄期。成虫的寿命相对较短，且雄虫的寿命普遍低于雌虫。

食毛目昆虫的外部形态

食毛目昆虫的体型极其微小，最大也不过 1 厘米左右，甚至有些小型食毛目昆虫的体型还不到 1 毫米，整个体表被有柔毛，体色多以黄色、淡黄色、灰色及白色为主。

绝大部分食毛目昆虫的头部可以自由活动，但象虱亚目 Rhynchophthirina 的头部固定，不可活动。食毛目昆虫的触角较为短小，在触角末端有感觉器。触角呈丝状，有些种类的雄虫触角有攫握器。口器为咀嚼式，但有明显的特化。鸟虱的咀嚼式口器上颚发达，且有强烈的几丁质化。不同的鸟虱类群其口器形态也不相同。

寄生于红脚隼体表的食毛目昆虫（李虎 摄）

食毛目昆虫胸部为 3 节，即前胸、中胸和后胸。其中，前胸极为发达，并常与中胸分离。部分种类中、后胸分离，也有愈合在一起的情况。无翅，足为步行足或具有一定特化的步行足。

鸟虱的腹部由 11 节组成。其中第 1 腹节与后胸愈合在一起。雌虫的第 8 腹节有生殖室，无产卵器。

食毛目昆虫的分类

食毛目昆虫虽然扩散能力并不强，但种类却并不算少。目前，食毛目昆虫在全世界已发现近 5000 种，而中国已发现的食毛目昆虫则有近 1000 种。

一般来说，食毛目昆虫科级阶元通常由其主要寄主来进行命名，如鼠鸟虱科 Gyropidae、袋鼠鸟虱科 Boopidae、企鹅鸟虱科 Nesiotinidae 和猿鸟虱科 Trichophilopteridae 等。但也有一些类群是以其形态特征命名的，如食毛目种类最多的长角鸟虱科 Philopteridae。

食毛目昆虫可分为三个大家族，即象虱亚目 Rhynchophthirina、钝角亚目 Amblycera 和丝角亚目 Ischnocera。其中，头部不可自由活动，前方延长呈细喙状，且胸部 3 个胸节完全愈合在一起的即为象虱亚目；胸部不相互完全愈合，触角通常 4 节，且特化为棍棒状藏于头侧下面沟内的为钝角亚目；胸部不相互完全愈合，而触角 3~5 节，丝状且暴露在外的则为丝角亚目。

微缩吸血鬼——虱目 Anoplura

"前口刺吸为虱目，跗爪各一攀援足；胸部愈合亦无翅，虮虱吸血害哺乳。"

喜欢历史，抑或是喜欢诗词文化的人可能都听过"颂虱御览"这个有趣的小故事。相传北宋著名文学家、政治家王安石在一次上朝之时，有一只肥硕的虱子从他的衣襟中爬出，并顺着胡须往上攀爬。皇帝看到后，也不禁抿嘴偷笑。下朝以后，同朝为官的王珪指着还在王安石胡须上栖息的虱子给同僚们观看，王安石急忙要去捕捉这只虱子，但王珪却拦住了他。当王安石不明白王珪要做什么时，王珪却说："未可轻去，辄献一言以颂虱。"说罢吟诵道："屡游相须，曾经御览……"这一说，可把王安石逗笑了，喷出的气流也把那只曾被皇上御览过的虱子吹到了很远的地方。

虽然这个有趣的小故事被记录了下来，并代代流传直到今天，但其真实性却需要推敲。在古时臣子上朝，和皇帝要有较远的一段距离。而虱子的体长一般不会超过 1 厘米，因此就算有这件事情发生，坐在龙椅上的皇帝也不可能看到。但通过这个小故事，我们可以知道，虱子这种昆虫由于会外寄生到人体上，在古时就被人们关注。

在古时，虱子也被称为"虮虱"，曾出现在诸多的诗词当中。例如，三国时期著名的文学家、军事家、政治家曹操在其《蒿里行》中，就有"铠甲生虮虱，万姓以死亡"的诗句；南宋著名文学家陆游在他的诗词中也多次提到虱子，如著名篇章《岁暮风雨》中，也有着"眼眚（音：shěng）灯生晕，衣弊虱可扪"的生动叙述。由此可知，在古代卫生条件不好的环境下，人们被虱目昆虫寄生的现象并不少见。实际上，不要说古代，就是从现在算的几十年前，虱子的数量仍十分庞大。而随着现在卫生条件越来越好，虱目昆虫的数量和分布范围都在逐渐减小。一辈子从没有见到过虱子的也大有人在。

虱目昆虫的起源相对较晚，目前认为这一类昆虫起源于距今 1 亿多年的侏罗纪时期，当时的虱目昆虫主要啃食寄主体表的碎屑及皮肤衍生物。当距今 6500 万年的新生代来临后，大量哺乳动物在世界各地演化、发展，才逐渐特化出以吸血为主的虱目昆虫。

虱目昆虫是少数可以外寄生于人体的昆虫类群。除了人类外，很多虱目昆虫还可以外寄生到其他哺乳动物的身体上，如血虱科 Haematopinidae 的一些物种可以在猪、马、驴等动物身上生存；颚虱科 Linognathidae 的部分种类则曾发现于长颈鹿、蹄兔、牛、狗等哺乳动物身体上。在虱目昆虫中，最有意思的要数海兽虱科

Echinophthiriidae 的家族，它们广泛外寄生于海狮、海豹、海象等海生哺乳动物的身体上。当然，在虱目昆虫中，也存在仅发现于人体表上进行外寄生的种类，如阴虱科 Phthiridae 的阴虱 Phthirus pubis 目前就仅被发现外寄生在人体阴部和腋下等部位。

虱目昆虫的寿命不长，一般为 2~7 周不等，当然还有寿命更短的种类。它们的繁殖能力很强，一般蜕变为成虫后的 10 小时左右即可以进行交配，且大多数虱目昆虫成虫并不会在交配后死亡，反而会在繁殖期进行多次交配。除此以外，还有一部分虱目昆虫的雌虫可以进行孤雌生殖，这让它们的种群数量更容易增加。

虱目昆虫的扩散方法较多，除了寄主直接接触外，还可通过被褥、衣服等混放而发生转移。甚至曾有记载，一些虱目昆虫可以通过交通工具来转移和扩散。

一般来说，不同的虱目昆虫会外寄生于寄主的不同部位。以人来说，根据其对人类不同寄生位置

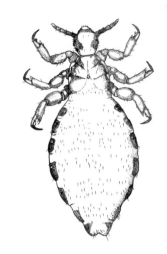

外寄生于人体的人虱（汪阗 绘 仿周尧）

所发生的形态改变，昆虫学家们将虱科 Pediculidae 的人虱 Pediculus humanus 分为了两个亚种，即人头虱 Pediculus humanus capitis 和人体虱 Pediculus humanus corporis。通过名称，我们就可以判断其外寄生的部位。

虱目昆虫的一生经历 3 个阶段，即卵、若虫与成虫，且终其一生都会在寄主的身体上度过。它们以吸食血液、叮咬寄主皮肤为生。在吸血的同时，还会传播大量的病原体，如虱目昆虫的一些种类可以传播斑疹伤寒、回归热等烈性疾病。

虱目昆虫的外部形态

虱目昆虫是一类体型极小的类群，一般其体型都在 2~6 毫米，其身体多呈扁平状，体色以黄色、黄褐色、棕黄色和灰白色为主。

虫体头部较小且向前突出，常呈圆锥或近方形；有 3~5 节的丝状触角，并在触角末端有感觉器；复眼常常较为退化，无单眼。虱目昆虫具有极为复杂且特殊的刺吸式口器，其口器的上唇形成了口孔的背壁，且内侧具有细齿，不取食时缩入。当它们开始取食时，口齿会翻出，并辅助其固定在寄主皮肤上。

胸部的 3 节愈合在一起，没有明显的分界，在中胸的背面常有 1 对气门。由于虱目昆虫终生外寄生在哺乳动物身体上，翅已完全消失。它们的 3 对足均发生特化，较为短粗，在足的末端有弯钩状的形态，有助于其攀附在寄主体表间，每对足合在一起可更加有助于它们抓紧寄主的毛发。

腹部分 9 节，由于绝大多数种类的前两节腹节退化，仅可以见到 7 个腹节。在虱目昆虫的腹部末端并不具尾须。雄虫的腹部末端较为钝圆，外生殖器内藏；雌虫的腹部末端常呈分叉状，并在分叉中心有肛门及生殖孔，在生殖孔两侧有辅助产卵而特化的 1 对生殖突。

虱目昆虫的分类

虱目昆虫由于其扩散能力较低，且外寄生的寄主种类较为局限，因此种类并不算繁多。目前，全世界已发现的虱目昆虫有 500 余种，而中国已发现的虱目昆虫仅不到 70 种。

虽然虱目昆虫是一类可以外寄生到人类体表的类群，但实际上常见于人体的寄生种类也仅为虱科 Pediculidae 的

外寄生于人体阴部等部位的阴虱（刘晔 摄）

人虱 Pediculus humanus 及阴虱科 Phthiridae 的阴虱 Phthirus pubis。其中，阴虱科 Phthiridae 目前仅发现了阴虱 Phthirus pubis 1 种昆虫，而虱科 Pediculidae 除了人虱 Pediculus humanus 外，还有外寄生于非洲猴类的猿虱 Pediculus mjobergi 及外寄生于黑猩猩的黑猩猩虱 Pediculus schaffi。

由于很多虱目昆虫现已淡出人们的视线，因此在本书中其分类方法不做赘述。在此仅介绍最常见外寄生于人类体表的两种虱目昆虫，即人虱与阴虱的分类方法。首先，阴虱又称为蟹爪虱，其身体较宽，腹部腹节有显著的侧腹瘤突（即在腹部每一个腹节侧面具延长的瘤状物），仅外寄生人类阴部及腋下；而人虱的身体较细，腹部不具有腹侧瘤突，一般外寄生于人类头发及身躯、衣服的缝隙间等部位。

花间刺客——缨翅目 Thysanoptera

"钻花蓟马缨翅目，体小细长常翘腹；短角聚眼口器歪，缨毛围翅具泡足。"

距今 0.99 亿年缅甸琥珀内的蓟马

缨翅目昆虫被称为蓟马，是一类体型较小的昆虫。它们不仅外形极具特点，很多器官发生了较大特化，最重要的，它们还是一类介于不完全变态（渐变态）与完全变态（全变态）之间的过渡类群，称为过渐变态类群。这对研究昆虫的生长发育及演化有着十分重要的参考价值。

缨翅目昆虫的起源较早，且目前认为它们的演化方向与种子植物的演化方向有着很大的关系。但是，由于这一类昆虫的体型较小，目前发现的蓟马化石大多数保存在琥珀或柯巴脂内，极少发现保存于岩石中，例如距今近 1 亿年的缅甸琥珀内就发现了大量的缨翅目昆虫化石。

缨翅目昆虫的分布较为广泛，以热带、亚热带及温带地区最为繁多。就生境而言，蓟马常栖息在花朵、植物柔嫩的部位以及果实中。除此以外，还有一部分蓟马喜欢躲藏在枯枝、树皮下及落叶腐殖质中。它们的栖息环境往往与其食性有着密不可分的联系。

大多数缨翅目昆虫为植食性，喜欢取食植物花朵和嫩叶。而栖息在落叶层等生境中的蓟马往往为菌食性或腐食性，它们在栖息的环境中以很多真菌的孢子和菌丝体为食，如大管蓟马亚科 Idolothripinae 的大部分物种都是菌食性类群。除此以外，还有极少数的缨翅目昆虫为肉食性，如蓟马科 Thripidae 的四斑食螨蓟马 *Scolothrips quadrinotatus*，纹蓟马科 Aeolothripidae 长角蓟马属 *Franklinothrips* 的部分物种和管蓟马科 Phlaeothripidae 的捕虱管蓟马 *Aleurodothrips fasciapennis* 就有取食螨类、粉虱、蚜虫的习性。

缨翅目昆虫的发育过程极为有趣，被称为过渐变态发育。在它的一生中，要经历卵、若虫、前蛹、蛹和成虫等阶段。一般来说，从卵中孵化后，其 1~2 龄为若虫期，待到 3 龄时，若虫开始停止主动取食行为——此时很多类群的蓟马尚无外生的翅芽，被称为前蛹阶段。不同缨翅目昆虫其前蛹期所处的龄期并不相同，如蓟马科 Thripidae 的稻蓟马 *Stenchaetothrips biformis*，其前蛹期为 3 龄若虫，而管蓟马科 Phlaeothripidae 的稻简管蓟马 *Haplothrips aculeatus*，其前蛹期便为 3~4 龄若虫。前蛹期过后，便会进入蛹期。但一定注意，过渐变态的蛹期和真正完全变态的蛹

期还有着许多极为明显的区别，我们可以将蓟马的蛹期看作是极为特殊的一个若虫龄期——蛹期结束后最终变为成虫。因此，缨翅目昆虫的发育既有不完全变态昆虫的特点，又有完全变态昆虫的特点，可当作这两大类变态类型的中间过渡发育类型看待。

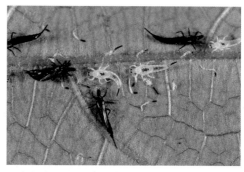

蛹期与成虫期的蓟马（陈尽　摄）

缨翅目昆虫大部分为两性生殖，但有少数物种可进行孤雌生殖。它们的繁殖速率除了和环境、种类有关系外，还与气候有着较大的联系。一般来说，在干旱的气候下，缨翅目昆虫的繁殖速度会比在正常气候下快得多。它们多为卵生，但也有卵胎生的物种。很多雌性蓟马会将卵产于植物组织内，也有在树皮下、虫瘿内等地方产卵的行为。

缨翅目昆虫的外部形态

缨翅目昆虫体型较小，多在 3 毫米以下，且有很多种类的体长不到 1 毫米。在缨翅目家族中，目前发现体长最长的种类为一种生存在澳洲的蓟马，其体长可达到 15 毫米。蓟马成虫的体色以黑色、棕色和黄褐色等为主，很多菌食性的蓟马体表具红色絮状斑。

蓟马的头部为近圆形或近矩形，触角较短，且在触角上有感觉器。复眼着生在头部两侧，大部分有 3 个单眼，但有些无翅型物种单眼退化。缨翅目昆虫的口器极为特殊，为锉吸式口器。它们口器两侧的上下颚共同形成一个圆锥状的取食器官，称为口锥。构成口锥的左侧上颚发达，形成一个骨化的刺状结构，而右侧上颚退化，因此其口器常呈不对称的形状，如锥尾蓟马亚目 Terebrantia 的物种尤为明显。这样的口器在昆虫家族中极为罕见，也极为特殊。

蓟马的胸部较为发达，前胸背板宽阔。它们的翅形态特殊，大部分蓟马的前后翅均着生有缨毛，这也是缨翅目家族的名称来源。当然，有一些蓟马种类的翅有完全缺失的现象。大多数蓟马的跗节末端具有一个明显突出的泡状结构，称为端泡，因而蓟马的足也被称为泡足。蓟马类昆虫在最早的昆虫分类中，被称为泡足目 Physopoda。在蓟马停留休息时，端泡会收缩起来，而在其行走时，由于身体液压增加，端泡便会膨胀突出，这对维持蓟马行走的稳定有很大帮助。

缨翅目昆虫的腹部由 10 个腹节构成。最后一节腹节的形状也是缨翅目昆虫分亚

目的重要特征之一。雄虫的外生殖器着生于第 9 腹节上，而雌虫的产卵器则着生在第 8 与第 9 腹节腹面。

缨翅目昆虫的分类

虽然缨翅目昆虫体型较小，但 20 世纪以来，世界各地对缨翅目昆虫的分类研究进展较为迅速，并发现、论述了大量的新种。目前，全世界已发现缨翅目昆虫约 6000 种，而中国已发现的缨翅目昆虫有 500 余种。

缨翅目昆虫的分类系统较为复杂，全世界不同学者根据自己的研究结果提出了不同的缨翅目昆虫分类系统。因此，本书仅介绍缨翅目的 2 个亚目，即锥尾蓟马亚目 Terebrantia 和管尾蓟马亚目 Tubulifera 的分类方法，为具有一定昆虫学分类基础，抑或是对缨翅目昆虫较感兴趣的读者提供参考。

锥尾蓟马亚目的腹部第 10 腹节多呈锥状，且雌虫有锯齿状产卵器。本亚目的种类大多数具翅，且前翅多大于后翅。翅脉较为发达，至少有一前缘脉及一纵脉，如缨翅目种类最多的蓟马科 Thripidae，以及纹蓟马科 Aeolothripidae 等。

栖息在枯叶上的管蓟马（陈尽 摄）

管尾蓟马亚目的腹部第 10 腹节多呈管状，且雌虫的产卵器不为锯齿状。本亚目的种类有很多缺翅型蓟马，若有翅则前后翅的形状、大小较为相似。翅脉不发达，前翅仅有一个中央纵脉，如管蓟马科 Phlaeothripidae。

第九节　轻柔掠食者——脉翅部

从脉翅部昆虫开始，生长发育类型从不完全变态（渐变态）真正发展到了完全变态（全变态）。本部昆虫由 3 个目级阶元所组成，分别是广翅目、蛇蛉目和脉翅目。在昆虫分类学研究过程中，尽管有一些学者建议将广翅目归入脉翅目中，然而大多数学者依然主张将广翅目昆虫作为一个独立的家族对待。故而本书仍将其以一个独立的目进行介绍。

脉翅部的昆虫身体较为柔软，柔韧性较高，是一类绝大多数以肉食性为主的昆虫类群。它们的口器为咀嚼式口器。广翅目昆虫的幼虫生活在水中，而脉翅目昆虫的幼虫大多数为陆生，少数为半水生或水生，蛇蛉目昆虫的幼虫与成虫均为陆生。在亲缘关系方面，目前普遍认为蛇蛉目与广翅目的关系最为接近。

两栖作战——广翅目 Megaloptera

"鱼蛉泥蛉广翅目，头前口式眼凸出；四翅宽广无缘叉，幼虫水生具腹突。"

广翅目昆虫被通称为齿蛉、鱼蛉和泥蛉，是一类较为原始的昆虫类群。人们曾在距今 1 亿多年的侏罗纪地层中发现了数量较多的广翅目昆虫化石，如中国著名的道虎沟生物群。除此以外，在之后的地层中也有广翅目昆虫化石被持续发现，如一些琥珀中就曾发现较为罕见的广翅目昆虫化石。

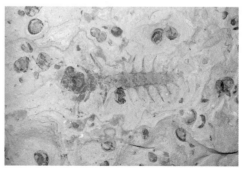

道虎沟生物群中的广翅目幼虫化石（王弋辉 摄）

广翅目昆虫分布范围较广，由于其幼虫期均在水中度过，它们的栖息环境与水系分布有着直接的关系。以生境而言，广翅目昆虫幼虫常栖息在水质良好的水系当中，它们对水质变化极为敏感，当水质

生活在水中的广翅目幼虫

下降时，经常会发生集体死亡的现象。故而广翅目的幼虫可作为一类重要的水质监测指示昆虫类群，为水体保护工作提供十分直观的参考指标。广翅目的成虫栖息环境也常接近水系，它们喜欢于水边的岩石、植被及树干等环境休息。大多数广翅目昆虫成虫为夜行性，并有极强的趋光性。

广翅目昆虫均为肉食性昆虫，幼虫在水中可捕食短于自己身长一半的绝大多数动物，如水生昆虫、水生无脊椎动物、蝌蚪和鱼类等。成虫则多捕食其他昆虫，如齿蛉科 Corydalidae 的中华斑鱼蛉 Neochauliodes sinensis 成虫就有捕食一些鳞翅目 Lepidoptera 幼虫的习性。

广翅目昆虫是一类最原始的完全变态昆虫，它们一生经过卵、幼虫、蛹和成虫4 个阶段。广翅目昆虫多将卵产在水边岩石或植被上，当幼虫从卵中孵化后，便会迅速落入或爬向水中。泥蛉科 Sialidae 的幼虫喜欢栖息在水体下方的泥中。在水中经历蜕皮成长后，待到即将化蛹时，幼虫便会离开水体，并选择在水边潮湿的泥土或岩石下方制造一处蛹室，藏身其中化蛹。广翅目昆虫的蛹为典型的离蛹。一般来说，广翅目昆虫的寿命约为 1 年，也有少数的广翅目昆虫寿命可达 2~3 年。

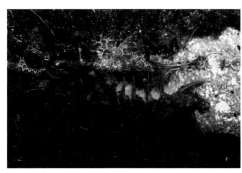

在潮土中准备化蛹的广翅目幼虫（崔世辰 摄） 即将羽化的巨齿蛉蛹

广翅目昆虫的外部形态

广翅目昆虫的成虫体型跨度较大，体长从不足 1 厘米至 10 余厘米均有。它们的体色多呈黑色、棕色和黄褐色等，且有些物种身体上具黑色斑点。

广翅目昆虫大多数为前口式，咀嚼式口器。其中，齿蛉科 Corydalidae 巨齿蛉属 Acanthacorydalis 的雄虫上颚异常发达，雌虫上颚虽未和雄虫一样发达，但仍极为明显，且硬度极高。复眼着生于头部两侧，有 3 个单眼或无单眼，这也是广翅目昆虫分科级阶元的重要特征。它们触角形态较为多样，大多数为丝状触角，但一些齿蛉科 Corydalidae 的雄虫触角为栉状，雌虫触角为锯齿状，还有少数种类触角呈念珠状，如齿蛉科 Corydalidae 鱼蛉属 Parachauliodes 的雌虫。

通常广翅目昆虫的胸部比头部要窄。着生的 3 对足均为步行足。翅较宽阔，静止时常呈屋脊状覆盖于昆虫腹部背面。翅膜质，大多数透明且通常具有零散的黑色斑点，但也有少数物种的翅具颜色及其他颜色斑点，如齿蛉科 Corydalidae 的黄胸黑齿蛉 Neurhermes tonkinensis 翅为黑色，并具有较不规则的白色圆形斑。泥蛉科 Sialidae 的物种大部分翅呈黑色。

口器极为发达的巨齿蛉雄虫　　　　　　　　具有栉状触角的雄性斑鱼蛉（陈尽 摄）

广翅目昆虫腹部通常由 9 个腹节构成，呈长筒状，且较为柔软。在第 1~8 腹节两侧常每节各具 1 对气门。

广翅目的幼虫形态亦较为特殊，其身体很像衣鱼目 Zygentoma 昆虫，并具较为发达的咀嚼式口器。在其腹部两侧，常有 7~8 对气管鳃。齿蛉科幼虫 Corydalidae 腹部末端常有一对勾状的臀足，泥蛉科幼虫 Sialidae 腹部末端常有 1 个较长的中突。

广翅目昆虫的分类

广翅目昆虫虽然分布较广，但却是一个较小的昆虫类群。目前，全世界已发现的广翅目昆虫 300 余种，中国已发现的广翅目昆虫有 100 余种。

广翅目昆虫仅分为 2 个科，即齿蛉科 Corydalidae 和泥蛉科 Sialidae。在成虫的特征中，齿蛉科的头部有 3 个单眼，且第 4 跗节呈圆柱状；而泥蛉科的头部没有单眼，且第 4 跗节分为两个瓣状形态。在幼虫的特征中，齿蛉科的幼虫腹部侧面有

广翅目齿蛉科幼虫（崔世辰 摄）

8 对气管鳃，且腹部末端有 1 勾状臀足；而泥蛉科的幼虫腹部侧面具 7 对气管鳃，且腹部末端无臀足。

除此以外，在齿蛉科中，还可分为两个大家族，即齿蛉亚科 Corydalinae 和鱼蛉亚科 Chauliodinae。由于这两大类家族的种类和常见度均高于泥蛉科，故将其区分方法进行介绍，以便于感兴趣的读者参考。一般来说，齿蛉亚科翅 R_1 脉和 R_S 脉之间至少有 4 条横脉，如炎黄星齿蛉 Ptotohermes xanthodes 在 R_1 脉和 R_S 脉之间有 9 条横脉；而鱼蛉亚科翅 R_1 脉和 R_S 脉之间仅有 3 条横脉。通过这一点，这两个亚科的昆虫便比较容易区分了。

悠久猎手——蛇蛉目 Raphidioptera

"头胸延长蛇蛉目，四翅透明翅痣乌；雌具针状产卵器，幼虫树干捉小蠹。"

蛇蛉目昆虫通常称为蛇蛉，这是因为其成虫头部向后收缩，与很多毒蛇的头部形态相似，加之它们可以将头部抬高至身体的水平部位以上，很像要发动进攻的蛇类，因此得名。当然，还有人感觉蛇蛉头部向前延伸，并可以自由转动，很像沙漠中行走的骆驼，因此蛇蛉目昆虫还有一个别名——"骆驼虫"。

蛇蛉目昆虫是一类较为古老的昆虫类群。目前普遍认为准确的蛇蛉目昆虫最早起源于距今 1 亿多年的侏罗纪时期。昆虫学家曾在侏罗纪地层中发现了大量的蛇蛉目昆虫化石，并在此基础上建立了很多蛇蛉目已灭绝的科级阶元，如异蛇蛉科 Alloraphidiidae 和中生蛇蛉科 Mesoraphidiidae，其分类依据主要为前胸长度及翅

被称为"骆驼虫"的蛇蛉（陈尽 摄）

距今 0.99 亿年缅甸琥珀内的蛇蛉（夏方远 摄）

脉形态。除此以外，在侏罗纪之后的各个地层中，也发现了蛇蛉目昆虫的化石，如距今近 1 亿年的缅甸琥珀中就保存着很多精美的蛇蛉目昆虫化石。

值得一提的是，有很多古昆虫学家在检视古代昆虫化石时，曾根据翅的特征猜测蛇蛉目昆虫的祖先也许出现于更早期的古生代。但由于化石保存的局限性，其昆虫虫体基本都未完整保存，因此这些古老的昆虫是否真正属于蛇蛉目或蛇蛉目的祖先仍有较大的争议。

蛇蛉目昆虫的分布范围较广，但主要分布于北半球，少数分布在南半球的种类也全部分布在南半球的北部，且几乎全部生存于海拔 800~3000 米的高山丛林之中。就生境而言，蛇蛉目昆虫常栖息于山区，并喜藏身于松柏类植物的树皮或落叶之下。

大部分蛇蛉目昆虫为肉食性，捕食小型昆虫或其他无脊椎动物，偶尔会取食孢子等植物产品。有些种类的蛇蛉目昆虫会大量聚集在一起，其成虫与幼虫可捕食大量的节肢动物。

成虫进入繁殖期时，雄虫通常会有较长时间的求偶行为。交配时，雄虫爬向雌虫的下方。雌虫常会选择树皮等较隐蔽的地方产卵，产卵量从几颗至几百颗卵不等，最高纪录曾达到近 800 颗。幼虫在经过成长后，需要经历低温的条件才可进行化蛹，且低温也是羽化为成虫的基本因素。一般来说，蛇蛉目昆虫的寿命约为 2 年，有些种类可达到 3 年甚至 3 年以上，也有极为少数的物种寿命仅为 1 年。

蛇蛉目昆虫的外部形态

蛇蛉目昆虫的体型较小，通常在 5~20 毫米。科学家曾在化石中发现过翅展达到 50 毫米的已灭绝种类。虫体体色多以黑色、褐色和棕色为主。

蛇蛉的头部扁平，且基部常常收缩变细，可自由活动。虫体有较为发达的咀嚼式口器。大多数蛇蛉目昆虫为丝状触角，但也有极少数物种为念珠状触角。复眼发达，并着生于头部两侧。其头部具 3 个单眼或无单眼，这也是现生蛇蛉目昆虫分科级阶元最重要的特征之一。

蛇蛉目昆虫的胸部形状较为特殊，其前胸部分显著延长，像一个"脖子"。虫体有 3 对发达的步行足，使得它们的行动速度较快。翅膜质，狭长且透明，具明显翅痣，绝大多数种类翅上无黑

蛇蛉目昆虫的前胸显著增长（王弋辉 摄）

斑，但盲蛇蛉科 Inocelliidae 的丽盲蛇蛉 *Inocellia elegans* 在翅端部具有黑斑。

蛇蛉目昆虫的腹部由 11 个腹节构成，其第 10、11 腹节背板常愈合成外肛片。在其第 1~8 腹节两侧，每节各具 1 对气门。雄性的外生殖器大部分呈环状，由第 9 腹节背板与腹板连接而成。雌虫腹部末端的产卵器十分明显，呈针状。

蛇蛉目昆虫的分类

蛇蛉目昆虫是一类较小的家族，目前全世界已发现的蛇蛉目昆虫仅 200 余种，而中国已发现的蛇蛉目昆虫仅 30 种左右。除此以外，灭绝蛇蛉目昆虫化石种类目前全世界已发现约 100 种，中国已发现灭绝蛇蛉化石种类约有 20 种。

化石中存在大量已灭绝蛇蛉（夏方远 摄）

现生蛇蛉目昆虫仅有两个科，即蛇蛉科 Raphidiidae 和盲蛇蛉科 Inocelliidae。这两个家族的区分方法为：蛇蛉科的昆虫头部有 3 个单眼，且其翅痣内具有横脉；而盲蛇蛉科的昆虫头部不具有单眼，其翅痣内不具有横脉。

多面掠食者——脉翅目 Neuroptera

"草蛉褐蛉脉翅目，外缘分叉脉特殊；咀嚼口器下口式，捕食蚜蚧红蜘蛛。"

脉翅目昆虫有一部分种类较为常见，但通常会被人们忽略或误认为其他昆虫。在中文中，脉翅目昆虫常被称为某蛉，但在日语中，脉翅目昆虫常被称为"蜻蛉"，因此在日本文献及一些习惯日本称呼的翻译文献中，此类昆虫常与蜻蜓混淆。

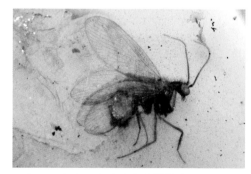

距今 0.99 亿年缅甸琥珀内的刺鳞蛉

脉翅目昆虫是一类较为古老的类群，根据化石研究，研究人员认为其祖先很可能起源于距今 2.5 亿年左右的古生代末期至中生代早期，即二叠纪至三叠纪之间。除此以外，在随后的中生代及新生代各地层中，均有大量的脉翅目昆虫被发现。例

如，距今 0.99 亿年的缅甸琥珀中，就保存有数量较为庞大的脉翅目昆虫化石，而中国古昆虫学家还在脉翅目化石基础上增加了一个新科级阶元，即异蛉科 Allopteridae。

草蛉科是一类以蚜虫等为食的脉翅目昆虫

脉翅目昆虫的分布极为广泛，现发现于世界各地。就生境而言，脉翅目昆虫大多数幼虫与成虫均为陆生，但也有一些类群幼虫为水生或半水生，如水蛉科 Sisyridae、泽蛉科 Neurorthidae 和绝大多数溪蛉科 Osmylidae 等。

脉翅目昆虫无论成虫还是幼虫几乎均为肉食性，且具有捕食行为。然而，其幼虫虽具有捕食性，却仅以猎物的体液为食，并不取食猎物的肉体，这与它们较为特殊的口器有着很大关系。脉翅目昆虫成虫多以蚜虫、木虱、叶蝉及部分螨类为食，幼虫则大多数与成虫所捕食的猎物种类相似，一些幼虫食性较为特殊，如蚁蛉科 Myrmeleontidae 的幼虫大多数以蚂蚁为食，但成虫则会以一些鳞翅目 Lepidoptera 的幼虫等作为食物。螳蛉科 Mantispidae 的成虫会捕食多种小型昆虫及无脊椎动物，但其幼虫会寄生蜘蛛或一些胡蜂科 Vespidae 的物种。

很多脉翅目昆虫的幼虫会有极为有趣的行为。如大部分蚁蛉科 Myrmeleontidae 的幼虫会在沙土等环境中制作一个漏斗状的巢穴，自己在巢穴中等待掉落的昆虫（如蚂蚁等），守株待兔进行捕食；草蛉科 Chrysopidae 的一些幼虫在捕食猎物后，会把猎物尸体粘在背部作为伪装物以逃避天敌的视线。这种行为在很久前就被中国人所发现并记录，古书中的"蟠蜘"就是指的这些具有背负行为的草蛉幼虫。

一些草蛉科幼虫将取食后的猎物粘在身体上（崔世辰 摄）

脉翅目昆虫的一生经历 4 个阶段，即卵、幼虫、蛹和成虫。大部分脉翅目昆虫卵具长短不一的柄，这样的形态可以降低被天敌捕食的概率。卵孵化成幼虫后，一般有 3 个龄期，少数种类幼虫可具 4 个龄期。脉翅目昆虫的寿命一般为 1 年左右，也有些种类可达到 2~3 年，

如一些蚁蛉科 Myrmeleontidae 昆虫。除此以外，脉翅目昆虫的越冬虫态也随种类不同而不同。大部分脉翅目昆虫会以蛹期越冬，少数种类会以成虫进行越冬，如部分草蛉科 Chrysopidae 成虫在冬季会前往隐蔽处越冬。有意思的是，一些草蛉科 Chrysopidae 成虫在越冬时的体色和正常时不尽相同。越冬时的体色会以黄褐色为主，而正常时则会以绿色为主。

脉翅目昆虫的外部形态

脉翅目昆虫的外部形态极具多样性。它们体长从微型至中大型均有。如粉蛉科 Coniopterygidae 的一些种类体长仅 1 毫米左右，而最大的蚁蛉科 Myrmeleontidae 种类体长可达 6 厘米左右。脉翅目昆虫的体色有白色、绿色、黄褐色和黑色等多种类型。

脉翅目昆虫的头部可自由活动，具咀嚼式口器，但幼虫多为捕吸式口器（即双刺吸式口器）。复眼较为发达，大部分类群无单眼，仅溪蛉科 Osmylidae 及栉角蛉科 Dilaridae 具 3 个单眼。它们触角极具多样性，如草蛉科 Chrysopidae 大部分为丝状触角，栉角蛉科 Dilaridae 为栉状触角，蝶角蛉科 Ascalaphidae 为棍棒状触角，褐蛉科 Hemerobiidae 部分种类则呈念珠状触角。

脉翅目昆虫的胸部分节较为明显，部分类群前胸会有延长的现象。足 3 对，绝大部分为步行足，螳蛉科 Mantispidae 的前足特化成了捕捉足。翅为膜质，透明，大多数种类前后翅相似，但旌蛉科 Nemopteridae 的后翅极为狭长呈带状，与前翅差距极大。除粉蛉科 Coniopterygidae 外，一般翅脉较为复杂。部分种类翅上有翅痣。

脉翅目昆虫腹部由 10 节腹节构成。大部分雄虫的第 9 腹板会包住外生殖器的阳

具有棍棒状触角的蝶角蛉（陈尽 摄）

前足特化为捕捉足的螳蛉

基侧突，而雌虫的第 8 腹板特化为亚生殖板，第 9 腹板为生殖瓣，此结构可控制其产卵。

脉翅目昆虫的分类

脉翅目昆虫的分布极为广泛，且数量较多。目前全世界已发现脉翅目昆虫 6000余种，而中国已发现的脉翅目昆虫已接近 700 种。

脉翅目昆虫的分类系统目前仍存在一些争议，不同的昆虫学家曾提出过不同的分类系统。本书采用脉翅目二亚目系统简单介绍。

在本系统中，脉翅目昆虫仅分为两个亚目：即粉翅亚目 Conioptera 和扁翅亚目 Planipennia。这两个亚目特征明显，粉翅亚目仅粉蛉科 Coniopterygidae 一个家族，其身体及翅覆盖白色粉状物，翅脉极为简单；而扁翅亚目覆盖了除粉蛉科外的全部物种，其身体及翅无白色粉状物覆盖，翅脉较为复杂。扁翅亚目下分为 4 个大家族，即 4 个总科：分别为溪蛉总科 Osmyloidea、蚁 蛉 总 科 Myrmeleontoidea、 螳蛉 总 科 Mantispoidea 和褐蛉总科 Hemerobioidea。其分辨方法与脉序极为相关。

扁翅亚目的蚁蛉科昆虫

第十节　豪门望族——鞘翅部

鞘翅部昆虫是昆虫十个部级阶元中种类最多的一个。在本部中，一共包含两个目，分别是鞘翅目和捻翅目。由于这两个目级单位亲缘关系较近，曾有一些学者建议将捻翅目并入鞘翅目中。但由于其形态和习性等原因，目前捻翅目昆虫仍独立为一个目级单位。

在鞘翅部昆虫中，鞘翅目可谓是随处可见的昆虫类群，而捻翅目昆虫却十分罕见。从形态上来说，鞘翅目与捻翅目差别较大，如触角和前翅的形态等。从生物学习性上来说，捻翅目昆虫为寄生性昆虫，而鞘翅目昆虫仅极少的物种有寄生性。

披坚执锐——鞘翅目 Coleoptera

"硬壳甲虫鞘翅目，前翅角质背上覆；触角十一咀嚼口，幼虫寡足或无足。"

鞘翅目昆虫是所有昆虫中的第一大类群，甚至可以说它们是所有动物乃至生物中种类最为繁盛的家族。鞘翅目昆虫在悠久的岁月中演化出了各式各样的外形及生物学习性，在昆虫家族中占尽优势，几乎是所有昆虫中最为成功的类群之一。

鞘翅目昆虫最大的特点，便是前翅特化为鞘翅，用以保护后翅及腹部等重要器官，这使得它们绝大多数物种的鞘翅极为坚硬。鞘翅目昆虫也因为这个特点常常被人们称为"甲虫"或"甲壳虫"。但要注意，并不是所有的甲虫鞘翅都很坚硬，如萤科 Lampyridae、红萤科 Lycidae、花萤科 Cantharidae 等类群的鞘翅就较为柔软，而隐翅虫科 Staphylinidae 等类群的鞘翅虽然坚硬，但往往较短，并不能将后翅和腹部完全覆盖，其鞘翅作为保护器官显得略逊一筹。

鞘翅目是昆虫家族中种类最多的类群

　　鞘翅目昆虫是一类极为古老的昆虫家族，目前普遍认为它们的祖先起源于距今 3 亿多年的石炭纪，在经历了触角变短、前翅翅脉增加并急剧加厚、身体表面骨化增强等特化后，慢慢形成了较为原始的类群，称为原鞘翅目 Protocoleoptera。目前发现此类群最古老的化石年代为距今近 3 亿年的二叠纪时期。在这之后的各地层中，均有大量的鞘翅目化石被发现，如在道虎沟生物群中，便发现了种类、数量均极为庞大的鞘翅目化石，距今 0.99 亿年的缅甸琥珀中也保存了极为丰富的鞘翅目化石。

萤科昆虫的鞘翅较为柔软　　　　　　　距今 0.99 亿年缅甸琥珀内的黑蜣

　　鞘翅目昆虫的分布极为广泛，几乎在地球的任何角落都有它们的身影。由于扩散的环境极具多样性，鞘翅目昆虫的生物学习性也发生了极大的分化。先从生境来说，鞘翅目中最普遍的栖息方式为陆生。但不同的种类所栖息的环境也有很大差距。如天牛科 Cerambycidae、吉丁虫科 Buprestidae 和筒蠹科 Lymexylidae 等类群幼虫在树木中生存；步甲科 Carabidae 部分种类和叩甲科 Elateridae 等幼虫则栖息在土壤中；而寄居甲科 Leptinidae 和部分蛛甲科 Ptinidae 等类群则寄居在哺乳动物、鸟类的巢穴之中。

　　除了陆生鞘翅目昆虫外，还有众多甲虫的栖息方式为水生，如龙虱科 Dytiscidae、豉甲科 Gyrinidae、沼梭甲科 Haliplidae 和水龟甲科 Hydrophilidae 等成虫、幼虫均为水生。另外，扁泥甲科 Psephenidae 等类群的幼虫在水中岩石上栖息，而成虫则为陆生；两栖甲科 Amphizoidae 的幼虫及成虫则均为半水生。

　　鞘翅目昆虫除了栖息环境外，其食性也极具多样性。鞘翅目昆虫以植食性最为普遍，如天牛科 Cerambycidae、叶甲科 Chrysomelidae、象甲科 Curculionidae 和卷象科 Attelabidae 等家族均为植食性甲虫的代表。而肉食性甲虫也在鞘翅目中

在水中生存的龙虱

葬甲是一类典型的腐食性甲虫

占有一定的比例，如步甲科 Carabidae、萤科 Lampyridae、花萤科 Cantharidae、部分瓢虫科 Coccinellidae 和部分芫菁科 Meloidae 等便是肉食性甲虫的代表。除了这两大类食性外，还有如金龟科 Scarabaeidae 的蜣螂亚科 Scarabaeinae 和粪金龟科 Geotrupidae 等为代表的粪食性甲虫；葬甲科 Silphidae、部分隐翅虫科 Staphylinidae 等为代表的腐食性甲虫；以及大蕈甲科 Erotylidae 和部分露尾甲科 Nitidulidae 等为代表的菌食性甲虫。

很多鞘翅目昆虫除了具有十分坚硬的鞘翅外，还演化出了各式各样的防御措施。例如，雄性锹甲科 Lucanidae、天牛科 Cerambycidae 和三栉牛科 Trictenotomidae 等会利用强大的上颚来恐吓及啃咬来犯者；步甲科 Carabidae 的屁步甲属 *Pheropsophus* 物种在遇到危险时，往往会从腹部末端喷射出高温烟雾，并伴有强烈刺激性气味；大部分芫菁科 Meloidae 种类在遇到危险时，会从足的腿节处分泌具有斑蝥素的黄色液体，该液体可让人类皮肤引发水泡；而隐翅虫科 Staphylinidae 的毒隐翅虫属 *Paederus* 在遇到危险时会分泌一种有毒的体液，这种液体可以造成人类较为严重的皮炎。

鞘翅目昆虫的一生经历 4 个阶段，分别是卵、幼虫、蛹和成虫。但有一些较为特殊的类群与常规甲虫在发育上有着较大的区别。如芫菁科 Meloidae 的幼虫在第 1 龄时往往具有发达的步足，极善于行走，以便于找到寄主；待到 2 龄时行走能力较为缓慢，3 对步足开始缩短；3 龄幼虫时步足极度收缩；4 龄幼虫时则会处于静止状态，和蛹期极为相似；而到了 5 龄时又会变为具有步足的形态，与第 3 龄类似，之后再次蜕皮，才进入真正的蛹期。不同种类的芫菁其幼虫的龄数也不相同，但整体发育过程都与上述类似。在昆虫学中，将这类较为复杂的发育类型称为复变态或多变态。

毒隐翅虫会分泌致人皮炎的体液

芫菁为典型的复变态昆虫

　　大部分鞘翅目昆虫的寿命约为 1 年，当然也有很多类群的寿命较长，可以达到 3~5 年。如金龟科 Scarabaeidae 犀金龟亚科 Dynastinae 中，鼎鼎大名的海格力斯犀金龟（即长戟大兜虫）*Dynastes hercules*，它们的寿命就可以达到近 5 年左右，甚至更长。

　　值得一提的是，鞘翅目昆虫虽然物种众多，但也有很多濒危且受到世界关注的珍稀物种，如步甲科 Carabidae 的拉步甲 *Carabus lafossei* 及金龟科 Scarabaeidae 臂金龟亚科 Euchirinae 的大部分物种均为国家二级保护动物，这些昆虫严禁个人以任何名义进行采集。它们的野外种群数量应被我们每一个人所关注，并共同给予严格周到的保护。

大部分臂金龟均为国家二级保护动物

鞘翅目昆虫的外部形态

　　鞘翅目昆虫的分布广泛，它们成功扩散到了几乎世界上的任一角落。因此，为了适应不同的环境，鞘翅目昆虫无论幼虫还是成虫在形态上的多样性十分突出。

成虫

　　鞘翅目昆虫的成虫体型差距非常大，如缨甲科 Ptiliidae 的体长一般在 1 毫米以下，而很多雄性犀金龟亚科 Dynastinae 成虫可达 10 厘米以上。除此以外，鞘翅目昆虫还有极为丰富的体色，甚至可以说甲虫的体色几乎涵盖了自然界的所有颜色。

　　鞘翅目昆虫的头部一般为圆形或近圆形，但也有矩形、三角形、长形和扁形等。

大部分甲虫有圆形且较为发达的复眼，成对于头部两侧。但豉甲科 Gyrinidae 等类群复眼则由中部断开，每侧形成上下两个独立的小复眼。还有一些栖息在洞穴或具寄生性的甲虫复眼极度退化甚至消失，如著名的盲步甲。

生活在洞穴中的盲步甲

鞘翅目的触角类型极为丰富，除了常规的丝状触角外，金龟科 Scarabaeidae 物种具有鳃状触角；瓢虫科 Coccinellidae 物种具有锤状触角；部分叩甲科 Elateridae 物种具有锯齿状触角；部分扁甲科 Cucujidae 物种具有念珠状触角等。这些不同的触角类型也是鉴定鞘翅目昆虫不可或缺的形态特征之一。

后足为跳跃足的跳甲

鞘翅目昆虫的胸部虽由前胸、中胸和后胸三部分组成，但由于被发达的鞘翅所覆盖，通常仅可看见它们发达的前胸。甲虫的足几乎全部为步行足，有少数物种存在特化，如叶甲科 Chrysomelidae 的跳甲亚科 Alticinae 后足特化为善于跳跃的跳跃足；生活在水中的龙虱科 Dytiscidae 后足则特化为善于游泳的游泳足，且本科雄虫的前足特化为利于其交配的抱握足等。鞘翅目昆虫的前翅为鞘翅，但鞘翅长度、大小及硬度则根据不同种类而有所差距。绝大多数鞘翅目昆虫后翅为膜质，而缨甲科 Ptiliidae 的后翅常常退化，且边缘着生一圈长缨毛，与缨翅极为相似。

鞘翅目昆虫的腹部由 10 个腹节组成，第一腹节常消失。绝大多数的鞘翅目昆虫腹部腹板数量少于背板数量。甲虫的第 9 腹节为生殖节，参与外生殖器的构造，大多数藏于体内。

幼虫

鞘翅目昆虫的幼虫在身体形态上极具多样性，这些体形的差异往往与其幼虫分布的环境有着很大的关系。如生活在土壤及朽木中的金龟科 Scarabaeidae 及锹甲科 Lucanidae 幼虫体型较为肥大，身体常弯曲呈"C"状，被称为蛴螬形幼

虫；而生活在水中的龙虱科 Dytiscidae、豉甲科 Gyrinidae 等幼虫腹部 1~8 节两侧各具 1 个刺状结构，带有长毛，可助其游泳，被称为泳足形幼虫；大部分叶甲科 Chrysomelidae 和象甲科 Curculionidae 等幼虫与鳞翅目 Lepidoptera 幼虫形态极为相似，多为植食性，被称为伪蠋形幼虫；扁泥甲科 Psephenidae 的幼虫呈圆形，头、足等均隐藏在扩大的胸节及背板下方，腹部具有气管鳃，外形与蚧壳虫极为相似，被称为蚧虫形幼虫等。

蛴螬形的锹甲科幼虫

蚧虫形的扁泥甲科幼虫

鞘翅目昆虫的分类

鞘翅目昆虫是所有昆虫目级阶元中种类最为繁多的家族，其物种数量可占到整个昆虫的 35%~40%。目前，全世界已发现的鞘翅目昆虫种类超过 35 万种，而中国已发现的鞘翅目昆虫则有10 000 种以上。当然，有很多学者认为实际在中国分布的鞘翅目昆虫应远远超出这个数字。

全世界发现鞘翅目昆虫已达 40 万种

鞘翅目昆虫的分类系统较为复杂，且目前学术界仍未达成共识。本书采用 4 亚目系统进行简单介绍。即把鞘翅目昆虫依照其前胸侧片、后翅翅脉及食性等特征，分为原鞘亚目 Archostemata、藻食亚目 Myxophaga、肉食亚目 Adephaga 和多食亚目 Polyhaga。其中，肉食亚目和多食亚目较为常见，它们占据了绝大多数鞘翅目昆虫物种，而原鞘亚目和藻食亚目则较为罕见。

最新中国鞘翅目的分类系统有了较多变化，如将之前虎甲科 Cicindelidae

并入步甲科 Carabidae 之中，作为虎甲亚科 Cicindelinae 对待；之前很多金龟类昆虫科级阶元目前并入金龟科 Scarabaeidae 作为亚科对待，如之前的犀金龟科 Dynastidae、臂金龟科 Euchiridae、蜉金龟科 Aphodiidae、鳃金龟科 Melolonthidae和花金龟科 Cetoniidae 等。类似这样的变更还有很多，在此不再赘述。

寄生魔魇——捻翅目 Strepsiptera

"寄生昆虫捻翅目，雌无角眼缺翅足；雄虫前翅平衡棒，后胸极大形特殊。"

捻翅目昆虫是一类极为罕见的昆虫，虽然它们的数量可能并不少，但由于其体型小，且雌虫终生内寄生于寄主体内，因此肉眼可观察到这一类昆虫的机会少之又少。

捻翅目昆虫的名字大多来源于其翅的形态。中文将这一类昆虫称作"蟮"（读音：shàn），这是一个古代字，形容其雄性成虫如扇子一般宽大的后翅。而捻翅目中的"捻"字，则是形容了雄性成虫如纸捻一般的前翅。除此以外，日语将其称为"ネヂレバネ"、英语将其称为"twisted-winged insects"，都是以其雄虫前翅形态命名的。

由于捻翅目昆虫习性与极其微小的体型，目前并没有在任何岩石中发现保存有它们的化石。但是，在琥珀中却保存有一定数量的捻翅目昆虫，除了距今 0.99 亿年的缅甸琥珀外，在距今 0.3 亿年的多米尼加琥珀中也发现有捻翅目昆虫的化石。

捻翅目昆虫均为肉食性昆虫，且全部为寄生性。它们的寄主几乎都是昆虫，且类群极为多样。一般来说，捻翅目昆虫的寄主主要有直翅目 Orthoptera 的螽斯科 Tettigoniidae、蟋蟀科 Gryllidae、蚤蝼科 Tridactylidae；同翅目 Homoptera 的蜡蝉科 Fulgoridae、叶蝉科 Cicadellidae、沫蝉科 Cercopidae；半翅目 Hemiptera 的蝽科 Pentatomidae、土蝽科 Cydnidae、长蝽科 Lygaeidae；双翅目 Diptera 的广口蝇科 Platystomatidae、实蝇科 Tephritidae 以及膜翅目 Hymenoptera 的胡蜂科 Vespidae、泥蜂科 Sphecidae、蛛蜂科 Pompilidae、蚁科 Formicidae 等类群。

距今 0.99 亿年缅甸琥珀内的捻翅虫
（王弋辉 摄）

捻翅目昆虫会在一龄幼虫时自行寻找寄主，钻入寄主的身体中营寄生生

活，且一般会选择幼体的寄主寄生，以利于它们在寄主体内充分发育。进入寄主身体后，它们会在寄主体内度过余下的全部幼虫期，直到蛹期才从寄主腹部的节间膜钻露出头部及胸部。被寄生的昆虫不会快速死亡，甚至一些寄主直到捻翅目昆虫羽化后仍能继续生存。但是，一旦被捻翅目昆虫寄生，寄主的生殖能力则会被大大抑制甚至完全被破坏。

在一个寄主的体内，并不一定只有一只捻翅虫，有昆虫学家曾在 1 只沫蝉体内同时发现 9 只捻翅虫。除此以外，还有一些寄主体内可以同时寄生多种捻翅目昆虫。例如，杨集昆先生曾在北京的一只蚤蝼身体内同时发现栉蝙科 Halictophagidae 的中华蚤蝼蝙 *Tridactylophagus sinensis* 和拟蚤蝼蝙 *Tridactyloxenos coniferus* 两种捻翅目昆虫。

捻翅目昆虫的雌雄虫在习性上有着较大的差距。雄虫在成虫期可自由生活，不具有取食行为，利用其较为发达的后翅寻找雌虫交配；而绝大多数的雌虫终生不会离开寄主，成虫期仅头胸部钻出寄主的体外。与雄虫交配后，卵及胚胎发育阶段均在雌虫体内完成，待幼虫到 1 龄时才从母体离开，并自行寻找新的寄主。当然，捻翅目的雌虫并非全部都终生寄生于寄主体内，原蝙科 Mengenillidae 的雌虫成虫便可自由生活。

露出头胸部的雌性捻翅虫

捻翅目昆虫的外部形态

捻翅目昆虫雌雄成虫在形态上存在着极大的差异，被称为雌雄异型。因此将其分别介绍如下。

雄虫

雄性捻翅目昆虫体长 1~5 毫米。多以黄褐色至黑褐色为主。

头部较宽，复眼较为发达，并凸出着生于头部的两侧，无单眼。触角前端分叉，呈栉状或鳃状。口器完全退化，仅剩 1 对上颚和残留的下颚，无取食能力。

胸部由前胸、中胸和后胸组成。前、中胸极小，后胸极为发达。足均为较短的步行足。前翅特化为极短小的棒状，很像双翅目 Diptera 的平衡棒，故而称为拟平衡棒。后翅膜质扇形，翅脉较为简单。

腹部由 10 个腹节组成，且长度往往短于胸部。于第 4 腹板端部着生外生殖器，腹部末端无尾须。

雌虫

除原蝙科 Mengenillidae 外，雌虫头部与胸部愈合，且不具有复眼和触角。口器退化，仅具有 1 对较为明显的上颚，具有划破寄主体壁及帮助虫体向前移动以至钻出寄主体壁等作用。但是，这种退化的口器并无取食能力。

胸部的三个胸节愈合在一起，无翅且无足。在两侧各具 1 个气门。在胸部前端与头部相连接的地方具有一横向的开口，这个开口是雌性捻翅虫身体与外界的唯一通道。当交配时，雄虫会从此处将精子传送到雌虫体内，在雌虫身体内孵化的幼虫也从此处爬出。

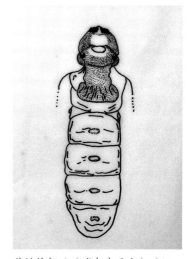

雌性捻翅目（腹部未画全）（汪阆 绘 仿杨集昆）

腹部分节极不明显，一般为柔软的膜质囊状结构。在腹部外侧往往会包裹着蛹皮和幼虫期所蜕下的皮，仅腹面与蛹皮之间离开，并形成一条空间较大的宽腔，被称为育腔。

捻翅目昆虫的分类

捻翅目昆虫是一个较小的目级阶元，目前全世界已发现捻翅目昆虫不到 400 种，而中国已发现的捻翅目昆虫仅不到 20 种。

捻翅目昆虫分为两大类，即原蝙亚目 Mengenillidia 和蜂蝙亚目 Stylopidia。这两个亚目的分类方法和雌虫的生活习性密不可分。雌性成虫可自由生活的便是原蝙亚目，而雌性成虫终生不离开寄主的便是蜂蝙亚目。其中，原蝙亚目仅包括原蝙科 Mengenillidae，而蜂蝙亚目则包括了剩余的 5 个科，包括蜡蝙科 Corioxenidae、跗蝙科 Elenchidae 和栉蝙科 Halictophagidae 等。

第十一节 各具特色——长翅部

长翅部昆虫的种类在昆虫家族中位居第二名。本部昆虫由 5 个目级阶元所组成，分别是长翅目、毛翅目、鳞翅目、双翅目和蚤目。这 5 类昆虫的形态及生物学习性各具特色。例如，双翅目昆虫的后翅特化为平衡棒，鳞翅目昆虫的翅上覆着大量鳞粉以及毛翅目昆虫的幼虫在水中度过等。但根据其相互具有较多的共同衍征和亲缘关系，蔡邦华先生将这 5 大类昆虫共归入一个部中。

在长翅部中，蚤目昆虫与双翅目的单性系目前已有了较为充分的证明，而毛翅目与鳞翅目之间存在着为数众多的共同衍征，可以证明这两类昆虫存在着极为可靠的姐妹群关系。蚤目根据一些显微特征，表明其与长翅目关系较近。

林间奇族——长翅目 Mecoptera

"头呈喙状长翅目，四翅狭长腹特殊；蝎蛉雄虫如蝎尾，蚊蛉细长似蚊足。"

长翅目昆虫由于雄虫腹部末端很像蝎尾，人们一般将其称为"蝎蛉"。虽然这类昆虫也叫"蛉"，但与同称为"蛉"的广翅目 Megaloptera、蛇蛉目 Raphidioptera 和脉翅目 Neuroptera 三者关系较远，相比之下，长翅目与双翅目 Diptera 及鳞翅目 Lepidoptera 的关系更近。

长翅目昆虫因很多雄虫腹部末端如蝎尾而得名蝎蛉（王吉申 摄）

根据化石与昆虫系统发育的研究，研究人员目前认为长翅目是所有完全变态发育昆虫中最古老的类群之一。虽然现生的长翅目昆虫种类并不算多，但通过化石可以推测它们曾经在地球上极为繁盛。至今已发现最古老的长翅目昆虫化石存在于距今约 2.5 亿年的二叠纪晚期，但在此时

道虎沟生物群中的蝎蛉

的蝎蛉极有可能和目前的蝎蛉存在一定差别。在这之后的中生代及新生代各地层中均有种类、数量较多的化石被发现。例如侏罗纪时期的道虎沟生物群及白垩纪时期的缅甸琥珀，就保存有大量的长翅目昆虫化石。然而，在中生代的中期，有一定数量的长翅目昆虫灭绝，仅有少数种类存活下来并演化出现生的长翅目类群。除此以外，古昆虫学家还认为就是在这个时候，长翅目分生出另外两个昆虫家族，即双翅目 Diptera 和蚤目 Siphonaptera。

蝎蛉大部分时间更喜欢在植被上停歇
（王吉申 摄）

长翅目昆虫虽遍布全世界，但常见于北半球地区。以生境来说，蝎蛉常栖息在湿度较高且植被茂密的温带森林中，就算生活在热带的种类，也会选择一些气温较为凉爽的环境。除了常规环境外，一些蚊蝎蛉科 Bittacidae 的少数物种还会躲藏在洞穴中，而雪蝎蛉科 Boreidae 和无翅蝎蛉科 Apteropanorpidae 的物种可在寒冷的气候中生存。

蝎蛉为一种杂食性昆虫，一般会捕食一些小型昆虫及其他无脊椎动物，也会取食花蜜、水果汁液及花粉等植物食料。蚊蝎蛉科 Bittacidae 的成虫几乎全部为肉食性，它们会在植被或飞行的途中捕食猎物。长翅目昆虫的幼虫食性同样比较广泛，除了取食一些植物外，还会取食动物尸体以及植物腐烂的部位。

长翅目昆虫的飞行能力较低，飞行速度较慢，通常在栖息环境中仅会在低矮的植被间进行短距离的飞行，且大多数时间更喜欢停落在植被上。

长翅目昆虫的一生经历 4 个阶段，即卵、幼虫、蛹和成虫。当羽化为成虫后，雄性蝎蛉便会寻找雌虫进行交配。在产卵时，雌蝎蛉一般会选择植被茂密且具有腐殖质的环境，如腐木、基部有腐烂成分的苔藓群落、肥沃的泥土及较深厚的腐殖质中。

长翅目昆虫的外部形态

长翅目昆虫由于种类不同，在形态上存在较大差别。但在大多数蝎蛉中，其头部向腹面极度延长，形成一个长长的喙状咀嚼式口器。它们的复眼较为发达，且通常具有 3 个单眼。触角呈丝状。

蚊蝎蛉科的跗节呈捕捉式（王吉申 摄）

在胸部，前胸较小，中、后胸较为发达。在大多数的种类中，具有形状、大小较为相似的 2 对透明膜质翅，但有不少种类在翅上会有各类斑点或斑纹。雪蝎蛉科 Boreidae 的翅极高度退化，而无翅蝎蛉科 Apteropanorpidae 的翅则完全消失。大多数足为细长的步行足，蚊蝎蛉科 Bittacidae 足的跗节处特化为捕捉式结构，其第 5 跗节可与第 4 跗节重合，这两个跗节的内侧着生细齿，其结构好似微缩版的捕捉足。

长翅目昆虫的腹部由 11 个腹节构成，在腹部末端具尾须。蝎蛉科 Panorpidae 雄虫与雌虫的腹部差别较大。一般来说，雄虫第 9 腹节末端会形成一个双叉状的突起，并具有 1 对球状的抱握器，用以辅助交配。雄性蝎蛉科 Panorpidae 成虫的外生殖器膨大，且腹部末端会往背向弯曲，类似于蝎子的尾部，这也是长翅目昆虫得名"蝎蛉"的原因。不过有一点需要强调，虽然雄性蝎蛉腹部末端与蝎子如出一辙，但所有的蝎蛉都不具有像蝎子一般的蜇刺能力。

长翅目昆虫的分类

长翅目昆虫是一类物种数量较少的家族。目前，全世界已发现的长翅目昆虫约有 500 种，而中国发现的长翅目昆虫仅有 150 种左右。

目前长翅目昆虫下分科级阶元共 9 个，且绝大多数均不分布于中国，如美蝎蛉科 Meropeidae 分布在北美洲及澳大利亚；无翅蝎蛉科 Apteropanor-pidae 仅分布在澳大利亚；小蝎蛉科

蝎蛉科是中国最常见的长翅目类群（王吉申 摄）

Nannochoristidae 分布于大洋洲及南美洲等。

在中国分布的长翅目昆虫有 3 个科级阶元，即蝎蛉科 Panorpidae、蚊蝎蛉科 Bittacidae 和拟蝎蛉科 Panorpodidae，其中前两个最为常见。另外，目前学术界普遍推测中国可能有雪蝎蛉科 Boreidae 的分布，但直至现在仍没有确切的记录。在此，仅对蝎蛉科与蚊蝎蛉科这两类常见长翅目昆虫的区分方法略作介绍。

雄性蝎蛉科 Panorpidae 成虫的腹部末端犹如蝎尾，而蚊蝎蛉科 Bittacidae 的成虫外形整体很像一只双翅目 Diptera 大蚊科 Tipulidae 的成虫。以形态特征而言，蝎蛉科成虫足的跗节不为捕捉式；而蚊蝎蛉科成虫足跗节为捕捉式。通过上述这些特征，便可以很快将这两个科的物种进行区分了。

自造屋宇——毛翅目 Trichoptera

"石蛾似蛾毛翅目，四翅膜质被毛覆；口器咀嚼足生距，幼虫水中筑小屋。"

毛翅目昆虫因翅膀上具毛而得名。由于这一类昆虫的外形很像蛾类，因此人们更喜欢将其称为"石蛾"。它们幼虫期生活在水中，是水生昆虫中最为繁盛的类群之一。很多毛翅目幼虫对水质的变化极为敏感，在近年来已被广泛当成水质监测的重要指示生物。

毛翅目昆虫是一类较为原始的昆虫，根据化石可以确定，它们至少在中生代就已出现在地球上，且数量较多。例如，中国的道虎沟生物群中就保存有很多毛翅目幼虫所建立的巢穴化石。中生代的缅甸琥珀以及新生代的波罗的海琥珀中也有数量较多的毛翅目昆虫被发现。

毛翅目昆虫因很像蛾类而得名"石蛾"

距今 0.99 亿年缅甸琥珀内的石蛾（夏方远 摄）

毛翅目昆虫的分布极为广泛，除南极洲外，在其余世界各地都已发现这类昆虫的身影，且亚洲地区是毛翅目昆虫最为繁盛的分布地，有大约 80% 的毛翅目昆虫分布在这个区域。以生境来说，由于毛翅目昆虫的幼虫要在水中生活，因此它们的栖息地一般都临近水边，溪流、池塘甚至泥塘、沼泽等环境都是毛翅目昆虫的理想居所。虽然大多数毛翅目幼虫对水质极为依赖，但也有少数物种可忍耐污染较高的环境，如一些纹石蛾科 Hydropsychidae 的幼虫。

毛翅目昆虫的食性根据种类不同而不尽相同。首先，成虫期的石蛾不能取食固体食物，它们大多数以花蜜等为食。石蛾幼虫的食性主要有肉食性、植食性和腐食性三类。例如，一些纹石蛾科 Hydropsychidae、原石蛾科 Rhyacophilidae 和石蛾科 Phryganeidae 的幼虫会捕食小型

正在取食腐烂叶子的石蛾幼虫

水生无脊椎动物以及吞食鱼卵、蛙卵等；一些短石蛾科 Brachycentrida、石蛾科 Phryganeidae 和长角石蛾科 Leptoceridae 的幼虫则会取食水生藻类植物；一些短石蛾科 Brachycentrida、纹石蛾科 Hydropsychidae、等翅石蛾科 Philopotamidae 和畸距石蛾科 Dipseudopsidae 的幼虫则会取食水中已腐烂分解的植物组织甚至动物尸体等。

毛翅目昆虫的一生经历 4 个阶段，分别是卵、幼虫、蛹和成虫。但小石蛾科 Hydroptilidae 的发育较为复杂，其 1~4 龄幼虫会在水中自由行动，没有筑巢行为，到 5 龄时形态发生改变，并开始筑巢。因此，这一类石蛾的发育类型很接近复变态。

一般来说，雌性石蛾会在水中或接近水面的植被上产卵。雌虫所产的并不是一颗一颗的单粒卵，而是由几粒至几百粒所组成的卵块，卵块外会有胶质物或浓密的毛。有些石蛾的卵块还可以暂时抵御短暂的干旱，直到有水后才进行孵化。

石蛾的幼虫行为最有意思。大多数

由石块建造的石蛾巢穴（崔世辰 摄）

即将孵化为成虫的石蛾蛹（崔世辰 摄）　　　正在羽化中的石蛾（崔世辰 摄）

幼虫会在水中建造各式各样的巢穴，幼虫随时携带巢穴行动。但也有一些物种会营造一处固定的巢穴，并在巢穴进口处制造一个丝网形结构，幼虫在巢内从水流中获得食物。一般来说，毛翅目幼虫建造巢穴所用的材料以水底的小石头、枯枝、落叶碎片为主，这样的巢穴不仅可以保护虫体，还能起到隐蔽的作用。但也有一些物种会任意选择材料。笔者曾见有些日本昆虫爱好者将石蛾幼虫捕捉，把巢穴移除后将其放置在铺满金砂的鱼缸内，过一段时间这些石蛾幼虫便可利用金砂造出美丽的"黄金屋"。

幼虫发育成熟后，老熟幼虫一般会在巢穴内化蛹。毛翅目的蛹可以活动，并具有发达的上颚，待到即将羽化时会咬破茧壁，同时利用中足跗节的缨毛游到水面上进行羽化。

虽然石蛾幼虫会用巢穴保护自己，然而在水中仍会受到很多动物捕食。除了鱼类、虾类外，一些水生无脊椎动物，如水蚤、水生蛛形纲生物等也有取食毛翅目幼虫的行为。除此以外，石蛾幼虫还会被一些昆虫寄生，如膜翅目 Hymenoptera 姬蜂科 Ichneumonidae 的双环享姬蜂 *Hemitelina biannulatus*，一些潜水蜂属 *Agriotypus* 的物种则可寄生躲在巢内的毛翅目幼虫。

毛翅目昆虫的外部形态

毛翅目昆虫的成虫体型较小，一般从几毫米至三四十毫米居多。体色以黄色、黄褐色、灰色、褐色和黑色为主，有少数物种体色较为鲜艳，如纹石蛾科 Hydropsychidae 的单斑多形长角纹石蛾 *Polymorphanisus unipunctus* 便是一种全身呈淡绿色的美丽石蛾。

石蛾的头部会覆盖毛或鳞毛，具 2 个比较发达的复眼及 3 个单眼，但也有部分种类仅具 2 个单眼或不具单眼。触角为丝状，着生在两个复眼之间，长短根据

种类不同有所差别。多数具咀嚼式口器，但较为退化，而一些纹石蛾科 Hydropsychidae 物种成虫口器则完全消失。

毛翅目昆虫胸部分节明显，步行足，足上会着生小毛或小刺。具 2 对翅，也有少数物种翅完全退化。翅上具毛，称毛翅。这个特征也是本目昆虫的名称

毛翅目昆虫的翅上具柔毛（张旭 摄）

由来。当石蛾停歇时，翅往往会呈屋脊状置于背面，此形态与一些小型蛾类极为相似。

腹部通常由 10 个腹节组成，雄虫第 9 和第 10 腹节着生有外生殖器，甚至有些种类的外生殖器会包括第 11 腹节的遗留部分。雌虫第 8 与第 9 腹节为生殖节，一般第 8 腹板会特化为下生殖板，第 9 节会有 1 对叶状突起，还有部分种类腹部末端的几段腹节缩入第 8 腹节之中，共同形成一个可以自由伸缩的产卵器，如原石蛾科 Rhyacophilidae 和小石蛾科 Hydroptilidae。

毛翅目昆虫的分类

毛翅目昆虫的分布广泛，种类数量较多。目前全世界已发现毛翅目昆虫已超过 1 万种，中国已发现的毛翅目昆虫约 1100 种。

毛翅目昆虫分类系统较为复杂，目前世界较为公认的分类系统为 3 亚目分类系统，将毛翅目分为 3 大家族，分别是尖须亚目 Spicipalpia、环须亚目 Annulipalpia 和完须亚目 Integripalpia。这 3 个亚目的区分方式参考成虫下颚须的节数，以及下颚须最后一节的长度和形状。下面将简单介绍这 3 个亚目的特征，以供有昆虫学基础或对毛翅目昆虫分类感兴趣的读者参考。

尖须亚目的成虫下颚须具 5 节，且 5 节形状全部正常，并在末端具较细的端刺；环须亚目的成虫下颚须也具 5 节，但最后一节的长度至少为前一节的 2 倍，且生有较多的环状纹；完须亚目的成虫下颚须 3~5 节，且末节的长度与前 4 节长度相近。

斑斓起舞——鳞翅目 Lepidoptera

"虹吸口器鳞翅目，四翅膜质鳞片覆；蝶舞花间蛾扑火，幼虫多足害植物。"

鳞翅目昆虫是一类人们非常熟悉的昆虫家族，其种类数量仅少于甲虫，是昆虫

鳞翅目昆虫是一类人们十分熟悉的类群

距今 0.99 亿年缅甸琥珀内的鳞翅目幼虫
（夏方远 摄）

家族中第二大类群。鳞翅目昆虫俗称为"蝴蝶"和"蛾子"。因它们的成虫大多具有艳丽的色彩，故而深受人们的喜爱。不仅如此，很多鳞翅目昆虫对人类也具有十分重要的影响，例如蚕蛾科 Bombycidae 的家蚕 Bombyx mori 所分泌的蚕丝是丝绸产品的重要原料；一些鳞翅目幼虫在感染某些真菌后形成"冬虫夏草"，成为享誉中外的名贵中草药；而枯叶蛾科 Lasiocampidae 的松毛虫属 Dendrolimus 则会大量取食松树等针叶植物，对绿化、防沙等工作造成莫大的影响。

鳞翅目昆虫并不算是一类十分古老的物种。早期学术界普遍认为鳞翅目的起源不晚于白垩纪，当时发现最古老的鳞翅目保存于距今约 1.3 亿年的黎巴嫩琥珀中。但近年来，中国古昆虫学家任东先生在距今约 1.6 亿年的侏罗纪道虎沟生物群中发现了鳞翅目昆虫化石，由此推断鳞翅目的起源不晚于侏罗纪。除此以外，在白垩纪的缅甸琥珀及新生代的地层中，也均有鳞翅目昆虫化石被发现。

鳞翅目昆虫的分布极为广泛，目前除南极洲外，在世界各地都已发现了它们的身影。以生境来说，除了极少数鳞翅目昆虫具有水生习性外，绝大多数均生活在陆地环境中。在陆生环境下，除了植被丰富的雨林、草原、花园等环境外，干旱的沙漠以及寒冷且植物较为稀少的高山环境也同样会有鳞翅目昆虫栖息。

鳞翅目昆虫的食性极为广泛，几乎昆虫的所有食性在鳞翅目中都有体现。除了大多数植食性外，寄蛾科 Epipyropidae 的幼虫会寄生于蝉科 Cicadidae 和蜡蝉科 Fulgoridae 等昆虫身体上，并逐渐取食寄主。而灰蝶科 Lycaenidae 小灰蝶属 Tarada 的一些幼虫则有捕食竹蚧虫的习性。除了植食性与肉食性外，蛱蝶科 Nymphalidae 的尾蛱蝶属 Polyura 等种类有取食粪便的行为，即粪食性；祝蛾科 Lecithoceridae 的一些种类会取食腐败的落叶，一些蛱蝶科 Nymphalidae 物种会吸

食动物尸体的汁液，即腐食性；一些谷蛾科 Tineidae、夜蛾科 Noctuidae 等种类的幼虫会取食真菌，即为菌食性。在所有的鳞翅目昆虫中，有一种食性最为特殊，这种昆虫隶属为螟蛾科 Pyralidae，被称为大蜡螟 *Galleria mellonella*，通过它的名字就可以猜出，这种昆虫的幼虫取食蜂蜡，会对蜂巢有一定破坏作用。

鳞翅目昆虫为典型的完全变态昆虫，一生经历卵、幼虫、蛹和成虫 4 个阶段。不同的种类其产卵量和产卵方式不同，产卵量为几十颗至上千颗不等，可单产、散产或堆产。大部分雌虫会把卵产在幼虫取食植物的表面或背面，也有一些种类会将卵产在树皮缝隙或软木组织中。一些以卵越冬的种类，雌虫在产卵时会在卵上覆盖一层分泌物或鳞毛，以便于保温等。

大部分幼虫生长要经历 5 龄，但也有部分种类仅有 3 龄或 4 龄，或延长到 6 龄或 7 龄。除了本身的龄期外，当幼虫遭遇饥饿时，往往也会增加蜕皮的次数。在自然界中，很多动物都会以鳞翅目幼虫为食，在长期的岁月中，鳞翅目的幼虫演化出了多种多样的防御措施。很多鳞翅目幼虫的体色与其栖息的环境颜色相近，可以避开天敌的视线。一些弄蝶科 Hesperiidae 的幼虫会利用丝将叶片粘成卷状，不取食时会躲在里面，大大提高了存活概率；尺蛾科 Geometridae 的幼虫在遇到危险时还会将身体挺直，模拟枯枝；凤蝶科 Papilionidae 的一些幼虫在低龄期会模拟鸟粪，在高龄期遇到危险时，会从头部后方伸出一个分叉的橙红色腺体，散发出极具刺激性的气味；蛱蝶科 Nymphalidae 斑蝶亚科 Danainae 的幼虫会取食有毒的植物，并把毒素聚集在体内，让天敌望而生畏；毒蛾科 Lymantriidae 的幼虫身体上具有一层浓密的柔毛，可以抵御一些寄生性昆虫的侵扰；刺蛾科 Limacodidae 的幼虫体表会着生尖锐且具毒素的刺，让想进攻它们的天敌"无处下手"。

鳞翅目的蛹一般为被蛹，大多数的蛹与周围环境色调一致，有些蛹体上会

正在隐蔽处产卵的美凤蝶

遇到危险的凤蝶幼虫伸出腺体

具装饰性的花纹。例如，蛱蝶科 Nymphalidae 的电蛱蝶 *Dichorragia nesimachus* 蛹不仅颜色很像枯叶，蛹体上还具有类似叶脉及霉斑的花纹，在蛹的前端还有一个近圆形的缺刻，与昆虫啃咬过的痕迹如出一辙。很多蛾类会在化蛹前先制作一个茧，并在其内化蛹。如天蚕蛾科 Saturniidae 就会利用树叶等材料制作一个茧，这个茧既有保护蛹体的作用，也极具隐蔽性。除了这些很难观察到的蛹外，还有一类蛹则显得十分光鲜亮丽。例如蛱蝶科 Nymphalidae 斑蝶亚科 Danainae 的蛹，它们除了色泽鲜艳，通常还具有强烈的金属光泽。这是由于它们的幼虫体内积聚了毒素，这些毒素会一直保存到蛹期，鲜艳的颜色可以看作是一种警戒色。

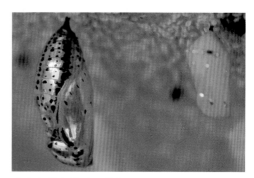

具有金属光泽的斑蝶蛹

待蛹期结束后，鳞翅目昆虫则会羽化为成虫。和其他昆虫一样，成虫最重要的任务便是繁衍。一般来说，鳞翅目昆虫会利用信息素招引异性，开始求爱。求爱时，雌雄成虫通常会在空中一起飞舞，昆虫学中将这种行为称为"婚飞"。不同的鳞翅目昆虫婚飞的时间是

正在交配的云粉蝶

不同的。为了避免杂交，不同种类鳞翅目昆虫的外生殖器形状、婚飞行为、性信息素等都存在着较大的差异。

鳞翅目昆虫虽然数量较多，也较为常见，但同样有一些极为珍惜的种类，受到各地的严格保护。以中国来说，凤蝶科 Papilionidae 的金斑喙凤蝶 *Teinopalpus aureus* 便是一种仅分布于中国且数量极为稀少的美丽蝶种，目前是中国国家一级

保护动物；分布在新疆天山的阿波罗绢蝶 *Parnassius apollo* 为中国国家二级保护动物，并已被列入《濒危野生动植物物种国际贸易公约》。有不法商贩私自采集、贩卖这些受保护的蝶种，均已受到法律的制裁。因此，当我们在野外看到这些美丽的昆虫时，最好只利用相机拍摄记录，不要采集。受保护的种类更是严禁个人以任何理由捕捉和收藏。

鳞翅目昆虫的外部形态

鳞翅目昆虫成虫体型跨度极大，如长角蛾科 Adelidae 的大部分物种翅展只有几毫米，而天蚕蛾科 Saturniidae 的乌桕巨天蚕蛾 *Attacus atlas* 翅展可以达到 230 毫米。鳞翅目的体色是所有昆虫中最为丰富的类群，其鳞粉的颜色几乎包括了一切可以见到的颜色。

中国体型最大的鳞翅目——乌桕巨天蚕蛾

鳞翅目昆虫的头部骨化程度较高，常覆盖鳞毛或鳞片。复眼呈圆形或梨形，不同的物种复眼大小不一。具 2 个单眼，但有些物种的单眼消失。蝶类的触角为棒状触角，蛾类的触角为羽状触角、丝状触角、栉状触角及锯齿状触角。一般来说，雄蛾的触角以羽状触角为主，而雌蛾则以丝状触角为主。绝大多数的鳞翅目昆虫为虹吸式口器，但小翅蛾科 Micropterigidae 的成虫口器为咀嚼式口器，可直接取食花粉等固体食物。

鳞翅目昆虫胸部较为发达，尤以中、后胸最为明显。大部分为 3 对步行足，一些物种如蛱蝶科 Nymphalidae 和灰蝶科 Lycaenidae 的部分雄虫前足退化，在停落时会折叠于前胸内。很多雄虫足的胫节具有可以分泌香味的毛丛，如一些尺蛾科 Geometridae。

蝶类与蛾类均为鳞翅，即 2 对膜质翅上覆盖着大量的鳞粉。不同种类翅的大小、形状、长短均有所差别。例如，羽蛾科 Pterophoridae 的一些种类前后翅常深裂呈 2 至 3 片；透翅蛾科 Sesiidae 翅上常具有无鳞片的区域，且着生一些极为特殊的扇状鳞片；一些凤蝶科 Papilionidae、灰蝶科 Lycaenidae、蛱蝶科 Nymphalidae 和天蚕蛾科 Saturniidae 等种类后翅常具尾突。除了上述之外，最特殊的要数尺蛾科 Geometridae 的春尺蛾 *Apocheima cinerarius*，这种鳞翅目昆虫雌性成虫不具翅，喜欢趴在树皮表面等环境中。

鳞翅目昆虫的腹部一般为圆柱形，蛾类普遍较为宽大，蝶类普遍较为狭长。雄虫的外生殖器由第 9 和第 10 腹节一部分特化而成，并着生各式各样的副结构。雌虫的外生殖器具有 1 对卵巢，并通过输卵管会合到中输卵管。通常雌虫的产卵器比较短，也有少数类群会延长成为尖细的刺状结构。

春尺蛾的雌虫成体不具翅（高翔 摄）

鳞翅目昆虫的分类

鳞翅目昆虫是昆虫家族的第二大类群，种类数量仅次于甲虫。目前全世界已发现的鳞翅目昆虫约有 20 万种，中国已发现的鳞翅目昆虫有近 1 万种。

鳞翅目昆虫的分类系统较为复杂，目前学术界认同较多的是将其分为 4 个亚目，即轭翅亚目 Zeugloptera、无喙亚目 Aglossata、异蛾亚目 Heterobathmiina 和有喙亚目 Glossata。这 4 个亚目一般根据成虫上颚是否发达、下颚的内颚叶是否发达、触角有无叶状感觉器等特征进行区分。考虑到有读者也许更希望了解蝶类与蛾类的区分方法，在此介绍如下。

在介绍蝶蛾的区分方法前，有一点需要特别说明。实际上，就亲缘关系而言，蝶类与蛾类并不能真正"划清界限"，这两类昆虫更多情况下只是根据一些形态上的差异及习性被人为划分的。

蛾类代表——藏目天蚕蛾

蝶类代表——报喜斑粉蝶

首先，蛾类的数量要远比蝶类多。在鳞翅目中，蛾的种类约占到 90%，而蝶类仅占到约 10%。人类见到蝴蝶概率高于蛾类的主要原因是大部分蛾类为夜行性昆虫，而蝶类则为昼行性昆虫。当然，一些尺蛾科 Geometridae、天蛾科 Sphingidae 和

锚纹蛾科 Callidulidae 等物种也有在白天活动的情况。大多数的蝶类在休息时翅向背后合拢，但弄蝶科 Hesperiidae 通常将翅摊开。大多数蛾类在休息时将翅向两侧摊开，也有些种类两翅合拢或覆盖在一起。在形态上，蝶类触角为棒状触角，而蛾类则为羽状、丝状、栉状及锯齿状触角。通过上述各类方法，便可以较容易地区分蝶类与蛾类了。

鳞翅目科级阶元分类已有些许改动。目前，曾经的绢蝶科 Parnassiidae 与凤蝶科 Papilionidae 合并，被作为亚科处理；曾经的环蝶科 Amathusiidae、斑蝶科 Danaidae、眼蝶科 Satyridae、珍蝶科 Acraeidae 和喙蝶科 Libytheidae 全部并入蛱蝶科 Nymphalidae，被作为亚科处理；曾经的蚬蝶科 Riodinidae 与灰蝶科 Lycaenidae 合并，被作为亚科处理。最新的系统中，在中国分布的蝶类科级阶元仅有 5 个，即弄蝶科 Hesperiidae、凤蝶科 Papilionidae、粉蝶科 Pieridae、蛱蝶科 Nymphalidae 和灰蝶科 Lycaenidae。

特化先驱——双翅目 Diptera

"蚊蠓虻蝇双翅目，后翅平衡五节跗；口器刺吸或舐吸，幼虫无足头有无。"

双翅目昆虫是一类极为常见的类群，包括蚊类、蝇类、虻类、蠓类和蚋类等。虽然绝大多数人们十分厌恶这一类昆虫，但不得不承认它们无论在形态上、习性上都演化得极为成功。也正因如此，双翅目昆虫也是一类种类极为繁盛的家族。

双翅目昆虫的起源较早，目前普遍认为其出现在地球的时期不会晚于距今 1.5 亿年的中侏罗世。这种推测源自于在此时期地层中发现了种类和数量均较为庞大的双翅目昆虫化石。除此以外，根据双翅目化石种类的口器形态等特征甚至还可以推算出被子植物出现在地球上的时间，这对古植物学研究起到了很重要的参考作用。古昆虫学家还推测双翅目昆虫在地球上一直较为繁盛，且这种状态直到今天依然延续。这是因为在侏罗纪地层之后的各个地层中，双翅目昆虫化石的发现数量及种类都极为庞大。

现生双翅目是一类世界性分布的昆虫家族。可以说，在广阔的地球环境中，只要有昆虫分布的地方，几乎就会

距今 0.99 亿年缅甸琥珀内的双翅目

双翅目昆虫是分布最广泛的类群之一　　　　　生活在高山雪地中的沼大蚊（文楠 摄）

有双翅目昆虫的身影。常规的陆生和水生类群在这里不做过多解释，仅向读者阐述一些可在极端环境下存活的案例。在绝大多数昆虫均没有分布的极地环境中，双翅目昆虫的种类及数量均位列前茅。去过北极考察的人应该都感受过，在那种恶劣环境中仍有数量较多的双翅目昆虫不时在身边出现。另外，一些气温和氧气浓度较低的高海拔环境中，也发现有双翅目昆虫在此栖息。如一些沼大蚊科 Limoniidae 的物种。除了上述所说的恶劣环境外，还有一种双翅目昆虫所栖息的环境几乎是所有昆虫家族中最为极端的。这种双翅目昆虫名为原油水蝇 *Psilopa petrolei*，是一种水蝇科 Ephydridae 的物种。经过观察，人们发现这种双翅目幼虫可直接生存于从地下喷出的原油中，并以掉落在原油内的昆虫及其他无脊椎动物尸体为食。

　　双翅目昆虫的食性较为广泛，除了众所周知的粪食性和吸血习性外，还有其他各类食性。例如，大部分实蝇科 Tephritidae 会取食植物果实及其他部位，蚜蝇科 Syrphidae 的成虫有访花行为，是植食性的代表；食虫虻科 Asilidae 会捕食各类昆虫及无脊椎动物，是肉食性的代表；部分眼蕈蚊科 Sciaridae 的幼虫会取食一些真菌，是菌食性的代表；部分蝇科 Muscidae、果蝇科 Drosophilidae 等物种会取食腐烂的植物或动物尸体，是腐食性的代表；寄蝇科 Tachinidae 的幼虫寄生种类较为广泛，是寄生性的代表。另外，在寄生性双翅目类群中，还有少数种类可以寄生到人体，如狂蝇科 Oestridae 的部分物种，其幼虫可寄生在人类的眼结膜中，造成人眼结膜蝇蛆症；皮蝇科 Hypodermatidae 部分幼虫可以寄生于人类皮下，造成人体皮肤蝇蛆症。

　　双翅目昆虫为完全变态昆虫，一生经历卵、幼虫、蛹、成虫 4 个阶段。雌虫产卵的地方多在幼虫取食场所附近，寄生性双翅目则会将卵直接产于寄主的体内。孵化为幼虫后，不同的双翅目昆虫其幼虫期时间不同，且很多幼虫生长时间与温度、湿度、

正在访花的蚜蝇（陈尽　摄）

正在羽化的大蚊（陈尽　摄）

光照、营养积累量有着很大的关系。幼虫化蛹后，若遇到条件适宜的环境，一般在较短时间内即可羽化；若遇到较为恶劣的环境或气候，则往往会出现滞育现象。

　　双翅目昆虫的成虫繁殖能力很强，以最常见的双翅目昆虫，隶属于蝇科 Muscidae 的家蝇 *Musca domestica* 为例。如果环境适宜，一只雌蝇可一次性产卵上千粒之多。在大多数地区，每年家蝇可以发生 4~11 代。除此以外，家蝇的性成熟极为迅速，通常在羽化后的 1~2 天内即可进行交配。还有很多双翅目昆虫，甚至在羽化当天便可以进行交配。

　　双翅目昆虫有些种类可携带大量病原体，并通过接触、叮咬等方式在人类之间传播，造成较大的健康隐患，如蚊科 Culicidae 按蚊属 *Anopheles* 的部分种类便是传播疟疾及淋巴丝虫病的重要媒介；蚋科 Simuliidae 的部分物种则是盘尾丝虫的重要传播媒介。据统计，在一些热带地区，每年会有超过 1000 万人因蚋类而感染盘尾丝虫病。然而，双翅目昆虫也有一些起到了较为积极的作用。例如，寄蝇科 Tachinidae 的幼虫会寄生在大量昆虫体内，是目前所有天敌昆虫中寄生能力、活动区域以及寄生范围最高的类群；果蝇科 Drosophilidae 由于其寿命较短，被人们广泛应用于遗传学的研究中。美国著名遗传学家托马斯·亨特·摩尔根 (Thomas Hunt Morgan) 便是利用果蝇发现了"伴性遗传"的规律，并建立了著名的遗传学第三定律——连锁交换定律。

双翅目昆虫的外部形态

　　双翅目昆虫大多体小至中型，仅有少数种类可至大型，如大蚊科 Tipulidae。一些小型双翅目昆虫具有集群的习性，如一些瘿蚊科 Cecidomyiidae 的物种会相互连成一串吊在如废旧的蜘蛛丝以及树洞等环境中。除分布在热带地区的部分物种体色鲜艳外，大部分双翅目昆虫体色均以黑色、棕色、灰色和白色等为主。一般来说，

大部分双翅目昆虫的体表均被各种类型毛所覆盖。

双翅目昆虫的头部以圆形或近圆形居多，并着生有极为发达的复眼，且大多数具有 3 个单眼。在所有双翅目中，最具特色的复眼当属突眼蝇科Diopsidae 种类。这类昆虫的头部两侧各具一较长的眼柄，复眼位于眼柄端部，如同"星外生物"一般。长长的眼柄是在其羽化时，由身体液压不断将体壁推出形成的。在雄虫争夺交配权时，会相互比较眼柄的长度，眼柄长的一方将会胜出，极为有趣。

双翅目的触角类型较多，很多雄性蚊类具环毛状触角，蝇类为具芒状触角等。口器极具多样性，如大多数雌性蚊类口器为刺吸式口器，虻类为切舐式口器，而蝇类则大多数为舐吸式口器。当然，有些物种在成虫阶段口器退化，如摇蚊科 Chironomidae。

双翅目昆虫胸部由前、中、后胸构成。一般前胸缩小，中胸较为发达。大多数为 3 对步行足，但水蝇科Ephydridae 螳水蝇属 Ochthera 以及少数舞虻科 Empididae 物种前足呈捕捉

联成一串吊起来的瘿蚊（陈尽 摄）

具有长眼柄的突眼蝇

前足为捕捉足的螳水蝇（陈尽 摄）

足或与捕捉足形态极为相似。双翅目前翅为膜质，翅脉较为简单，后翅则特化成为短小棍棒状的形态，被称为平衡棒，在飞行时起到掌握平衡、调整方向等作用。因这类昆虫严格来说仅具 2 个真正意义上的翅，所以得名双翅目。当然，在双翅目昆虫中，还有部分种类翅完全退化消失，如一些虱蝇科 Hippoboscidae 的物种，其成虫的前翅或平衡棒均有消失的现象。

双翅目昆虫的腹部常常仅能看到 5 节，这是因为其腹节有诸多愈合现象。雄性外生殖器形态根据不同种类而有所差别，多数雌虫第 6、7、8 腹节共同组成产卵器，一些寄生性种类的第 7 和第 8 腹节特化为产卵瓣。

双翅目昆虫的分类

双翅目昆虫是昆虫家族中的第四大类群，其种类仅比鞘翅目 Coleoptera、鳞翅目 Lepidoptera 和膜翅目 Hymenoptera 要少。目前，全世界已发现的双翅目昆虫约为 12 万种，中国已发现的双翅目昆虫已超过 5000 种。

虽然双翅目昆虫的种类繁多，但其分类系统较为清晰。目前，学术界普遍将双翅目昆虫分为 3 大家族，即 3 个亚目，分别是长角亚目 Nematocera、短角亚目 Brachycera 和环裂亚目 Cyclorrhapha。

长角亚目的蛾蠓

长角亚目的代表为蚊类、蠓类和蚋类。它们的触角有 6 节以上，下颚须为 4~5 节，且幼虫大多数头部发达且完整，被称为全头型幼虫。

短角亚目的代表为虻类。它们的触角 5 节以下，下颚须仅有 1~2 节，幼虫头部后端及口器具有或多或少的退化，并不完整，并会有一部分缩入胸部，被称为半头型幼虫。当蛹羽化为成虫时，会由背部呈 T 字形裂开，称为直裂型蛹。

短角亚目的食虫虻

环裂亚目的代表为蝇类。它们的触角也在 5 节以下，下颚须仅有 1~2 节，幼虫头部极不明显，且口器退化为刮吸式口器，仅保存有一对口钩，称无头型幼虫，也就是我们通常所谓的"蛆状"。当蛹羽化为成虫时，会在蛹的前端环状

环裂亚目的马来蝇

裂开一圈，称为环裂型蛹。这也是本亚目最大的特征之一。

弹射吸血鬼——蚤目 Siphonaptera

"侧扁跳蚤为蚤目，头胸密接跳跃足；口能吸血多传病，幼虫如蛆尘埃住。"

蚤目昆虫统称为"跳蚤"，这类昆虫虽然并不多见，但它们的名字可谓家喻户晓。跳蚤不仅会吸血，还会传播很多种令人谈之色变的疾病。纵观人类历史，跳蚤这类昆虫可以说是一直在持续侵扰着我们。甚至在当今社会，一些环境较为肮脏的人类居所，跳蚤仍然时有出没。

蚤目昆虫对人类的影响极大（崔世辰 摄）

跳蚤对人类的影响较大，在生活中我们也会时常见到有关跳蚤的文化元素。例如，我们经常将一些交易旧货或杂货的地方称为"跳蚤市场"；在一些文学作品中，也可以经常见到这类小昆虫的名字，例如，著名文学家张爱玲女士就曾写下过"生命是一袭华美的袍，爬满了跳蚤……"而最著名的跳蚤文化，当属发源于欧洲的"跳蚤马戏团"。在一个小小的舞台上，训练师根据跳蚤的习性及一些适当的训练手段，让它们可以表演出"射门""爬杆""拉车"等有意思的项目。虽然目前考虑到卫生及动物福利等因素，很多跳蚤马戏团都用微缩机械跳蚤替换真实的跳蚤，但这类有趣的娱乐项目却是欧洲不可或缺的一个文化标签。

蚤目昆虫的起源时间与双翅目 Diptera 较为接近，目前学术界普遍认为它们是在距今约 1.65 亿年的侏罗纪时期出现在地球上的。昆虫学家根据幼虫的形态比较，以及显微结构等手段的研究，认为蚤目昆虫与长翅目 Mecoptera 存在同源关系，是由一类有翅的昆虫演化而来。因此，蚤目昆虫是一类真正的次生无翅类群。

跳蚤是世界性分布的昆虫类群，但由于它们的成虫无翅且外寄生于哺乳动物及鸟类的体表，扩散能力会有一定的局限性。这便造成了一些蚤目昆虫的分布有着很明显的地域性。如细蚤科 Leptopsyllidae 的盲鼠蚤属 Typhlomyopsyllus、角叶蚤科 Ceratophyllidae 的巨胸蚤属 Megathoracipsylla 及距蚤属 Spuropsylla 等类群均仅在中国发现，且分布极具地域性。

蚤目昆虫的成虫以宿主的血液为食。但是不同的蚤类取食方式有所差别。大部分的蚤目昆虫仅短时间停留在宿主身体上吸血。当取食结束后，便会离开宿主，或依靠宿主的活动而转移到同种及其他宿主身上。这个类型的蚤类被称为游离型蚤目昆虫。还有一些跳蚤的雄虫与游离型习性相似，但雌

刚吸食完血液的跳蚤（崔世辰　摄）

虫会利用口器较长时间固定在宿主的皮下进行持续吸血，取食时间为 1~2 周。这个类型的蚤类被称为半固定型蚤目昆虫。另外，蚤科 Pulicidae 潜蚤属 Tunga 的物种取食方式更加特殊，其雄虫习性仍与游离型较为相似，但雌虫已演化为终生钻入宿主皮下定期取食的习性，本属的雌虫在皮下仅会留一个小孔，用来呼吸、排泄及产卵等。这个类型的蚤类被称为固定型蚤目昆虫。以宿主的选择性来说，一些蚤目昆虫可在各类宿主上取食血液，对宿主几乎没有任何选择性，如蚤科 Pulicidae 的人蚤 Pulex irritans。这样的蚤目昆虫称为多宿主型；而绝大多数蚤类仅会选择同一个目级或科级阶元的宿主进行吸血，这样的蚤目昆虫称为寡宿主型；除此以外，有少数蚤类仅会选择较为特异性的宿主，只有这样才可以正常交配及繁殖，如蠕形蚤科 Vermipsyllidae 的熊鬃蚤 Chaetopsylla tuberculaticeps 目前仅发现寄生于熊类。

　　蚤目昆虫的一生经历卵、幼虫、蛹和成虫 4 个阶段。雌虫一般会将卵产于宿主的巢穴或经常休息的地方，待到幼虫孵化后便可以取食一些有机的碎屑及成虫排出的血便。研究发现，虽然蚤目昆虫的幼虫能自由生活，但必须取食成虫排出的血便才可以正常生长。幼虫的龄期为 3 龄，老熟幼虫会吐丝，粘住尘土、碎屑等物质制成一个微小的茧，并在茧中化蛹，蛹期一般为 1~2 周。待蛹孵化后，成虫便开始寻找宿主进行吸血。一般来说，成虫吸血后便可进行交配、繁殖。在环境适宜的情况下，很多种类的雌虫都可以连续产卵，每天会产 1~4 次卵，一般每次产 2~13 颗。累积下来，一只雌虫一生可产卵约 300 颗。而蚤科 Pulicidae 潜蚤属 Tunga 的物种由于营养来源稳定，其一生可累计产卵 1000 颗以上。

　　值得一提的是，蚤目昆虫虽然自行扩散能力较差，但会随着很多宿主的迁移而扩散到全世界。目前，除了较为常规的地区发现了蚤类外，南、北极地区亦有它们的身影。有些种类的蚤目昆虫可以吸食人类血液，不仅会让人体感到瘙痒、烦躁，还会传播如鼠疫、鼠源性斑疹伤寒等烈性极高的疾病。因此，当我们的身体上，特

别是腰部、腹部及小腿等区域出现水肿性红斑、丘疹，并呈线状或成群分布，且伴有奇痒的感觉时，便要引起注意。如果上述症状是在接触过如野猫、野狗或居住在有鼠类的地方后产生的，则更需要观察甚至就医。

蚤目昆虫的外部形态

蚤目昆虫的体型极小，一般仅有 1~3 毫米，而多毛蚤科 Hystrichopsyllidae 的多毛蚤属 *Hystrichopsylla* 等物种体型可达到 5 毫米，怀卵的雌虫有时可达 10 毫米。蚤目昆虫的体色较为单一，一般以黄褐色和棕褐色为主。

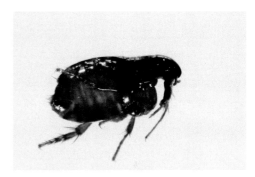

蚤目昆虫的体型通常极小（崔世辰 摄）

蚤目的头部呈枣核形，触角极短但较为粗壮，并具有许多感觉器官。成虫口器为刺吸式，幼虫口器为咀嚼式。

蚤目的胸部由前、中、后胸三部分组成，无翅。在后胸的前、后侧片之间有一个拱形的构造，里面含有一种透明的节肢弹性蛋白。当跳蚤做跳跃运动时，这种蛋白会释放出能量，并传递到后足的基节，使它获得了巨大的力量。这也使得蚤目昆虫在所有动物中的跳跃能力位居榜首，没有之一。有学者曾计算过，如果将跳蚤放大到人类的大小，其可轻松越过 200 个足球场。

蚤目昆虫的腹部由 10 个腹节构成。雄虫的生殖节由其第 8、9 腹节共同组成，雌虫的受精囊位于第 7 与第 8 背板之下，且有少数种类的雌虫具有 2 个受精囊，一般这样的种类均较为原始。

蚤目昆虫的分类

目前全世界已发现的蚤目昆虫约 2500 种，而中国已发现的蚤目昆虫为 500 余种。

蚤目昆虫的分类较为复杂，大部分学者所接受的分类系统将其分为 4 个总科，即蚤总科 Pulicoidea、蠕形蚤总科 Vermipsylloidea、柔蚤总科 Malacopsylloidea 和多毛蚤总科 Hystrichopsylloidea。其中，多毛蚤总科是目前蚤目昆虫中种类最多的一个总科，主要寄生在鼠类身体上。由于蚤目昆虫的分类主要依靠第 2~7 腹节的鬃、第 1 腹节气门与后胸前侧片上缘的距离、后足胫节形态、是否有臀前鬃等特征，一般观察较为困难且需要具有一定昆虫学形态基础，在此不做赘述。

第十二节 高等血统——膜翅部

膜翅部是昆虫部级阶元中个体数量最为庞大的一个类群。本部昆虫仅有一个目级阶元，即膜翅目。在长期的演化中，本部昆虫于形态上发展出了自己的特征，如后翅明显小于前翅，且在后翅前缘有一列翅钩与前翅后缘相互连接；细腰亚目昆虫的第 1 腹节背板并入后胸背板，形成了独特的并胸腹节；一些类群演化出了社会性，且在两性分化中，雄虫为单倍体，雌虫为二倍体。因此，可以说膜翅部是昆虫中最为高等的类群。

蜂蚁传说——膜翅目 Hymenoptera

"后翅钩列膜翅目，蜂蚁细腰并胸腹；捕食寄生或授粉，害叶幼虫为多足。"

膜翅目昆虫，最具代表性的便是蜂类与蚁类。它们是被人们所熟悉的昆虫类群，与人们有着极为紧密的联系。我们平日食用的蜂蜜，绝大多数便是依靠蜜蜂生产的原料制作而成；一些捕食性膜翅目如胡蜂科 Vespidae 和蚁科 Formicidae 等经常捕食很多对人类存在有害影响的昆虫，可扮演天敌

绝大多数蜂蜜的原料是蜜蜂所酿造的

昆虫的角色；很多寄生性膜翅目昆虫可以有效控制园林危害，甚至还可以减少由昆虫传播的病原体数量。除了有益的影响外，还有一些膜翅目昆虫会对人类造成伤害或不良影响。一些膜翅目昆虫可以蜇刺人类，被蜇的人不仅疼痛难忍，甚至还有因过敏而引起死亡的例子；一些植食性膜翅目昆虫如树蜂科 Siricidae 和叶蜂科 Tenthredinidae 等幼虫常以园林植物及作物为食，让植物产量下降或引起植物的病害及畸形。

距今 0.99 亿年缅甸琥珀内的蚂蚁

膜翅目昆虫的起源时间不晚于距今约 1.6 亿年的侏罗纪中期，古昆虫学家在侏罗纪后期发现了大量的膜翅目昆虫化石。到了距今约 1.45 亿年的白垩纪，现存于地球上的膜翅目科级阶元大部分已被发现，且在之后的各个地层中，古生物学家亦发现了大量种类较为丰富的膜翅目昆虫化石。

现生的膜翅目昆虫分布极为广泛，在世界各地均有它们的身影。以生境来说，无论是植被丰富的热带雨林，还是物种稀少的干旱沙漠；无论是温暖湿润的赤道两侧，还是寒冷恶劣的北极冻土，几乎各类陆地环境均存在着膜翅目昆虫的足迹。

膜翅目昆虫的生物学习性是在所有昆虫中最为复杂且最具多样性的。以食性来说，树蜂科 Siricidae、叶蜂科 Tenthredinidae 等类群的大部分物种以啃食植物为生，是植食性的代表；胡蜂科 Vespidae 和泥蜂科 Sphecidae 等类群会猎杀各种昆虫或其他无脊椎动物，抑或将猎物喂养幼虫，是肉食性的代表；小蜂科 Chalcididae、跳小蜂科 Encyrtidae 和蛛蜂科 Pompilidae 等类群会寄生单一或各类无脊椎动物，是寄生性的代表；一些胡蜂科 Vespidae 等类群会取食植物渗出的液体及动物尸体，是腐食性的代表。

膜翅目昆虫最有意思的习性当属部分种类演化出社会性，如蚁科 Formicidae、蜜蜂科 Apidae 和胡蜂科 Vespidae 等。这些社会性膜翅目昆虫的生存方式极具多样性，在此仅介绍一些具有代表性或较为有趣的行为。

首先，很多社会性膜翅目昆虫有成虫与幼虫相互合作的行为。例如，蚁科

正在捕食鳞翅目幼虫的蜾蠃胡蜂

正在用幼虫缝补叶片的黄猄蚁

Formicidae 的黄猄蚁 *Oecophylla smaragdina* 是一种树栖性蚂蚁，它们会用宽大的叶片相互折叠连接制作巢穴。当叶片需要连接时，很多成虫会先咬住两个叶片的连接处进行固定，这时一只成虫会叼着一只幼虫沿着边缘行走，并刺激幼虫吐丝用以将叶片永久性固定；一些胡蜂科 Vespidae 的成虫并不能直接

正在肢解猎物的胡蜂

取食猎物，因此它们需要将猎物杀死并制作成肉球状带回巢中，饲喂幼虫。经过幼虫消化并重新吐出的食物，才可以被胡蜂成虫取食。

　　膜翅目昆虫还演化出了很多独特的防御机制，用以捍卫自己的家园。例如，很多蚁科 Formicidae 的物种在主巢附近会建立很多"卫星巢"，用以观察敌情或迅速支援主巢；一些蚂蚁巢内会饲养着体型与战斗力均极为强悍的兵蚁，当巢穴受到较大威胁时，这些兵蚁往往可以起到反败为胜的作用。而膜翅目最

兵蚁的体型往往远大于工蚁

具有智慧的防御方式，当属一些蜜蜂科 Apidae 的类群。在野外，蜜蜂的天敌之一便是胡蜂，由于二者体型差距较大，且胡蜂具有强而有力的上颚，因此当它们相遇时，胡蜂可以轻而易举地将蜜蜂杀死。很多胡蜂会袭击蜜蜂巢穴，掠夺蜂蜜等食物。但是，蜜蜂并不会坐以待毙。一般来讲，胡蜂会先派出一些"侦察兵"，去探查食物来源。当巢穴中的蜜蜂发现胡蜂侦察兵时，往往不会在第一时间进行反击，相反会主动将其引入巢穴内。当胡蜂侦察兵进入蜜蜂巢较深的地方时，巢内蜜蜂会突然将这只胡蜂团团围住，若有个体被胡蜂咬死，下一只则会立马补上。蜜蜂的耐热比胡蜂要强，由于被蜜蜂群包裹，胡蜂的体表附近温度迅速上升超过其耐受温度，但低于蜜蜂的耐受温度。用不了多长时间，这只胡蜂的侦察兵便会被热死，而蜜蜂巢虽然有较多个体牺牲，但成功地守卫了家园。

　　除了防御外，社会性膜翅目昆虫还有丰富的觅食行为。除了出巢觅食外，如一些蚁科 Formicidae 类群还会"放牧"蚜虫或蚧壳虫，并定期采集它们分泌的蜜露；

而蚁科 Formicidae 悍蚁属 *Polyergus* 的物种会定期袭击一些如林蚁属 *Formica* 等蚂蚁的巢穴，当它们攻入蚁巢后，会抢夺很多幼虫与蛹回到自己的巢穴。待到这些幼体发育为成虫时，便可作为劳动力进行使用。值得一提的是，虽然是奴役关系，但悍蚁与"奴隶"的关系十分平等，并不会有过多的"剥削"。

正在放牧蚜虫的蚂蚁

还有一些膜翅目昆虫有盗寄生行为。雌虫怀卵后会潜入其他膜翅目昆虫的巢穴内产卵，它的后代会由寄主类群抚养。很多盗寄生的膜翅目昆虫会将寄主巢内的"皇后"杀死，一部分类群会自己分化出各个品级，接管整个巢穴，也有一些种类并不会产生工蜂或工蚁品级，随着原来巢穴内的工蜂或工蚁死亡，整个巢穴会"寿终正寝"。具有盗寄生的膜翅目昆虫有一些隧蜂科 Halictidae 的种类，以及蜜蜂科 Apidae 的艳斑蜂属 *Nomada* 等。

膜翅目昆虫的外部形态

膜翅目昆虫的体型差距较大，从不到 1 毫米至 7~8 厘米的种类均存在。体色极为丰富，除了黄色、橙黄色等常见体色外，蚁科 Formicidae 多以黑色、棕黑色为主，而青蜂科 Chrysidae 体色则为青色、紫色、蓝色及红色等，且伴有极其强烈的金属光泽。

威武的猎镰猛蚁（崔世辰 摄）

膜翅目昆虫的头部多为近三角形，复眼较为发达，多数具 3 个单眼。大部分膜翅目昆虫为咀嚼式口器，且一些种类上颚极为发达，如蚁科 Formicidae 的猎镰猛蚁 *Harpegnathos venator*，其上颚极长并呈镰刀状，具有较强的咬合能力。而蜜蜂科 Apidae 等口器为嚼吸式口器。膜翅目昆虫的触角多为丝状，但大部分胡蜂总科 Vespoidea 的触角为膝状，一些蚁小蜂科 Eucharitidae 的雌虫触角为栉状。

胸部由前胸、中胸及后胸组成。一般中胸最大，细腰亚目的后胸与腹部第 1 腹

节愈合在一起，称并胸腹节。大部分膜翅目昆虫为3对步行足，但根据不同习性往往会有形态上的特化，如一些小蜂科 Chalcididae、褶翅小蜂科 Leucospidae 等类群，其后足腿节极为膨大，且胫节向内呈弧形弯曲。有一些具采蜜习性的类群后足为携粉足，而螯蜂科 Dryinidae 的前足前端特化为螯状。虫体有2对膜质翅，后翅前缘有一列翅钩可与前翅后缘相互连接。

膜翅目昆虫腹部由10个腹节构成。广腰亚目的第1腹板呈膜质，且在第9背板上常具尾须。细腰亚目无尾须，其腹部第1背板和腹板相互连接，不能自由活动。蚁科 Formicidae 的第1腹节或第1、2腹节特化为较为独立的结构，被称为结节。一些细腰亚目的腹部末端具有蜇针。

后足膨大且弧状弯曲的小蜂科

蚁科腹部前端具结节

膜翅目昆虫的分类

膜翅目昆虫是继鞘翅目 Coleoptera 和鳞翅目 Lepidoptera 后的第三大昆虫类群。目前全世界已发现的膜翅目昆虫超过10万种，而中国已发现的膜翅目昆虫约有1万种，但推测中国分布的膜翅目昆虫种类应有3万种左右。除此以外，膜翅目

膜翅目广腰亚目物种（陈尽 摄）

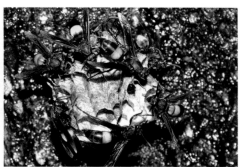

膜翅目细腰亚目物种

昆虫还是所有目级阶元中个体数量最多的类群。有生物统计学家曾指出，全世界仅蚁科 Formicidae 的总重量便已和全世界人类总重量相当。

虽然膜翅目昆虫的种类繁多，但分类系统则较为统一。目前，学术界将膜翅目昆虫分为两个大类，即广腰亚目 Symphyta 和细腰亚目 Apocria。一般来说，广腰亚目的腹基部不发生缢缩，且腹部的第 1 腹节不与后胸合并为并胸腹节，前翅至少具有 1 个封闭的臀室；而细腰亚目的腹基部缢缩较为明显，常呈柄状，且腹部的第 1 腹节与后胸合并为并胸腹节，前翅无臀室。

第四章

博大精深的
中国昆虫文化

孤蝶小徘徊，翩翩粉翅开。并应伤皎洁，频近雪中来。

——唐·李商隐

对中国昆虫文化影响深远的蝗虫

人类从自然中来，且从未脱离自然。在我们的生活中，点点滴滴无不是取之于自然，求之于自然。纵观人类的文化史，自然元素可谓数不胜数。而昆虫，作为自然界中最庞大的动物类群，又和人类有着十分紧密的关系，在不经意间便已融入人类的文化当中，形成了极具特色的昆虫文化。妙笔天成的诗词歌赋，感人至深的凄美传说，源远流长的民俗节日，光鲜亮丽的锦缎丝绸……这些似乎相互并没有太多联系的事物，却都和看似不起眼的昆虫密不可分。当我们细细品读昆虫所构成的独特文化时，不难发现，它们实际上就是人类历史文化的缩影。这份已传承了上千年的无形文化精髓，让各国人民都有着属于自己民族的精神支柱，也让整个人类文明绽放出多姿多彩的光芒。

第一节　昆虫与"吃"的文化

纵观中国五千年历史，华夏民族对食物的重视程度几乎要高于任何一个民族，这与中国的农耕文化是密不可分的。正所谓"国以农为本，民以食为天"。可以说，农业与饮食文明极大地影响着中华民族五千年的文化历史，甚至很多节日与民俗活动也是农业发展的折射和产物。

在农业发展的过程中，人们与昆虫的联系自然密不可分。例如，一些取食农作物的昆虫数量可以直接影响到当地乃至整个国家的生活质量及社会稳定程度，而一些对农业有利的昆虫也可以改善民生及提高经济水平。因此，在整个昆虫文化中，与农业及饮食相关的文化类型最为普遍，也最为重要。本节向各位读者简单地介绍一些昆虫与"吃"的文化，以作为整个昆虫文化的切入点。

虫之皇帝——蝗

要说到与农业关系最为贴切、对昆虫文化影响最为深远的昆虫类群，蝗虫无疑占据了重要的地位。虽然在昆虫家族中，蝗虫的形态与演化程度不是最高等级，但通过"蝗"这个字便可以看出，古人对于这类昆虫的重视程度远高于其他类群。"蝗"，即虫之皇帝。之所以将这类昆虫命名为含有如此上层意义的文

蝗虫自古以来便和民生有着重要的关系

字，是因为它们可以直接干扰到皇权的稳定。纵观中国几千年历史，每当蝗虫大发生而演变至蝗灾时，往往会发生各式各样的人间悲剧，引发各地纷纷起义，甚至造成朝代的更迭。宋朝的《河南通志》中曾形象地记载了蝗灾发生时的惨状："洛阳蝗，草木兽皮，虫、蝇皆食尽。父子、兄弟、夫妇相食，死亡载道……"因此，历朝历代的皇帝均对蝗灾有着足够的重视。正如明代著名科学家徐光启在《农政全书》中所说的那样："凶饥之因有三：曰水、曰旱、曰蝗。"

小小的蝗虫在大发生时甚至会威胁皇权

据史书记载，在唐太宗李世民执政期间，曾发生过一次较为严重的蝗灾，灾情扩散迅速，没过多久便已直逼长安城。正巧某次李世民与众臣前往长安郊野考察民情，看到了大批受难的灾民，询问后才知道由于蝗灾严重，已经造成了部分地区"易子而食"的惨状，极为痛心。所谓"易子而食"，是指在饥饿难耐的情况下，百姓之间相互交换孩子杀掉吃肉充饥的无奈之举。在封建社会中，皇帝贵为天子，君权天授，若有灾情发生，则通常会考虑是自己做出了有违天道的事情。李世民因"玄武门之变"一直耿耿于怀，得知蝗灾严重，便率先想到是上天惩罚自己曾经的过错而制造了这场灾难，十分愧疚。回宫后的几天，便颁布了向天下忏悔的《罪己诏》，其中写道"宁食我骨，勿食我黍"的经典语句，被后人看作是其爱民如子的佐证。

除了唐太宗李世民在位时发生过蝗灾外，唐德宗李适在刚刚登基时同样发生过极为严重的蝗灾，且此次灾情被记录在了《旧唐书》中。通过简单的文字，我们也能从中看到蝗虫大量发生时的景象："唐贞元元年，蝗，东自海，西尽河陇，群飞蔽天，旬日不息。所至草木及畜毛，靡有孑遗，饿殍枕道……"

蝗灾发生时，生灵涂炭，社会动荡不安。古时为了"避免"这种情况发生，无论皇家还是民间，都衍生出了一些相关的文化。如每年皇帝在祭祀时，都有专门祭拜掌管农业神明的内容，以求顺利丰收。在民间，更是有着各种各样的祭祀活动或内容，且更加细致化。例如针对蝗灾，便有着"祭刘猛将军"的有趣习俗。

刘猛将军，是一位主司驱蝗的神明。对于其名称的考证，目前主要有两种说法：第一种认为这是一名叫刘猛的将军；第二种认为这是一名姓刘的猛将军。不过，在历史文献中，名叫刘猛的将军仅有东汉时的一名司隶校尉，但此人无论与蝗虫还是农业均没有太多交集，以至于目前普遍认为这名驱蝗的神明是姓刘的猛将军，且最具可能性的原型为南宋名将刘锜。旧时刘猛将军的神像，经常手持一把玉如意，身后飞鸟环绕；或手捧一个玉盒，盒内装着一只蝗虫。百姓认为若在每年春、秋两季对其进行祭拜，便不会有蝗灾的发生；反之若有怠慢之举，触犯神明，他便会将手中玉盒打开，将蝗虫洒向人间，造成蝗灾的发生。

在古代的中国，刘猛将军的庙宇众多，且以江南苏州等地香火最盛。根据清代文士顾禄所著的《清嘉录》中记载，每年的正月十三日，所有江浙地方官员便要在城中组织祭祀刘猛将军。在祭拜时会摆上两支非常巨大的蜡烛，这两根蜡烛可连续不断地燃烧近半个月之久。百姓在此时也会抬着刘猛将军神像在街上行走，还有一些地方的民众会抬着刘猛将军神像在农田中飞奔，并以不断跌倒为宜，场面十分壮观有趣。这个活动也被称为"迎猛将"。这样的活动根据不同的地点有不同的祭祀时间。据《紫堤村志》记载，在上海地区的民众往往会挑选农历八月十八日祭祀刘猛将军，场面一样宏大，热闹非凡。

除了祭祀刘猛将军外，在全国各地和各个民族中，还有着众多不同的农事祈愿活动。如在安徽寿春等地，每年正月十九，当地的汉族妇女便会把米炒熟，将其放在墙壁裂缝等隐蔽地方，并大声喊出代代流传的民谣，以祈祷昆虫及其他动物在这一年不干扰人们的生活。民谣唱曰："蜈蚣、蛇、蝎，吃了炒米七窍出血；蚂蚱、蚊、蝇，吃了炒米头脑发疼；蟾蜍、老鼠，吃了炒米断肠痛苦；壁虎、蜘蛛，吃了炒米病死入土……"百姓将这个活动称为"咒百虫"。认为这些动物被诅咒并吃了炒米后，非死即伤，在这一年便不敢兴风作浪。而百姓也可五谷丰登、六畜兴旺。

在贵州盛宁地区，还有一个十分有趣的布依族节日，称为"蚂螂节"。在每年正月初一至初三以及正月十五日举行。在蚂螂节中，青年男女会身穿华丽的盛装，站成两排，用美丽的"蚂螂球"相互对打。对打的双方人数并没有要求，几男对阵几女、几男对阵一女、几女对阵一男均可。当比赛开始后，赛场上彩球纷飞，观赛者高声呐喊，十分热闹。而当地的青年男女也常会因蚂螂节而相识相恋。如此有趣的习俗同样与蝗虫有着密切的关系。旧时，蝗虫称为"蚂螂"，传说布依族先祖曾有着广阔良田，但有一年发生了很严重的蝗灾，且无论用锣鼓怎样驱赶都没有丝毫用处。当人们用石头砸向蝗虫时，蝗虫虽然被暂时驱赶，但庄稼也同样被石头破坏。当时，有一个十分聪明的青年提议，用稻草制作成草球，站在农田两侧对打，既可将蝗虫赶走，又不会损害庄稼。大家按照他的办法尝试，没想到效果极好！不仅蝗虫在几天内被驱赶，那年布依族人民还获得了难得的丰收。从此以后，每年春节期间，当地便利用草球象征性地相互对打，祈祷这一年不会被蝗虫所扰。久而久之，便演变成了一项有趣的娱乐活动。

纵观中国由昆虫衍生出的民俗活动中，因蝗虫而发展产生的内容占据着最大比例。从公元 707 年至 1949 年，明确记载的各地蝗灾便有 2000 多次，相当于平均

每年约有 2 次蝗灾发生。直到中华人民共和国成立后，由历代昆虫学家不懈努力，才终于了解清楚蝗虫的习性与发生规律，并找到了加以控制的有效方法。到今天，蝗灾出现的概率急速降低，但古时人们与蝗虫相互对抗而产生的文化，却一直流传了下来。除了上述一些地域性较强的特色活动外，春节、春分、

1949 年后，中国的蝗灾才得到真正控制

清明节、中元节、腊八节等著名的华夏节日中，仍有部分祭祀内容是由当年预防蝗灾发展而来。

"农"字的含义

提到"农"字，大家最先想到的便是在田间耕地的农业活动，"农"字也被广泛认为就是农业的象征。然而，早在中国人创造"农"字时，其造字本身的用意却并没有体现种植庄稼，相反却是形象地表达了在农田间除虫的景象。"农"字古时的一种写法，分为上下两个部分。上面的左右各有一个类似于手的结构，中间则是一个网状的图案。下面是一个"辰"字，但写法与如今不同。在"辰"字的上部分，有几个横线，比喻为大地；在横线下有一个短竖线，比喻为植物在土地下的根系；而在最底下，则有两个弯曲的结构。如果对昆虫有一定了解，则会发现这个结构所代表的便是鞘翅目金龟家族的幼虫蛴螬，且非常形象。很多蛴螬类幼虫栖息在土壤中，身体白色至淡黄色，常弯曲呈 C 状，以植物根系及腐殖质为食。因此，"农"字写法便生动地表现出了人们用手拿着网子，在田间杀除蛴螬的活动，也就是今天所说的植保工作。通过对"农"字的考究，我们也了解到在农事活动中，预防虫害是最

生活在土壤中的蛴螬（王弋辉 摄）

古体"农"字的写法之一

重要的环节之一。也正是由于这个字的含义，如今以植物保护专业著称的中国农业大学，其绝大多数校名书写中，仍使用古代"农"字，以随时提醒在校师生为中国农业不断努力创新，践行"解民生之多艰，育天下之英才"的校训。

昆虫对人类饮食的贡献

虽然有很多昆虫在不断取食人们的农作物，给人类带来了极大的负面影响，但同时也有众多昆虫为人类的饮食带来极大的贡献。在众多对人类饮食起到积极作用的昆虫中，蜜蜂无疑成为最典型的代表。

蜜蜂因酿蜜的习性被人们广泛利用，蜂蜜是很多家庭中必不可少的食物

正在采蜜的蜜蜂

及调味品。蜂蜜中因含有许多糖分，食用起来味道极为香甜可口。不仅如此，蜂蜜中还含有大量的营养成分及矿物质，对人们的身体也大有裨益。《神农本草经》中曾高度评价蜂蜜的营养与药用价值，认为其"除百病，和百药；多服久服不伤人"。目前，医学研究指出蜂蜜可有益心脑血管，并对肝脏具有保护作用，同时还可以促进睡眠、润肠通便。

蜂蜜对人体有着诸多好处，在古时人们为了感恩蜜蜂，衍生出了很多关于这种昆虫的民俗活动或节日。在此，仅向大家介绍两个并不太知名的蜜蜂相关文化。

第一个民俗活动是云南白族人的祭祀活动，被称为"腊鹅寨主本节"。在白族的文化中，以"金蜂天子"作为民族的本主，每年举办多次不定期的大型祭祀活动。当百姓在寻医或远行之前，也会对金蜂天子加以祭拜，以求神明保佑。

据传说，一位白族人的先祖在跟随首领远征的途中，途经大理河边安营扎寨。当他在河边散步时，曾捡起了一幅有趣的小画，画中有很多蜜蜂在牡丹花上采蜜，其形态或为交流，或为争斗，甚是有趣。故而此人便将小画收入衣中，随身携带。从此以后，他无论是在任何战役中，均英勇无敌，如有神助，立下了赫赫战功，并被不断封赏。直至年老，才被赐予重金告老还乡。

在返回家乡的途中，老人独自翻越西库姆山顶，一路跋涉顿觉十分劳累，便在一棵大树下小憩。休息时，随手拿出了当年在河边捡起的小画，不知不觉中已变得满目疮痍，破烂不堪，便将这幅带了一辈子的画放在了树杈上。待到他返回家中，

忽然觉着身体极为痛苦，总有被千蜂蜇刺的感觉，且一到入睡之际，便会恍恍惚惚听到群蜂在耳边抱怨："我们随你南征北战，从来没有叫苦喊冤。你可知道，是我们使你机智勇敢，是我们使你功劳卓著，是我们使你衣锦乡还。可你是个忘恩负义的老汉，没到家就把我们忘干，把我们丢到荒山野岭，挨饿受寒……"起初他并没有在意，久而久之病情愈来愈重。直到有一天，他忽然想起了那幅携带了一辈子的小画和画上的群蜂，便赶紧叫家人前往山中寻找。家人找到那幅画卷，急忙带回家中供上三牲进行祭拜。一连几天，这位白族先祖的病情竟然渐渐好转，最后竟神奇地痊愈了。从此以后，这个村庄的每个家中都供奉蜜蜂，并尊称为"金蜂天子"，看作是自己部落的守护神，一直流传到了现在。

第二个民俗活动虽然以蜜蜂为主角，但在其来源中和蜂蜜没有太多的关联。笔者推测在这个节日中，虽然没有直抒蜂蜜，但之所以会选择蜜蜂进行祭祀，其根本理由仍为感恩其酿蜜的结果。

除了这个文化外，在云南楚雄的彝族地区，每年农历二月初八还会举行一个名曰"马缨花节"的祭祀活动，以感恩蜜蜂为自己的族人酿出可口蜂蜜。在这一天，彝族家家的男女老少都会前去采摘漫山遍野的马缨花，并将其插到家中的各个地方，连猪圈、鸡窝等牲畜之地也不例外。插花结束后，大家还会在一起欢歌跳舞，并且在全村组织会餐，场面十分欢悦。

通过以上两个事例，可以看出蜜蜂在人们心中一直有着十分重要的地位。但在这里要特别指出，虽然蜂蜜对人身体有着很多的好处，却并不是任何人群或任何时间都适宜取食。例如，蜂蜜在酿造过程中有可能受到肉毒杆菌的污染，而婴儿的抵抗力低下，食用后会造成肠道菌群紊乱及中毒反应，因此一岁前的儿童不宜取食。另外，秋天酿造出的蜂蜜，人们应谨慎食用。古语有云："秋蜜不食"，这是因为在秋天是很多有毒植物开花的季节，如乌头 Aconitum carmichaeli、钩吻 Gelsemium elegans 等。当蜜蜂以这些有毒蜜源植物作为原料后，所产出的蜂蜜被人取食会引起诸多不良反应，甚至死亡。

还有一点需要说明，目前在市场中常常有很多由香精制成的假蜂蜜混杂其中，误食后会对人体造成或多或少的损伤，因此需要有一定的鉴别能力。一般来说，真正的蜂蜜色泽透明，并有少量花粉渣悬浮在其中，且同一瓶蜂蜜中的颜色统一；当我们将蜂蜜倒置后，天然蜂蜜由于含水量极低，其中的气泡不会迅速浮到表面。如果用肉眼无法分辨，可以利用一个高温的铁丝插入蜂蜜中。天然蜂蜜冒出的青烟仍

具有植物花朵的香味，但若有香精、白糖掺入的蜂蜜，则会有一股焦煳的味道；另外若将天然蜂蜜滴在餐巾纸上，通常会凝结成球状不散，而假蜂蜜则会迅速扩散蔓延。总而言之，当我们想购买蜂蜜时，还是要选择正规厂家生产的商品，切不可贪图便宜去购买没有任何保障的蜂蜜。

可供直接食用的胡蜂幼虫作为商品贩卖

　　除了蜂蜜以外，还有很多昆虫对人类饮食做出了巨大的贡献。这些昆虫成了许多地方的菜肴或小吃，极具地方特色。例如，云南等地会直接取食胡蜂的幼虫；还会炸制"竹虫"（一种鳞翅目螟蛾科幼虫）、"蜂蛹"（膜翅目胡蜂科蛹）和"水虫"（广翅目齿蛉科巨齿蛉属幼虫）等；贵州等地还会取食一种半翅目兜蝽科的昆虫，称为"九香虫" *Coridius chinensis*。另外，蝉的若虫、蝗虫、蜻蜓目稚虫、天牛幼虫等都是人们常常取食的昆虫，目前已在绝大多数地区的饭店中可以见到。

第二节　昆虫与"穿"的文化

在中国的昆虫文化中，除了与农事活动息息相关的蝗虫外，最著名的文化昆虫种类当属鳞翅目蚕蛾科的家蚕 *Bombyx mori*。这种昆虫对中国传统文化起到了极为深远的影响，利用蚕丝而制成的丝绸也成为中国在世界引以为豪的服饰工艺品。在英文中，中国被称为"China"，意为瓷器。而这个单词还有另外两个来源，一个来源于中国首个统一的中央集权朝代"秦"，即"Qina"这个单词；第二个便是来源于蚕丝，即由"Silk""Si""Sina"转换而来。由此可见，家蚕在中国文化中的地位极为重要。

实际上，在自然界中并没有家蚕这种生物，它是 5000 多年前由中国人将野蚕 *Bombyx mandarina* 长期驯化而产生的物种。在公元前 2 世纪左右，中国的蚕丝就已经闻名于世。西汉张骞出使西域，以长安（今陕西西安）为起点，经甘肃、新疆等地，最终到达西亚及地中海各个国家，打开了中国与各国的丝绸贸易通道，史称"丝绸之路"。自此以后，丝绸更是成为重要的出口商品，很多地方的村落便仅以养蚕为业，被称为蚕乡。居住在蚕乡的人们对家蚕十分珍重，甚至将这种昆虫看作神灵，从而衍生出了很多和蚕有关的民俗庆典及节日，成为中国昆虫文化不可或缺的重要组成部分。

对丝绸产业有巨大贡献的家蚕（文楠 摄）

中国人养蚕已有 5000 余年的历史（文楠 摄）

不同的蚕神原型

古人崇尚自然，认为万事万物皆有神灵掌管。作为重要商业品来源的家蚕自然也不例外。但是，不同地区的人们所信奉的蚕神原型不尽相同。在整个华夏民族中，最为普遍信奉的蚕神是嫘祖。她是黄帝轩辕氏的妻子，也是少昊帝玄嚣的母亲。当黄帝战胜蚩尤后，建立了部落联盟，并当上了联盟盟主。这

正在取食桑叶的家蚕幼虫（文楠 摄）

时黄帝带领大家开始了各种生产活动，如种植五谷、圈养牲畜以及制造各式各样的生产工具等；而缝制服装的任务，便交给了嫘祖。当时，她与另外三个人一起负责这项任务，嫘祖主要负责寻找原料；胡巢负责制作帽子；伯余负责制作衣服；于则负责制作鞋子。起初，嫘祖寻找的主要原料是带领妇女上山采集树皮或织麻所得，但她却总感觉做出的东西一不美观，二不舒适。久而久之，这也成为嫘祖的心病。她吃不香、睡不好，渐渐人也憔悴起来。

有一天，很多妇女想偷偷上山采摘果实献给嫘祖，让她可以恢复胃口。但无论采集任何果实，都是青涩至极！直到她们走到了一处桑树林间，忽然发现上面布满了一个个小巧精致的白色果实，便大量采摘了回去。由于天色已晚，这些妇女并没有来得及先品尝一番，当献给嫘祖时，才发现这些小果实根本咬不动，且没有任何味道。正在尴尬之时，只看见嫘祖小心翼翼地从这个白色果实上抽出了细腻的丝线，仔细观察之后忽然兴奋地问了众人这个东西从何而来。随即第二天，嫘祖带领妇女前往桑树林仔细寻找、观察，才发现这个白色的东西并不是什么果实，而是一个个小白虫吐丝编织而成。聪明的嫘祖将这些小虫子带回了家中，并让黄帝在部落周围大量种植桑树。经过不断努力探索，终于发明了以蚕制丝的方法。从此，人们身上穿着的服饰不仅光泽亮丽，而且还冬暖夏凉，舒适异常。嫘祖终于解除了自己的心头之忧，身体也恢复了健康。史书中，将这段历史称为"嫘祖始蚕"，嫘祖也被广大人民奉为"先蚕娘娘"。

除了嫘祖，在每年的端午节，江南地区的蚕农们还会祭拜一位名叫"蚕花娘娘"的蚕神，以感恩这位神灵保佑一年以来的收获。也因此，这个习俗又被称为"谢蚕花"或"谢蚕神"。只不过，这位"蚕花娘娘"并不是嫘祖，而是"马鸣王菩萨"。细心

的人会发现，这位"马鸣王菩萨"无论雕像、画像，甚至名字都与马分不开。一个蚕神之所以和马有这么大的联系，还和这样一个传说有关……

相传马鸣王菩萨的前身是一位将军的女儿。有一次，她的父亲领兵出征，却迟迟没有归来，并有传言他们的部队全军覆没。正在这位女儿焦急万分之时，父亲的战马跑了回来。她见状更加绝望，就对战马说："我已经不要求父亲可以活着回来，但是我也要为父亲办理后事才算尽孝。你若是能把父亲找回来，哪怕是父亲的尸体，我也会感激你，宁愿嫁给你以报答你的恩德。"谁知说罢，战马长嘶一声，奔回了战场……

良久，这匹战马竟然真的驮着她的父亲归来，而且她的父亲也奇迹般的仅受了一些轻伤。几个月后，父亲完全恢复，却发现了一个奇怪的现象：他的战马每次看到其女儿都会兴奋异常。便问了女儿原因，她的女儿便把与战马约定的事情一五一十地告诉了父亲。父亲听后，勃然大怒，残忍地杀死了战马。并把马皮放在了桑树之下。过了几天，女儿看见马的尸体，用脚踢着说道："你是畜生，怎可因我的玩笑动了真情？可怜因这个事情丧了性命。"谁知话音刚落，马皮忽然跃起，缠住了她，变成了一个大茧挂在桑树上。等所有人都赶到时，只看见从茧中飞出一个偌大的蚕蛾，桑树上满是桑蚕。从此以后，当地的桑树上便布满了桑蚕，人们利用它们织成丝绸，过上了富饶的生活。同时，为了感恩这位将军的女儿所带来的恩惠，便把她尊为"马鸣王菩萨"，成为当地的蚕神。

除了上述两位蚕神外，在很多地区还供奉着本地的蚕神。如江苏娄东地区在每年的农历五月十三日会设宴摆席，庆贺蚕茧丰收。但当地的蚕神却是由一个名叫"阿婵"的姑娘所变成的；甚至还有一些地方将司厕之神紫姑当做蚕神供奉。诸如此类的传说还有很多，在此便不一一列举了。

有关蚕的民俗文化

家蚕是中国自古以来重要的纺织品原料昆虫，人们对它有着十分深厚的情感，从而衍生出了各式各样的民俗文化，而且很多活动是在十分重要的节日中举行的。

首先是春节。作为华夏民族第一大庆典，自然在此时少不了对蚕的感恩和祭祀活动。当除夕夜用过年夜饭后，很多儿童会举着灯笼在街上嬉戏，并唱着各种各样和蚕相关的童谣，称为"点蚕花灯笼"。和这个习俗有异曲同工之妙的是江南的"点蚕花灯"。在除夕夜里，当地的蚕农会在自己的供桌上点一支巨大的红烛或花灯，通宵明亮直至第二天的清晨。

从大年初一开始，在全家祭拜先祖时，通常还会将"蚕花娘娘"或其他蚕神一起放于供桌之上加以祭拜。在古时，蚕农于这天扫地时，是将屋外的垃圾向屋里扫，人们认为这样便可以将蚕花请进家中。而大年初一不扫地或必须向屋内扫地的习俗也一直流传到了今天。

中国人对蚕的情感十分浓厚（文楠 摄）

大年初二，在浙江的一些地方，会用许多蚕茧替代马鸣王菩萨，与灶君神像一同摆放在神龛之上。这种习俗称为"接蚕花"。

大年初三，浙江普陀地区的蚕农还会头戴蚕花，乘扁舟前往普陀寺内进香礼佛，并祭拜蚕神。这种习俗称为"烧蚕花香"。清代作家朱恒所作的《武原竹枝词》曾有过详细的记载："小年朝过便焚香，礼拜观音渡海航。剪得纸花双鬓插，满头香邑压蚕娘。"

大年初十，部分地区在这一天会用凉水为蚕洗浴，家家户户要用面制作成蚕茧状的食物，以感恩家蚕为人们所作的贡献。这种习俗称为"浴蚕日，祈蚕功"。

待到正月十五元宵节，更是有着多种多样与蚕有关的活动。相传元宵节兴起初期的唐代，在正月十五曾有"造面蠒（音：jiǎn），食焦䭔"的习俗。其中，"蠒"是"茧"的古体写法，而"䭔"是指一种用面做的饼。也就是说，元宵节发展的前身，人们会取食一种类似蚕茧的面饼，这种面饼也极有可能就是元宵的前身。另外，在元宵节这一天，很多蚕乡的人们还会有"祭蚕神"的习俗。妇女会用煮好的白粥涂抹于房梁等地，以求蚕神庇佑来年丰收。在清朝咸丰年间的《阆中县志》中曾记载，在当地县城向东一百里左右的地方，有一块很像蚕茧的蚕石。每到正月十五，当地人便会在这里祭拜蚕神。只不过如今这块蚕石已不见踪影，这个习俗也慢慢消失了。

除了这些著名的节日有祭蚕的民俗，还有一些较为特别的日子同样具有和蚕相关的活动。例如在江苏、浙江等地，每年腊月十二，当地人把这一天作为蚕神生日，并以多种活动进行祭拜。首先，当地的妇女会用红、白和青三种颜色的米粉做成马鸣王菩萨的样子，并把好酒好菜一起置于供桌之上，点燃蚕花灯，同时让道士请来"蚕花马圣"道符。大家一起闭目合掌，虔诚地祝福蚕花娘娘，并祈愿让自己的蚕业丰收。随后，会有很多比丘、比丘尼和道士在这一天用各种颜色的纸做成蚕花的样

子送给各家各户，由此结下"蚕花缘"。诸如此类的活动还有很多，但如今有一部分习俗已经逐渐消失。

通过上文可知，中国人在古代最尊敬、最感恩的昆虫当属家蚕无疑。据统计，和家蚕有关的各种节日足有 20 余个，还有很多民俗和节日是专门为祭拜蚕神而设立的，如蚕日、蚕月、吃蚕娘饭等，在此不做赘述。

柞蚕——纺织业的非主流功臣

在中国东北地区，同样利用昆虫进行着纺织业的生产。但在这个地方并不是利用家蚕，而是利用鳞翅目天蚕蛾科的柞蚕 *Antherea pernyi* 进行产丝工作。生活在黑龙江呼兰县一带的满族蚕农依然会在每年放完秋蚕时，备好菜肴，焚香沐浴并点上蜡烛，祈祷蚕神光临享用美食，并祈祷蚕业的丰收。这个民俗被称为"接蚕姑"，在其背后，还有个凄美的故事。

相传在很久以前，有一个心地善良的女人，她的丈夫跟随军队打仗战死沙场。从此以后，这个女人便在家中受尽了婆家的折磨，他们不让她进房门，不给她饭吃，白天让她做着各种各样的粗活，晚上让她与猪共同睡在猪圈中，还给她起了个极为侮辱的外号"猪妞"。

有一天，猪妞上山砍柴挖野菜时，忽然发现森林遭遇大火，所到之处皆为灰烬。猪妞赶忙用柴刀挖掘出了一条防火沟，自己趴在沟中避免焚身之祸。当夜，睡在猪圈的猪妞隐约梦到了一位极其美丽的青衣仙女，对她接连道谢："感谢您今天竭尽全力在大火中救下了我，我看到您如此受苦心中很是难过。请您明天一定到南山采一些金蛋子，用它做一件美丽的绣龙纱衣，就算我对您救命之恩聊表谢意吧！"等到猪妞醒来，隐约还记着这个神奇的梦境。心想反正是要砍柴挖野菜，到哪里都一样，不妨一试，于是便骑着一头小毛驴前往南山。

猪妞采集了一天的野菜，砍了一天的柴，却连一个金粒都没发现。苦笑着想自己真傻，一个梦境却信以为真。她返回用野菜制作猪食，将野菜放入锅中，渐渐地一股奇香飘散而来，这种香味是她从来没有闻到过的。猪妞急忙用铁勺在锅里搅拌，却发现根本搅不动。随后换了木棍搅拌，却发现在木棍上缠了一圈又一圈的金丝。正当她被眼前的景象惊住时，梦中的青衣仙女出现在了她的面前，帮她用金丝制成了一件华美无比的绣龙纱衣。

过了一段时间，当时的辽王为了给母后祝寿，征召天下的绣女入宫纺衣。但因这位辽王平时残暴不仁，告示贴出后始终没有人敢前来应召。辽王大怒，认为百姓

不忠，将很多无辜百姓关押起来，并扬言若再没有人前来，便大开杀戒。猪妞听到了这个消息，不忍百姓受苦，便骑着小毛驴风尘仆仆地去了皇宫。

辽王向猪妞说："母后的生日即将到来，只给你三天时间，要织三百三十三匹黄罗纱，若没有完成，当再开杀戒。"猪妞平静地接受了任务。三天过后，令所有人都惊讶的是，猪妞不仅完成了三百三十三匹黄罗纱，且绣工极为精巧，光彩夺目！

辽王也对猪妞的绝技大为惊叹，便要让她入宫专门为自己纺织。猪妞因平时就不满辽王的所作所为，决然拒绝了辽王。这一来，辽王大怒，下令要杀死猪妞，不可让这份技艺带到宫外。随后，侍卫们将猪妞反绑在毛驴之上，并在驴尾绑上沾满桐油的干柴，用火点燃。毛驴顿时像疯了一般，狂奔出宫，跌入松花江中……辽王和在场的臣子，见到这份情景，露出了满意的笑容。

相传，猪妞落入松花江后被青衣仙女救起，上天感动于猪妞的善良和勇气，让其位列仙班，成为主司蚕业的山神。从此以后，这位山神在山中到处放养柞蚕，并传授人们养蚕纺丝的技艺，使百姓家家兴旺，安居乐业。人们十分感念她的恩德，亲切地称呼她为"蚕姑姑"，奉之以蚕神进行祭拜。从此，每到当地人放完秋蚕后，便有了"接蚕姑"的隆重仪式，直至今天依然如此。

第三节　传统文化中的昆虫文化

除了"吃""穿"等最基本的民生外，昆虫文化还融入了各式各样的传统文化当中，对整个中国传统文化有着不可替代的作用。在本节中，我们会以几个方面来介绍有关昆虫融入的各类传统文化，以便让各位读者参考。

昆虫与中国的诗词文化

诗词是中华五千年历史中最绚丽的文化瑰宝，它们在人们心底埋藏，虽不张扬，却在不经意间成为人生的靓丽风景。诗词是立体的，当我们品读这些短短的平仄时，总可以在字里行间浮现出一幅幅美丽的画卷。读诗，像品一杯清茶，入口时可能并没有太多的味道，但会让你拥有绵长的回味。神游于千年之间，陶醉于山野之幽，逍遥于天地之中——这，便是诗词的魅力。

体色以黄为主的斑缘豆粉蝶

在众多的古诗词中，我们常常能看到昆虫的身影。在大多数情况下，对昆虫的描写，是为了衬托诗词的意境和心境，让人引起共鸣。昆虫诗词也因意象的丰富多彩而炫美动人。如唐代著名诗人白居易喜欢以蟋蟀作为诗词的点缀，他的代表作《村夜》就是最好的例子："霜草苍苍虫切切，村南村北行人绝。独出前门望野田，月明荞麦花如雪。"诗人起笔以悠悠的虫鸣将读者的思绪带入深秋的村落之夜中，那份因丧母的孤寂悲凉感贯穿全诗；晚唐著名诗人李商隐的经典之作《无题·相见时难别亦难》中，那句"春蚕到死丝方尽，蜡炬成灰泪始干"更是道尽了诗人心中纠结深沉的心境，成为脍炙人口的千古绝句；而南宋著名诗人杨万里一生善于将自然界的点滴融入他的诗篇，其著名作品《送新市徐公店》中，那句"儿童急走追黄蝶，飞入菜花无处寻"更可谓精彩绝伦，以蝴蝶的颜色巧妙地道出了遍地菜花的乡村之景……

　　除了用昆虫衬托景色、心境外，还有很多诗词则利用昆虫的习性道尽人生哲理或世态炎凉。其中，最具代表性的作品当属唐代诗人罗隐所作的《蜂》："不论平地与山尖，无限风光尽被占。采得百花成蜜后，为谁辛苦为谁甜。"这首诗词修饰平淡，不过分雕饰、不刻意做作。但最后一句却寓意深刻，让不同的人群产生不同的理解。堪称绝代佳作。

　　还有一类描写昆虫的诗词，是古人根据昆虫的习性演绎出的高尚品格，用以自诩或表明自身的意愿。一般来说，用以吟诵高古美德的昆虫多选用蝉。古人认为，蝉的成虫只吃露水，无欲无求，是高洁的象征。这种观点除了用于诗词外，还被应用于服饰当中。例如，汉朝的文官帽冠上常会配有寒蝉的雕饰，

诗人常以蝉为素材吟诵高古的美德

用以提醒官员时刻如蝉一般高洁寡欲，戒除贪婪之心。而赞扬寒蝉品德的诗词更是数不胜数。其中，最具代表性的当属初唐著名政治家、文学家、书法家，凌烟阁二十四功臣之一的虞世南所作《蝉》："垂緌饮清露，流响出疏桐。居高声自远，非是藉秋风。"又如唐代诗人戴叔伦在《画蝉》中所写诗句："饮露身何洁，吟风韵更长。"以《咏鹅》闻名天下的"初唐四杰"骆宾王，在牢狱之中仍以寒蝉自诩，并创下了千古名篇《在狱咏蝉并序》："西陆蝉声唱，南冠客思深。不堪玄鬓影，来对白头吟。露重飞难进，风多响易沉。无人信高洁，谁为表余心。"可见，蝉类在古代文人骚客心中的地位是其他昆虫根本相比不了的。

昆虫与中国的成语文化

　　成语，是指中国汉语中一部分定型的词语或短句，通常为四个字组成，但也有三个字或五到七个字甚至七字以上的情况。大部分的成语都是有出处的，一般来源于古代的经典名作，或脍炙人口的历史故事，用法与谚语、习用语较为相近。在我们平常交流时，经常可以遇到各种各样的成语，成语也同样是中国汉语中一项不可或缺的璀璨明珠。在众多的成语中，和昆虫有关的不在少数，它们共同构成了特有的昆虫成语文化。

　　成语中所涉及的昆虫种类较多，如以螳螂作为素材的一叶障目、螳臂当车、猬锋螗斧、螳螂捕蝉黄雀在后等；以蛾类作为素材的飞蛾扑火、作茧自缚、皓齿青蛾、

根据蝉的羽化而产生的"金蝉脱壳"

蝼首蛾眉、蛾眉曼睩等；以蜂类作为素材的蜂拥而至、招蜂引蝶、蜂腰猿背、蜂围蝶阵、蜂虿作于怀袖等；以蝴蝶作为素材的花繁蝶欢、群蝶妩媚、蝶舞花间等；以蝉作为素材的噤若寒蝉、仗马寒蝉、蝉吟鹤唳、金蝉脱壳、春蛙秋蝉、玉翼婵娟等。

通过这些含有昆虫的成语，可以看出昆虫不仅与人们的生活息息相关，且古人同样十分善于观察昆虫的形态和习性，并加以总结和利用。文化在不同时代的涤荡中，选择了昆虫这一共同的载体，从而催生了具备警醒、反思及陶冶情操功能的昆虫文学。

昆虫与中国的书画文化

在中国的国画中，昆虫仍占据了极大的比例。甚至在国画中还给昆虫题材设立了一个专门的叫法，称为"草虫"。根据画法的不同，国画中又有"工笔草虫"和"写意草虫"之分。

在国画中，"草虫"题材多以植物相衬。如葫芦、蔬菜、葡萄、兰花、牡丹等均为草虫图的常见搭配植物。这是由于在自然界中，绝大多数昆虫会选择植被茂密的地区作为栖息环境，无论处于任何生态位，若是没有充足的植物，昆虫都无法生存。古人就是观察到了这个现象，才确立了草虫画的基本格调。不仅如此，在国画中，许多植物可以反映出所画昆虫的发生时间，如螽斯、蟋蟀等则多搭配以秋天植物绘制，足见草虫画均取材于自然界中。

除了以上所说外，在草虫画中，还存在着许多"固定搭配"。其中最具代表性的便是"猫蝶图"。如果你仔细观察，便会发现在国画中猫与蝴蝶经常一同出现。这种景象在自然界中并不多见，如此搭配实则另有原因。

中国人在讲话时喜欢用词语进行代称，同时喜欢以谐音来委婉地进行表达。在古时，当人们谈论年龄时，往往会用不同的词语进行指代。例如，对不满周岁的婴儿称为"襁褓"；对儿童时代称为"总角"；对女子十二岁称为"金钗之年"；对女子

十二三岁称为"豆蔻年华"；对女子十六岁称为"碧玉年华"；对二十岁的男子称为"弱冠之年"；对三十岁称为"而立之年"；对四十岁称为"不惑之年"；对五十岁称为"知天命之年"；对六十岁称为"耳顺之年"或"花甲之年"；对七十岁称为"古稀之年"；直到一百岁，仍有代称，曰"期颐之年"。在年龄的称呼上，常将八十岁称为"耋"，九十岁称为"耄"。因此，在八十至九十岁便称为"耄耋之年"。其中，"猫"谐音"耄"，"蝶"谐音"耋"，"猫蝶图"便可谐音"耄耋图"。古时的人由于医疗条件极为有限，能活到"耄耋之年"的并不算多，因此"猫蝶图"便是一类极为著名的祝寿图，有祈求长者健康、长寿之意。

用以祝寿的猫蝶图（汪阗 绘）

源远流长的鸣虫文化

鸣虫作为大自然中最早发声的动物类群，深受人们的喜爱。据史料记载，中国人早在春秋乃至更早的时期便已有蓄养鸣虫的习俗。古代最早，也是最为著名的记录鸣虫文献当属《诗经·豳风·七月》："五月斯螽动股，六月莎鸡振羽。七月在野，八月在宇，九月在户，十月蟋蟀，入我床下。"除此以外，在《召南·草虫》中，也有"喓喓草虫，趯趯阜螽"的形象记载；而《礼记·月令》中，同样有"季夏之月，蟋蟀在壁"的生动写照。

在鸣虫文化中，蟋蟀可谓重中之重，源远流长。中国人怡养蟋蟀始于唐天宝年间。唐代文学家王仁裕的《开元天宝遗事》中记载："每至秋时，宫中妃妾辈皆以小金笼捉蟋蟀，闭于笼中，置之枕函畔，夜听其声，庶民之家皆效之也。"南宋之时，国人对蟋蟀的热情达到了空前的高度。在《西湖老人繁盛录》中，我们可以看出当时杭州蟋蟀文化的盛况："每日早晨多于官巷南北作市，常有三五十火斗者，乡民争捉入城货卖，斗赢三两个，便望一两贯钱。若生得大更会斗，便有一两银卖。每日如此，九月尽，天寒方休……"到了明朝宣宗时期，蟋蟀之风达到整个历史顶端，全国亦

鸣虫中的明星——迷卡斗蟋

美丽的螽斯

刮起了蟋蟀之潮。时民谣唱："促织瞿瞿叫，宣德皇帝要。"甚至这股蟋蟀风，对当时的朝政已有很大的影响。清代文学家蒲松龄在他的《聊斋志异》中，就撰写过一篇名曰《促织》的文章，论述的就是当时因给明宣宗上供而发生在民间的悲剧故事。中国人对鸣虫的热爱，即使是"二战"时期，也从未有过间断。直到今天，如在北京官园、十里河等花鸟鱼虫市场仍有大量的鸣虫作为商品买卖，足见其文化影响的源远流长。

除了蟋蟀，古人对螽斯还有着较为特殊的情感。这不仅仅是因为螽斯的鸣叫，更多的还是受到了《诗经》中一篇文章的影响。在《国风·周南·螽斯》中，对螽斯的鸣叫有了这样的描述与解释："螽斯羽，诜诜兮。宜尔子孙，振振兮。螽斯羽，薨薨兮。宜尔子孙，绳绳兮。螽斯羽，揖揖兮。宜尔子孙，蛰蛰兮。"古人认为，螽斯之所以天天鸣叫，是因为它的子孙众多，香火兴旺，因而十分喜悦。也正是由于这首诗篇，螽斯在古代又被寓意为多子多孙的象征。很多百姓家中饲养螽斯，也有盼望自己家庭香火绵延不断的意思。而螽斯的这种寓意，更是被皇家所看重。在封建社会中，统治者实行"家天下"制度。这就意味着若想皇权稳固，皇族香火兴旺是一个基本的条件。因此，在明朝建立紫禁城时，便设立有"螽斯门"，直至清朝仍然沿用。螽斯门与百子门相对，都有祈盼皇室多子多孙，香火旺盛之意。它由一个开间的琉璃门和两扇宫门所组成，歇山顶用黄琉璃瓦制成，房檐下有绿琉璃的仿木构件加以搭配，呈现出素朴、淡雅之美。据史料记载，明、清两代的后宫嫔妃，常常会在螽斯门下祈祷，以愿自己能为皇帝产下众多子嗣。

提到紫禁城，还有一个建筑与螽斯有着千丝万缕的关系，那便是角楼。角楼是紫禁城城池的重要组成部分，它与城垣、城门楼及护城河共同起到防御的作用。站在角楼上，视野开阔，有利于俯瞰敌情，且在上面的士兵还可以利用弓箭等远距离

武器击退敌兵。平时，坐落在须弥座上
的角楼，色彩绚丽，黄色琉璃瓦顶与鎏
金宝顶在阳光的照射下更是灿灿生辉。
美丽的角楼，在蓝天白云的衬托下，再
配合前景波光潋滟的护城河，成为非常
美丽的京城景观。而角楼本身，还有一
个有趣的传说。

很像蝈蝈儿笼的紫禁城角楼（文楠 摄）

相传在明朝建造紫禁城时，明成祖
朱棣要求在紫禁城四个角上加装角楼。然而，当时一位懂得风水的奇人却告诉朱棣，
这个角楼必须要建成九梁十八柱，并配以七十二条脊才能镇住邪气，江山永固。明
成祖将这个要求传达给了当时的管工大臣，并要求至少在三个月内将图纸呈上。这
位大臣急忙联系了京城八十一家建筑厂的工头，并召唤技法最为精湛的工匠前来赶
工。可是，当大家听到了皇帝的要求后，都纷纷皱起了眉头。这种奇怪的建筑样式，
谁也没有听说过，任凭大家如何绞尽脑汁，就是设计不出来可以达到要求的图纸。
眼看三个月即将过去。所有人都认为这次必然会违抗皇帝圣旨，惨遭杀头之祸，极
为沮丧。

有一天下午，大家垂头丧气地坐在工地上，忽然听到从远处传来了一阵清脆响
亮的蝈蝈叫声，越来越近。寻声望去，只见一位衣衫褴褛的老人挑着许多蝈蝈笼子
往这边走来。老人看到这些工匠后，愁容满面地说："老朽从鱼日村来，因家中孩儿
不孝，只能自己靠着卖蝈蝈简单为生。每天如果可以卖掉一个蝈蝈，当晚便能有钱
果腹。可是今天不知为何，竟没有一个人前来购买蝈蝈，不知几位能否行个方便，
买走一只蝈蝈，也好让我不至于在晚上饱受饥饿之苦。"话音刚落，一个工头急忙向
前施礼，说道："实不相瞒，我等是修建紫禁城的工匠，只因才疏学浅，竟不能设计
出符合圣旨的建筑。眼看就要到提交图纸的日期，难免有杀身之祸。钱财对于我们
来说，已无太多用途。不如将其全部赠送于您，就当是我们临死前给自己积积阴德
吧。"说着，便将大伙的钱袋全都拿来赠予老人。

这位老人一时不知所措，随即拿起一个蝈蝈笼，感激地说道："诸位心地善良，
可怜小老。但我毕竟不能无功受禄，特挑选一只品相最好的蝈蝈赠予诸位，权当一
点心意。你们一定要收下，否则这钱我是断然不能接受的！"工匠们原本希望老人
家将蝈蝈收回，兴许还可以多卖些钱财，但见这位老人十分执拗，便苦笑着收了下

来。老人家笑着和他们一一作揖，并说："世间变化更替，唯天道恒在。几位心地如此善良，想必是不会惨遭横祸的。"说罢，便继续挑着蝈蝈，向前走去。

这些工匠们目送老人家离开，相互无奈地笑了笑。再看这只蝈蝈，阔翅高膀，叫声如洪钟大吕、响遏行云，实为千载难逢的珍奇异虫。正当工匠们被这只蝈蝈深深吸引之时，突然一名小工匠大喊："蝈蝈笼子！你们看蝈蝈笼子！"众人定睛一瞧，无不惊喜万分。眼前这个小巧精致的蝈蝈笼子，不多不少，正是由九梁、十八柱、七十二条脊搭建而成。众人赶快拿来纸笔，按照蝈蝈笼子将图纸画出。待到交工之日，明成祖朱棣看过图纸，龙颜大悦，便吩咐就按照这个图纸建造角楼，并奖赏了这些工匠。

因此，当我们仔细观察紫禁城的角楼时，会发现它的样式与古代饲养蝈蝈的笼子十分相似。再说那位老人，后来有人猜测他自称从鱼日村来，鱼日相加即为"鲁"字，是工匠之神鲁班爷显灵，救助他的徒子徒孙。而购买蝈蝈一事，也是鲁班公为考验这些工匠的人品而特意设计出来的。

值得一提的是，虽然中国人饲养鸣虫大多是蟋蟀与螽斯，但此二者并不仅包含两种昆虫，而是两大类昆虫的总称。一般来说，鸣虫中的蟋蟀多指迷卡斗蟋 *Velarifictorus micado*，但同属于斗蟋属 *Velarifictorus* 的长颚蟋（俗称老咪嘴）*Velarifictorus aspersus*，油葫芦属 *Teleogryllus* 和珠蟋科 Phalangopsidae 钟蟋属 *Homoeogryllus* 的日本钟蟋（俗称金钟儿或马蛉儿）*Homoeogryllus japonicus* 也受到了广大鸣虫爱好者的追捧。

在螽斯方面，绝大多数鸣虫爱好者会选择优雅蝈螽（即人们所说的蝈蝈儿）*Gampsocleis gratiosa* 饲养，但同为蝈螽属 *Gampsocleis* 的暗褐蝈螽 *Gampsocleis sadakovii* 和乌苏里蝈螽（俗称吱啦子）*Gampsocleis*

被称为"金钟儿"的日本钟蟋

优雅蝈螽是饲养最多的螽斯类鸣虫

ussuriensis，以及鸣螽属 *Uvarovites* 的鼓翅鸣螽（俗称扎嘴儿）*Uvarovites inflatus*
同样是较为常见的螽斯类鸣虫饲养品种。

　　实际上，昆虫所融入的传统文化还远不止这些。由于篇幅有限，因此只能向各
位读者简单介绍一些含有昆虫最具特点的文化形式。无论是从文学、民俗学等方面
出发，还是从经济学、政治学处着眼，甚至是作为昆虫学、生物学的参考，中国的
昆虫文化都是一笔非常宝贵的财富与资源。这些优美的传说，以及动听的典故，绝
不能将其通通归为"封建迷信"或"封建糟粕"。我们应该发现其中所蕴含的智慧与
人生哲理，并将这源远流长的历史积淀传承下去。

　　在与各个国家接轨的今天，许多国外文化源源不断地冲入到我们的社会中来。
可悲的是，目前已有很多属于我们自己的文化却正被慢慢遗忘。在文化资源的开发
与利用上，我们应该利用文化的自身规律，重视本土一脉相承的文化精髓，达到"自
美其美，美人之美，美美与共，天下大同"的境界。只有这样，才能使包括昆虫文
化在内的中国传统文化继续绽放光彩，在新的时代里迸发出夺目的光辉！

第五章

昆虫的邂逅

一起来一场与

> 唯有了解，才会关心；唯有关心，才会行动；唯有行动，生命才有希望。
>
> ——珍妮·古道尔（Jane Goodall）

事实上，很多昆虫就生活在我们的身边

俗话说得好："百闻不如一见。"若想充分地了解昆虫，仅靠文献和图鉴的查阅是远远不够的。其实，除了昆虫，只要是自然科学的领域，无论植物、飞鸟，甚至古生物、天文、地理，都需要我们前往野外，亲自去观察。当一只小昆虫真正出现在你的面前时，你会发现它是那样的灵动、那样的富有魅力。这种感觉，是任何一本书籍都不能给予你的。当你自己经过寻找而发现昆虫后，无论它的形态，还是习性，都会和你在野外的点点滴滴一同封存，成为印象深刻的美好记忆！同样，先在书中学习知识理论，随后前往野外实际观察，再回到书中进行验证，这无疑是学习生物学最快速且最扎实的方法。

第一节 发现昆虫

想要在野外发现昆虫并不是什么难事。它们的数量庞大、分布广泛、种类繁盛。只需要稍微留意一下周边的环境，相信一定会有所收获。但是，即便如此，在寻找、发现昆虫过程中，仍然会有相当一部分人存在着各种各样的问题。例如，有些人无论如何寻找，都不能快速地搜索到目标，或者永远不能在昆虫发

很多昆虫实际上就生存在我们的身边

现自己之前先发现它们；还有些人发现在自己的周围似乎永远只存在那么几种昆虫，其他的昆虫种类根本见不到。因此，本节将会向各位读者介绍、分享一些寻找、发现昆虫的技巧和方法，以便大家可以更好地和昆虫来一场酣畅淋漓的邂逅。

刚刚接触昆虫，只需要留意身边

如果你是一名刚刚接触昆虫学，或是刚刚喜欢上昆虫的朋友，大可不必像很多专业人员或高阶爱好者那样特意去寻找一种或一类昆虫。这时的你，并不需要着急确立自己想要细致了解的昆虫类群。相反，你需要更多地去观察各式各样的昆虫种类，在大脑中对它们产生一种印象。过一些时间，在不知不觉中，你就能知道自己对哪一类昆虫最为感兴趣了。

其实，就算不刻意寻找，很多昆虫仍会在我们的身边出现。夸张地说，你可以从一只在你睡眠时不断骚扰你的蚊子开始进行昆虫观察。如果是以前，当你看到趴在墙上的蚊子，也许会毫不思索地将其拍死，但当你了解了昆虫的魅力后，可以尝试稍稍接近它，并耐心地观察一会儿。这时，你会发现，即使是看似我们再熟悉不过的蚊子，也会忽然展示出很多你从未注意的细节。为什么它的翅只有一对？为什么有些蚊子趴在墙上时六足全部落下，而有些蚊子却总把后足高高抬起？为什么有

些蚊子有着很明显的刺吸式口器，有些蚊子却貌似根本没有那根"吸管"？当你经过观察提出这些问题后，那么恭喜你！你已经正式进入昆虫的探索之旅。

提出这些问题后，你不妨询问一下他人或尝试自己查阅资料。当得到答案后，你会为这微小的进步而获得极大的满足感和兴奋感。而这种感觉，是每一名昆虫爱好者不断探索、不断维持自己爱好的真正动力。而你的求知欲，一定会呈指数增长，促使着你推开房门，在大自然中寻找一只又一只的昆虫。它们或许是眼熟的种类，又或许是从未见过的新朋友，但无论看到哪种昆虫，蹲下来耐心地观察一会儿，我相信你将获得前所未有的喜悦。

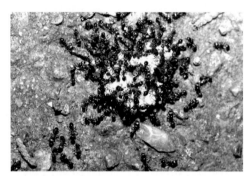

正在搬运食物的蚁群

在叶片上休息的素猎蝽

没错！院落中在墙根爬行的蚂蚁，树干上大快朵颐的金龟，草丛中像浮尘一般的叶蝉，花朵上忙碌的蜜蜂……它们都是很好的观察素材，也都是让你推开昆虫学大门最好的指引者。刚刚开始喜欢上昆虫的你，只需要尽可能多地观察它们。

也许你会有所顾虑，由于自己还没有太多的经验，又不了解昆虫的各种习性，很难在植被茂密的地方发现它们的身影。在此，特意向大家分享一个高效的寻虫方法——利用余光搜索与环境"违和"的地方。首先，很多昆虫会在栖息地进行觅食，它们或飞行，或爬动。当你漫步在大自然中，如果余光内有活动的小东西，你只需要顺着这个小东西的方向定睛去寻找。也许它是一片被风吹动的叶子，也许它是不知原因滚动的石子，但总会有机会，帮助你发现一只正在悄悄移动的昆虫。另外，一定留意余光内和周围环境颜色不同的地方，这会让你大大提高寻找到静止不动昆虫的概率。例如，在满是植物的地方，忽然在你的余光内出现了不是绿色的物体，你需要赶紧确认这个"违和"的地方。很有可能，一只甲虫正在叶片上慵懒地休息！

提升技巧，根据环境和寄主寻找特定的昆虫类群

当你能轻松地在自然环境中搜索到昆虫时，便已经掌握了最基本的寻虫技巧。这时，可以尝试提升一下利用不同环境和不同寄主寻找特定的昆虫类群。

昆虫的种类繁多，不同的昆虫往往会生活在不同的环境中。因此，利用环境来寻找特定的昆虫类群时，你应该先简单地查阅一下这类昆虫的习性，了解

生活在溪流环境中的绿色螅

它们的发生时间和栖息环境，再前往野外耐心搜索。这里以两类昆虫为例来向大家说明。

当你想要观察蜻蜓时，需要前往的环境是有水系分布的地区。这是因为绝大多数蜻蜓目昆虫会将卵产入水中，且其稚虫也会在水中生存，这便使得很多蜻蜓成虫的分布不能离开水系太远。另外，当你选择不同类型的水环境时，可以寻找到的蜻蜓种类也有所差别。例如，像蓄水池、稻田等静水环境往往会有大量的蜻科和螅科等昆虫类群分布，而山野湍急的溪流环境则有可能看到色螅科和大蜓科等昆虫类群。

而当你想要观察蟋蟀时，首先要做的便是耐心等候秋天的到来。因为大多数蟋蟀是在秋季才发育为成虫的。另外，如果你想要在野外见到它们的身影，那便需要寻找一些阴暗潮湿的环境，如背阴墙根的岩石下、水系旁的植被里，抑或是废旧的瓦砾中。当你轻轻地翻开这些遮挡物，很有可能就见到了它们的身影。但是，如果你在一块岩石下翻出了一大窝蚂蚁，那就不可能会有蟋蟀同时存在。另外，利用蟋蟀鸣叫的习性去寻找它们也是一个不错的办法，只不过有些蟋蟀的叫声会使你产生"幻觉"，偏离了它们原本所在的地方。当然，你还可以利用一些蟋蟀在夜间活动并具有趋光性的特点进行搜寻，如暗夜的路灯下或明亮的街店门口，都有可能在不经意间发现这些小家伙。

介绍完了利用环境进行搜寻的方法，我们再来说一说利用寄主。一般来说，这个方法仅仅适用于大部分植食性昆虫和一少部分其他食性的昆虫。在利用寄主寻找特定的昆虫类群时，你仍然需要查阅资料，了解目标类群的发生时间和取食寄主种类。我们以一种植食性昆虫和一种非植食性昆虫为例进行说明。

当你想要观察美丽的柑橘凤蝶时，你首先需要找到一些芸香科的植物，如柑橘、

花椒、黄檗等。发现了这些植物后，你要想办法搞清楚这些植物有没有被农药喷洒过，这并不是一件很难的事情。当一棵植物经常被喷洒农药，它的叶片或其他部位一般不会有由于昆虫而发生的破损；相反，如果一棵植物从来没有被喷洒过农药，那么它的叶片上很可能会出现昆虫啃食过的痕迹，如叶缘有弧形缺口，或叶片中心有圆形或不规则的孔洞，甚至在树干上也会有圆形的小洞。在确认完毕后，还可以看一看树下，如果有很多捏起来柔软的粪便，那在这棵树上找到幼虫的概率就很大了。另外，当你在柑橘凤蝶产卵期寻找到这样一株或一片符合要求的寄主时，甚至可以在树下"守株待兔"，也许过不了一会儿，就会有怀卵的雌蝶前来产卵。

蜣螂在平时不取食时较难寻觅

除了植食性外，还有一些昆虫会出现在特定的环境中。严格来说，这并不能算是它们的寄主，而是由它们的食性所导致的一种特殊性分布。例如，当你想要观察蜣螂或粪金龟时，最容易见到它们的地方当然是自然界的各类粪便中。这些以粪便为食的昆虫类群，平时会躲藏在各种隐蔽的环境里，唯有觅食的时候，才会有规律地出现。利用这样的方法，我们还可以寻找到很多腐食性、菌食性昆虫的类群。

挑战！寻找一种平时较难发现的昆虫

当你掌握了上述方法时，便可以来一次自我挑战啦！你可以先选定一种自己从来没有见过的昆虫，当然这种昆虫要在你居住的周边有确切的分布。选定好了昆虫种类后，首先要做的是查阅文献资料，也可以选择通过搜索网络或微信公众号中的文章对其进行一定的了解，如发生的时间、依赖的寄主以及是否具有特殊的生物学习性。当一切就绪后，就可以到野外选取合适的环境进行寻找了。

到达野外后，要先对这种昆虫的寄主植物进行准确的辨认。很多植物虽然形态很相似，但并不一定都能被某种昆虫取食。不要指望一次就可以见到这种昆虫。如果开始仍然找不到，大可不必灰心。这时，要检查自己所掌握的知识是否有误，同时还要保持耐心和决心。要知道，很多昆虫在长期的自然选择中演化出了很强的隐蔽性，无论是体色还是形态，都有可能与环境很好地融为了一体！当你真正通过自己的学习与探索进而成功寻找到从未见过的目标种类时，就说明已经完全掌握了在自然界如何发现、寻找昆虫的方法。

什么？在冬季也能寻找昆虫？

众所周知，绝大多数昆虫的发生期都在春季、夏季和秋季，以至于很多人认为在寒冷的冬天，所有的昆虫都已消亡。这种想法当然是不对的。试想一下，如果在冬天昆虫都已死亡，那么来年春、夏、秋的昆虫又是从哪里冒出来的呢？因此，在冬天昆虫的数量仍然很多，只不过它们都以各个虫态隐藏在较为温暖的环境越冬。

与夏天相比，冬季寻虫的难度会有所提升，但同时也会给人一种完全不一样的感觉。在冬天进行昆虫搜索时，切记要做好保暖工作，因为你有可能会在寒冷的野外待上一大段时间。另外，还可以随身携带一个小望远镜，用来观察高处树枝等地方。

在冬天，最容易找到昆虫的地方便是树皮和落叶层。在树皮的表面，有可能会有一些半翅目或鳞翅目昆虫的卵，而在树皮的内侧，一些膜翅目、鞘翅目的成虫还会藏在那里越冬。在寻找这些地方时，你可以利用改锥或小镐子挖掘。但要注意，应选择已经枯死的树皮挖掘，切不可破坏行道树或公园中种植的树木。

除了树皮外，在一些隆起的土壤中，还可能存在正在越冬的步甲科成虫、天蛾科的蛹或一些金龟及叩甲科的幼虫。你可以使用一把小铲子轻轻将土刨开，每一铲都要尽可能地小心，留意不要戳到这些昆虫的身体上。在挖掘结束后，切记要把这些土壤还原。另外，若遇到种植了很多植物的土壤，也不可以擅自进行挖掘。因为在挖掘过程中有可能会伤及植物的根系从而造成植物严重受损或死亡。

在一些寄主植物上，我们仍然可以看到数量较多的鳞翅目昆虫，但冬季它们大部分处于蛹期或卵期，会有与环境较为一致的保护色，寻找难度比较大。另外，一些鳞翅目昆虫会以幼虫越冬，但此时往往会移动到树干下方的落叶层中。例如，大紫蛱蝶的幼虫在冬季就经常潜伏于朴树的落叶层中。值得注意的是，当我们观察完这些越冬的幼虫后，需要将原本盖在它们身上的落叶复原，否则这些幼虫极有可能会冻死在野外。

除了寻找这些活体昆虫外，我们还可以利用冬季树叶凋零的机会去寻找一些有意思的昆虫遗留物，这同样是一份很有意思的自然收集。例如，在夏季树枝上的蜂巢会被叶子遮挡，不容易发现，且经常还会有蜂类把守，擅自取下可能造成一定的危险；而在冬天，我们可以在树枝上很容易地发现旧的蜂巢。如果你想要将它采下，为了蜂类和你的安全，请反复确定里面是否还有存活的个体。

寻找昆虫的注意事项

绝对不可以捕捉受保护的物种

徒手触碰刺蛾幼虫是一件危险的事情

在野外发现昆虫是一件十分有乐趣的事情，但有一些事情同样值得注意。首先，如果你的观察场地选在了受保护的地点或保护区内，你需要事先得到当地的许可。如果在野外发现了一些受保护的昆虫，如金斑喙凤蝶、阿波罗绢蝶、棘角蛇纹春蜓、拉步甲和臂金龟科昆虫等，切记不可以捕捉它们！这些昆虫的数量往往不容乐观，因此受到了相应法律的保护。擅自捕捉它们不仅影响这些昆虫的野外种群数量，同时还有可能受到野生动物保护法的制裁。

当发现昆虫时，如果你不能百分之百确认这个物种，千万不要擅自用手抓取，这是一个非常不好的习惯。对昆虫而言，莽撞地抓取很有可能对它们造成致命的伤害；对你而言，当你误抓了一些具有特殊防御能力的昆虫时，可能会因此受伤甚至出现更严重的后果！例如，不计后果地招惹胡蜂巢，有可能会被群蜂围攻，进而受伤甚至出现威胁生命的过敏反应；擅自抓取刺蛾科的幼虫往往会造成十分痛苦的伤害；毒隐翅虫属的一些种类在受到危险时会分泌一种可以造成较为严重皮炎的体液；而盲目踩踏红火蚁的蚁巢，会被大量守卫蚁巢的个体蜇咬，造成严重灼伤感的水泡，甚至出现过敏性休克。

除此以外，我们还应注意不要擅自前往危险的区域，尤其是刚刚喜欢上昆虫但并没有野外常识的人群。这时，你最好和多位好友一起前往野外，尽量不要独自行动。如果你想要在夜晚去寻找那些夜行性昆虫，最好先在白天探好路线。而在水边寻找昆虫时，也要时刻留意脚下，因为有些蓄水池或湿地会存在泥沼或突然变深的水体。说到这里，再提醒大家一句，当你发现或追逐一只昆虫时，一定不要不顾一切地冲过去，因为此时往往是最容易出现意外的时刻。

第二节　饲养昆虫

除了在野外寻找昆虫进行观察外，还有一种有效地观察方法便是饲养昆虫。毕竟，我们不可能一天 24 小时都前往野外去观察昆虫，而且在野外的昆虫一旦飞离了观察地点，想要再快速地寻找它几乎是一件不可能完成的事情。因此，如果你想要观察一种昆虫全天的习性，甚至去观察它们一生的变化，那么便需要对其进行饲养。但是，如何能够将养殖的昆虫恢复其野外的状态，又有什么方法可以成功地饲养那些养殖难度较高的昆虫……在本节中，我会向各位读者简单介绍一些具有代表性昆虫种类的饲养方法和饲养过程中应注意的相关问题，以便让大家可以体会成功饲养昆虫的乐趣。

入手简单，先养一只独角仙吧

目前，已经有越来越多的昆虫爱好者开始尝试饲养各种甲虫。这个由日本人最先发起的饲养类群正在逐渐风靡全世界。在众多的甲虫中，最受人们欢迎的种类为犀金龟、花金龟和锹甲。除了本身饲养难度较低外，它们威武的外形，特别是雄虫头、胸部的角状突起与日本武士所戴的帽缨极为相似，这也是日本人对它们情有独钟的原因。饲养甲虫的文化也由日本传入各个国家，久而久之这三大类甲虫便成为经典的饲养类群。

如今这三大家族常见的饲养类群有几十到上百种，如鼎鼎大名的海格力斯犀金龟（即长戟大兜虫）、战神大兜虫、南洋大兜虫和彩虹锹甲等在市面上常常可以看到。而在这众多的饲养种类中，独角仙可谓最易上手，也最容易繁殖。不仅如此，独角仙的雄虫同样有着威武帅气的"犄角"，加上它们好斗的习性，成为很多甲虫饲养爱好者最先入手的种类。饲养独角仙与饲养其他犀金龟类昆虫的方法较为一致，在此作为代表进行介绍。

独角仙，即双叉犀金龟 *Trypoxylus dichotomus*，是一种分布较为广泛的犀金龟种类。在中国很多地方都可以看到它们的身影。如果你恰巧生活在它们的分布地，那么在夏天前往落叶阔叶林中，尤其在一些壳斗科植物上寻找，也许就可以在野外发现这些威武的小武士了。除此以外，独角仙的成虫具有趋光性，在夏日夜晚靠近森林的灯下，也有可能直接捡到独角仙的成虫。

当得到独角仙的成虫后，一眼就可以判断出它的性别。犀金龟类的昆虫性二型显著，一般雄虫较大，并具有如"犄角"状的突起；而雌虫较小，头部不具有明显的"犄角"。通过这个方法，就可以知道自己得到的成虫性别了。

独角仙成虫饲养箱参考

独角仙成虫饲养与很多昆虫一样，切记不可以将它们放在空间较小的环境中，尤其不能在狭窄的饲养空间中同时放入大量的独角仙。如果想要它们的寿命长一些，最好是将每一只独角仙单独饲养。而饲养的容器，可以选择没有异味的小型塑料箱，并在塑料箱的盖子上扎眼，以保证空气的流通。塑料箱中需要铺上 10 厘米左右的腐殖质土，并用喷雾器将土打湿。腐殖质土可以选择网上出售的专门饲养甲虫的腐殖质。在土上最好放置几块较粗的树枝或树皮，有利于独角仙成虫攀爬或帮助不小心翻个的独角仙翻身。注意，放置的树枝不要用带有味道的松树或柏树，选择普通的树枝即可。独角仙的成虫喜欢取食水果，如苹果、香蕉、梨等。在放置食物时，不要直接将其放在土上，可以将食物放在盘子上或用牙签扎在土表处。在喂食的水果中，最好不要选择西瓜，因为西瓜的水分较多且容易变质，会对整个饲养环境起到不好的影响。如果觉着水果不好操作，可以在网上购买"甲虫果冻"，这是一种经过加工的食物，深受独角仙的喜爱。

如果你想要让独角仙产卵，那需要将一只雄虫与一只雌虫放入专门的产卵箱中，让其交配。若在 8 月后野外采集到雌性独角仙，可以直接将其放入产卵箱。因为大部分野外个体在这个时间都已完成了交配。产卵箱的布置与饲养箱略有出入。在产卵箱中，腐殖质土的厚度要超过 20 厘米，且同样需要保持

独角仙产的卵（王弋辉 摄）

湿度。上方不需要留出太多的空间，只要保证独角仙爬上木头身体不会碰到箱子盖即可。放入雌虫与雄虫后，就不要过多地去打扰它们啦！如果后期发现只有雄虫在土表面活动，而雌虫潜入了土中且很久不回到土表面，那很可能正在产卵呢。

每隔两周左右，你可以将雌虫与雄虫先移出，并将食物和树枝拿出。将产卵箱中的腐殖质全部倒出，并进行仔细寻找。如果发现在腐殖质中有 3 ~ 5 毫米长的白色小球，那就是独角仙的卵。这些卵会随着时间慢慢变大，待到快孵化的时候甚至可以看到里面的幼虫。

饲养独角仙的幼虫同样十分有趣，而饲养幼虫的饲养箱布置也比较简单，只需要将腐殖质土铺满整个饲养箱便可以了。腐殖质土仍可选用网上专门售卖的"甲虫幼虫饲养腐殖质土"。独角仙幼虫对环境湿度会比成虫更敏感。一般来说，适合幼虫生存的湿度可以直接用手进行测试。当你将腐殖质土用喷雾器

独角仙幼虫饲养箱参考

打湿，做到用手可以将其攥成团，土既不掉渣也不滴水就可以了。在放置腐殖质土时，需要将距离饲养箱底部 1/3 左右箱高的土压实，其余正常放置。布置完毕后，可以将幼虫放在腐殖质土的表面，它会自己向土中爬去。一般来说，最好一个饲养箱内只饲养一只独角仙幼虫，若有较大的环境可以同时饲养 2 ~ 3 只，但混养时切不可将体型悬殊的幼虫放置在一起，这样有可能会造成个体小的幼虫被个体大的咬伤或直接吃掉。在饲养独角仙幼虫时，需要每隔 1 个月左右进行检视。如果不慎发现土中布满了菌丝，则需要将腐殖质全部换掉。另外，幼虫在取食腐殖质土的同时会排出大量粪便，粪便呈椭圆形或矩形，且颜色与腐殖质土极为相近。当发现腐殖质土里已有大量粪便，则需要将大部分粪便拿出，并重新放入调好湿度的腐殖质土，让幼虫继续取食。除此以外，当发现幼虫在土表面时，这是一个需要警惕的信号！因为独角仙幼虫在正常情况下不会从土中出来，若自行从土中出来，有可能是腐殖质土温湿度不合适、透气性不足、食物匮乏或螨虫寄生等原因。

幼虫在土壤中不断蜕皮、长大，在每年的五六月开始准备化蛹。蛹期 1 个月左右。在化蛹前，幼虫会在腐殖质土中制作一个蛹室，地点一般会选择距土表面 15 厘米左右的地方。做好蛹室后，幼虫会在里面化蛹，正常情况下独角仙的蛹是直立在蛹

独角仙在蛹室中的蛹（王弋辉 摄）

室中的，直到羽化前，它们都会安静地在蛹室中休养。在其化蛹期间，仍然要保持住腐殖质的湿度。这时一定要克制住自己的好奇心，不要擅自挖掘。一旦将蛹室破坏，可能会破坏蛹室内部的湿度并影响它们的羽化。大概 1 个月左右，也许你就能看到一只新出的成虫在土表面活动啦！

有的读者也许会问，如果自己生活的地方并没有独角仙分布，那还能不能体验到饲养独角仙的乐趣？答案当然是肯定的！目前独角仙的饲养技术极为成熟，在很多花鸟鱼虫市场或网店都有独角仙幼虫或成虫出售。因此，如果不想在野外寻找，或身边没有独角仙分布，也可以通过购买来获得它们！

最后，再向各位读者介绍一下分辨独角仙幼虫雌雄的方法。一般来说，雄性的独角仙幼虫较大，而雌性的独角仙幼虫较小；在独角仙幼虫进入 3 龄时，雄虫腹部倒数第二节腹面中央会有一个 V 字形刻点，而雌虫没有；这里要说明一下，所谓的 V 字形刻点，实际上是一个明显的白点与两边的丝状物质共同组成的形状，另外，在独角仙幼虫腹部会有很多白色丝状物质，步入 3 龄后，雄虫倒数第三腹节腹面的丝状物质交汇，而雌虫没有交汇。通过上述方法便可以将其分辨出来，但如果你的独角仙幼虫取食很多，肥肥胖胖的，可能会有一层较厚的脂肪将这些特点覆盖住，这时想要精准分辨它们就有些难度了。

再来一只锹甲试试

锹甲，又名锹形虫或鹿角虫，因雄虫美丽威武的上颚同样受到广大昆虫爱好者的喜爱。锹甲科昆虫的分布较广，但野外不易见到。它们的幼虫会在朽木中生存，而成虫喜欢在树上取食流出的树汁或果实。有一些锹甲会十分中意一种或几种树木，如生活在北京的两点锯锹 Prosopocoilus astacoides 喜爱核桃楸，在夏季至秋季间经常可以在这种树上见到它们的身影。如果在野外寻找

威武的两点锯锹

不到也没有关系，很多售卖甲虫宠物的商店也会提供种类较多的锹甲供客人们选择。

锹甲的成虫养殖环境、食物与独角仙相似。若想让它们产卵，则需要在腐殖质土上放置一块"产木"。所谓产木，就是用于雌性锹甲产卵的木头。和独角仙不同，锹甲的幼虫生活在朽木中，而

正在产卵的锹甲雌虫（王弋辉 摄）

不是腐殖质土内。一般来说，产木可以选择栎树，并将其用热水浸泡。这样一可以为产木杀菌除螨，二可以让其迅速变朽。在饲养箱中分别放置一只雄虫和雌虫，如果看到雌虫开始不断啃咬产木，那它极有可能将要产卵了。当雌虫产卵时，会把腹部深入咬好的洞中，或干脆爬入产木中。

饲养幼虫时，你可以让它自己在原来的产木中自行生长，也可以将栎树树枝打成木屑铺在饲养箱中。当然，你同样可以选择直接购买网上提供的锹甲幼虫饲养木屑。但要注意，饲养锹甲幼虫的木屑一定要铺得紧实一些，否则可能会影响它们的正常发育。另外，在网上还售卖一种专门为锹甲幼虫制造的菌丝瓶，这里面装有大量食用木屑和菌丝，将这些带有菌丝的木屑洒在你饲养箱原有的木屑上即可。这些菌丝可以加速分解木屑，让锹甲幼虫发育得更好。

同样，当锹甲幼虫准备化蛹时，它们也会制造一个蛹室。但它们的蛹室往往是横在木屑中的，蛹会"躺"在蛹室中。这个时候不要打扰它们，并保持好木屑的湿度。待到锹甲羽化后，一个威武的小武士便出现在你的眼前啦！

饲养会鸣叫的小秋虫——蟋蟀

中国人饲养蟋蟀的历史十分悠久，这是因为蟋蟀不仅可以发出悦耳的叫声，同时还有着十分有趣的行为。蟋蟀的分布极为广泛，几乎每一个地方都可以看到它们的身影。目前，人们饲养蟋蟀的种类较多，如俗称为"蛐蛐儿"的迷卡斗蟋 *Velarifictorus micado*、俗称"老咪嘴儿"的长颚蟋 *Velarifictorus aspersus*、俗称"棺材板儿"的多伊棺头蟋 *Loxoblemmus doenitzi*、俗称"金钟儿"或"马蛉儿"的日本钟蟋 *Homoeogryllus japonicus*，以及各类油葫芦属 *Teleogryllus* 的种类。这些昆虫在野外获取较易，也可以从花鸟鱼虫市场购得。然而一般的市场所售蟋蟀均为雄性，仅用以听叫或打斗。若想繁殖，还需要自己前往野外寻找雌虫。各类蟋蟀的养

正在鸣叫的迷卡斗蟋

殖方法极为相似，在此仅介绍最具代表性的迷卡斗蟋。

饲养迷卡斗蟋的容器可以有很多，如封闭的盒子、无异味的塑料箱，甚至鱼缸都是不错的选择。如果你饲养蟋蟀仅仅为了听其鸣叫，可选择用一个并不太大的容器仅饲养一只雄虫。蟋蟀容器内需要铺上土壤，保持湿润，且最好将土壤压实。在土壤上方，需要摆放一些可以让其藏身的东西，如石块、木头等。蟋蟀的食性很广，平时用毛豆、玉米、苹果等进行饲养，但至重阳节后，蟋蟀成虫体质会有所下降，这时可以用流体粥状荤食喂养，如白米粥内添加虾皮等，有助于它们延长寿命。注意，以流食喂养时要经常换食，避免剩余的食物腐败污染饲养环境。

如果你希望观察到蟋蟀更多有意思的行为，如争斗和交配，那可以选择一个较大的容器混养。在此推荐使用鱼缸充当饲养场。因鱼缸的四周均为玻璃，蟋蟀难以向上爬出，且透明有利于观察，可以说是极佳的选择。如果有条件，还可以在鱼缸中放置一盏饲养爬行动物用的加温灯，在气候较冷的日子中可以

迷卡斗蟋饲养环境参考

帮助蟋蟀取暖。当进行混养时，一定要在土壤上多多放置可供蟋蟀躲避的岩石及木头，因蟋蟀在白天不喜欢外出觅食，而要躲藏于避光的地方休养。另外，还要设置多个喂食地点，以方便所有蟋蟀均可吃到食物。当一切就绪后，便可以投入较多的蟋蟀了。这时你会观察到很多有意思的现象：如雄性蟋蟀相遇时会相互恐吓、打斗，胜利的一方还会鸣叫。当你在晚上听到蟋蟀发出"丝……丝……"的声音，并以强弱交替发出，那便是蟋蟀雄虫求偶尔发出的特有声音，北方将其称为"打克斯"，南方将其称为"弹琴"。

在秋末时节，蟋蟀雌虫便开始产卵了。它们会利用腹部末端的产卵器将卵产入土壤中，如果你发现雌虫的产卵器不断扎向土中，就表明在你饲养箱土壤里已有了

大量的蟋蟀卵。等到第二年春末或夏初，就可以看到很多小蟋蟀在箱内到处爬行了。

　　饲养小蟋蟀时，需要将它们分放至单独的小空间内饲养。因为若继续混养，在它们蜕皮时，往往会被其他小蟋蟀攻击或取食，造成数量迅速下降。小蟋蟀取食的食物种类与成虫相似，一般用毛豆、水果即可。

　　区分雌雄蟋蟀也十分简单，在若虫期就可以根据它们的外观进行判断。由于雌虫的腹部末端具有产卵器，而雄虫不具有，因此雌性蟋蟀若虫的两根尾须间还有一小根突起，雄性蟋蟀若虫的腹部末端仅有两根尾须。待到成虫后，因产卵管发育完全，雌虫腹部末端则更为明显。也正因如此，很多饲养蟋蟀的人

迷卡斗蟋雄虫

迷卡斗蟋雌虫

群喜欢将雄虫称为"二尾（音：yǐ）儿"；雌虫称为"三尾儿"。另外，蟋蟀成虫还可以根据翅的形态区分。雄蟋蟀成虫的前翅翅脉凸起较为明显，且常常具有光泽；而雌蟋蟀的前翅翅脉通常较为平整，且整体翅缺乏光泽。

饲养水中小霸王——蜻蜓稚虫

　　如果你喜欢蜻蜓，且想观察它们稚虫时期在水中的行为，那么饲养蜻蜓稚虫便是一项必不可少的环节。但是，大部分蜻蜓稚虫需要你亲自前往野外获取，故而饲养的第一步便是要获取稚虫。

　　蜻蜓稚虫，称为水虿（音：chài）。是一类较为凶猛的肉食性水生动物。实际上，它们在自然界的水系中数量并不算少。你可以携带网眼较细的水网去野外的水系中捞捕，一般选择水草较密，水质较好的地方即可。不同种类蜻蜓的水虿习性不同，因此你还可以直接在水中岩石或漂浮物下方以及底砂中搜索。只要选择不同的水体环境、不同地点，相信一定可以收获许多不同种类的水虿。但要特别注意，每种水虿仅需带回一两只便可，切不可进行过量采集。另外，若没有丰富的饲养经验，极

双斑圆臀大蜓的水虿

水虿饲养环境参考

不建议采集生活在溪流环境中的水虿，这类水虿需要稳定的低水温及氧气，因此稍不注意就会在家中死亡。

饲养水虿的容器最好是鱼缸，不需要加盖，但要有较强的过滤系统，以免水质下降造成水虿死亡。选用的水最好直接从捕捞的地点取用，如果实在不方便，也不要直接使用自来水，因为其中所含的氯会严重影响水虿的生长发育或造成水虿的死亡。你需要将自来水放在阳光下晒上一天，再静置三天左右即可使用。缸内可以适当放入水草，以供水虿攀爬，并为水体增加氧含量。水底应铺上一层砂石或河泥，给水虿提供休息及伏击的地方。在底砂中，要插入几根较粗的木棍，并让木棍露出水面至少10厘米，或在鱼缸中直接放置可以攀爬的背景板，同样高出水面至少10厘米。这是水虿羽化所必需的。

水虿虽然属于肉食性，但所选的食物有很多。只要是可以自主活动的，并且小于水虿身长一半的水生生物都可以喂养它们，如原生鱼类、虾类及其他无脊椎动物等。如果没有太多时间经常前往野外捞取食物，也可以从花鸟鱼虫市场中购买养鱼用的"红虫"。注意，要购买的"红虫"是摇蚊科的幼虫，身体明显分节。还有一种"线虫"，虽也是红色，但比红虫细很多，身体不分节。那是生活在水中的另一种生物，称为丝蚯蚓。千万不要喂线虫，有很多水虿取食完市场上的线虫后产生暴毙的现象。

水虿并不需要每天喂食，两三天喂食一次便可。很多水虿取食时，不会将猎物完全吃掉，而是会剩一些部分残留在水中。这就需要每次喂食后捞出剩余食物并换水。但要注意，换水时切不可全部置换，这会使水环境发生剧烈变化。应每次用吸管吸出食物残渣，并将水置换出 1/5 ~ 1/3，再填入新水。这样既保持了水体的清洁，又不会使水环境突然发生巨大的改变。

当水虿生长至末龄阶段后，会在羽化前半个月左右停止进食。当你发现它们不爱在水中爬行，并时不时沿着木棍或背景板将头部露出水面，这便是羽化前的征兆。一般来说，水虿羽化时间多在凌晨，它们会沿着木棍或背景板爬出水面进行。若想观察到它们羽化的样子，那就要做好熬夜的准备啦！

水虿羽化后，待其晾完翅膀（翅膀没有强烈反光且变得透明），整个饲养过程便宣告结束。由于成虫在野外较容易见到，且放在家中继续饲养无法让其正常觅食，死亡率大大提高。建议最好待其羽化后将成虫放回大自然中。

即将羽化的双斑圆臀大蜓水虿

饲养二刀流小屠夫——螳螂

美丽的冕花螳若虫

螳螂因其威武的捕捉足、灵动的复眼、形态多样的外观，被很多昆虫爱好者所追捧。现在，已有越来越多的人开始饲养螳螂。目前，市场上同样可以看到很多美丽的饲养种类售卖，如鼎鼎大名的冕花螳（即兰花螳螂）*Hymenopus coronatus*、小巧玲珑的华丽弧纹螳 *Theopropus elegans*、模拟高手眼镜蛇枯叶螳 *Deroplatys truncata* 以及号称"螳螂之王"的魔花螳螂 *Idolomantis diabolica* 等。除此以外，我们还可以在野外直接获得生存在本地的螳螂种类，对其进行饲养与观察。

饲养螳螂的容器可有很多选择，一般来讲只要长、宽、高保证在饲养个体的 5 倍左右就可以了，饲养箱需要有盖子。但有一点比较特殊，螳螂饲养箱内切不可十分光滑，因很多种螳螂无论平时休息还是蜕皮都需要倒挂在高处，因此需要放置可以供它们攀爬和抓握的材质。如果你的饲养箱是塑料盒或玻璃缸，螳螂无法攀登，也不要紧。只需在饲养箱侧面和顶端的内部贴上没有异味的胶布，或放置纱网，螳螂就可以自由地攀登了。

如果饲养螳螂的若虫，切记选择的饲养箱不要太大，仍然保持上述比例即可。因过大的环境有可能在喂食的时候，小螳螂没办法快速寻找到猎物而影响生长发育。待到螳螂若虫不断蜕皮长大后，再根据其体长大小进行饲养箱的更换。

对于饲养箱内的温湿度，一般来说将温度控制在 30℃ 左右最为适宜。对于湿度，大多数螳螂并不能在干旱的环境下生存，因此要保持 50% ~ 75%。当湿度下降时，可以用喷雾器在饲养箱四周壁上喷水，这样既可以提高湿度，同时还方便螳螂直接饮用。注意，在喷水时，一定要避开螳螂，否则会惊吓到它们。

螳螂饲养箱参考

选择好饲养箱后，便可以进行布景工作了。螳螂饲养箱的布景较为简单，一般在箱底铺上 5 厘米左右的土壤或椰土，并插上几根木棍，为螳螂提供更多的活动空间。如果有条件，你还可以在饲养箱中简单地种植一些植物，如狗尾草、牛筋草或堇菜等。这样既可以起到美观的作用，还能让螳螂感到轻松。

螳螂的猎物范围十分广泛，比其体型小一半的活体昆虫几乎全部是它们的猎杀对象，但一些甲虫或蚂蚁是很多螳螂根本不会猎杀或取食的。根据饲养经验，螳螂最喜欢捕捉的类群为双翅目（蚊、蝇等）或鳞翅目（小型蝶类或蛾类），一些蟋蟀或蟑螂等也是它们非常喜爱的食物。如果没有时间持续在野外帮助它们获得食物，也可以选择在花鸟鱼虫市场购买"面包虫"（即黄粉虫幼虫）进行喂养。然而，很多螳螂若虫没办法自行捕食它们，这时你需要将面包虫剪成小段，并用镊子喂食。除此以外，如果你想从一龄若虫开始饲养，由于刚孵化的小螳螂体型十分小巧，上述食物也许都不适合它们。这时，你可以选择蚜虫、跳虫或一些果蝇的幼虫进行饲喂。当然，低龄螳螂的饲养难度较高，故并不建议刚刚饲养螳螂的人群直接尝试。

当你发现螳螂长时间在饲养箱底部趴着，或在饲养箱中各种乱爬，就需要引起高度警惕。因为螳螂在正常状态下喜欢安静地倒垂于高处，并不喜欢在低处趴着或到处活动。因此，当你发现上述情况时，有可能是因为食物短缺、温湿度失衡以及染病造成的。

螳螂的繁殖同样很有乐趣，也很富有挑战。首先，并不是所有的成虫都可以顺

在植被上休息的眼斑螳若虫

利交配。一般来说，螳螂羽化为成虫后2周左右才真正达到性成熟阶段，而雌性螳螂将腹部末端侧翻，也是一个准备交配的信号。这时，可以先将雌虫放置在一个较大的空间里，让其熟悉一两天的环境，消除紧张感，再将雄虫放入。由于一些螳螂在交配时，雌虫还有捕食雄虫的"弑夫"行为，因此可以在交配场地放入一些其他昆虫作为雌虫的食物，这样可以有效地分散雌虫注意力。当雌虫和雄虫放在一个空间1天内仍没有进行交配，可先将雄虫拿出，并换另一只雄虫进行尝试。当螳螂开始交配后，你需要时常关注一下。特别是发现雌虫和雄虫交配完毕，则需要尽快将雄虫移出。

可以在交配后的雌螳螂饲养箱内放置几段立着的小树枝，同时在饲养箱底部土壤上覆盖一层落叶。过不了太久，雌螳螂就会开始产卵了。一般来说，螳螂的卵期会持续 3 ~ 8 周。当它们孵化时，你会看到大量的小若虫集体垂出卵鞘的壮观景象。这时，若想继续饲养，仅留下自己想饲养的数量，将其余放归至原来采集螳螂的野外环境中即可。

一起饲养出"空中花朵"——蝴蝶幼虫

蝴蝶以其美丽的外表被人们所眷恋。但它们的成虫善于飞行，且以花蜜为食，个人饲养几乎是一件不可能完成的事情。因此，饲养它们的幼虫，看着这些可爱的小家伙一点点长大、化蛹，最后羽化为一只美丽的蝴蝶，将会是一次非常有趣且富有成就感的体验。

美丽的柑橘凤蝶

几乎所有蝴蝶幼虫的饲养方法都极为相似，仅依照种类所取食的寄主及温湿度会有差别。故在此以最为常见的美丽观赏种类柑橘凤蝶 *Papilio xuthus* 为例，简单介绍一下蝴蝶幼虫的饲养方法及注意事项。

若想饲养蝴蝶幼虫，第一步便是要从野外获取它们。这时，你要先查阅它们的相关资料，并在其寄主上寻找。例如柑橘凤蝶的幼虫就可以在柑橘树、花椒树等地方发现。在寻找幼虫时，你需要先观察寄主植物的叶片有没有被虫咬过的痕迹，且咬痕应为鳞翅目幼虫所特有的特征，即在叶缘处有着一个个的弧形缺口。另外，寄主植物下方是否存在新鲜的粪便也是一个十分便捷的判断方法。当符合以上条件时，就可以仔细地寻找幼虫了。

柑橘凤蝶的老熟幼虫

寻找幼虫是一件十分考验眼力与耐心的事情，但若你对它们的形态和习性有所了解，难度便会大大降低。例如，柑橘凤蝶的低龄幼虫会模拟鸟粪的形态，全身呈黑褐色并在背部中央有一条不太规则的弧形条带。而老熟幼虫全身呈绿色，并在前端有2个眼斑。在白天，它们经常会潜伏在枝条或叶子背面，这些地方都需要仔细寻找。如果你的观察能力足够强，还可以尝试寻找柑橘凤蝶的卵，其形态为一个淡黄色的小圆球。

寻找到幼虫后，就可以将其带回进行饲养啦！饲养蝴蝶幼虫的饲养箱要有一定的高度，如果这样的饲养箱在市面上难以寻找，不妨将常规的饲养箱竖起来放置。在饲养箱中，可以摆放一个瓶子，里面装上水，并将带有大量叶片的寄主植物枝条放置在瓶中。这里有一点值得注意，为了避免幼虫掉落到瓶子中淹死，需在瓶口用纸巾堵住，仅留下树枝可通过的空间。

和大多数物种一样，柑橘凤蝶的幼虫食量很大，尤其是老熟幼虫时会特别明显。这就需要你持续不断地提供寄主植物。在野外采集植物时，一次不需要采集太多，能够维持幼虫取食一周左右的数量即可。当然，你选取的寄主植物一定要确保没有被农药喷洒过，如果不放心，可以将采集回来的植物在清水中浸泡一段时间。在放入饲养箱之前，要把植物上的水擦干。另外，获取寄主植物时尽量选择野生的个体，如果实在找不到，则需要和植物主人进行沟通，得到主人允许后方可进行采集。

柑橘凤蝶的幼虫不断成长时会进行蜕皮，当你发现它们停止活动，没有进食行为，且头后部逐渐膨大，则是蜕皮之前的表现。另外，老熟幼虫经过一段时间如果突然不进食，排出的粪便较为潮湿，同时活动较为频繁，那可能即将进入化蛹阶段。

柑橘凤蝶幼虫即将化蛹时，会寻找一段树枝或饲养箱的内壁作为化蛹的地点。

寻找到理想之地后，它们便会开始吐丝将自己固定在高处，最终脱掉幼虫的外表，变成一个安静的蝶蛹。当幼虫进入蛹期时，不可进行过多打扰，若饲养箱内部变得干燥，可以用喷雾器轻轻将水雾喷洒在蛹体上，但不要喷洒过多，以没有滴水为宜。当你发现原本绿色或棕色的蛹变为了带有黑白或黑黄相间的条纹时，这就表示它们即将羽化。一般来说，柑橘凤蝶羽化的时间多在清晨和上午，刚刚羽化的成虫还不能飞行，需要挂在蛹上晾翅，待到翅完全干燥后就可以自由飞翔了。因此，在晾翅的过程中，切不可随意摆弄，更不要用手去触碰甚至拿捏它们的翅，否则这些成虫将会功亏一篑，丧失飞行能力。

当你饲养的幼虫终于变成可以展翅高飞的成虫时，需要将你的饲养箱带回野外，最好是在你寻找到它们寄主的地点附近将其放飞。这些美丽的精灵便开始到处寻找配偶，完成它们生命中最重要的任务——繁衍。

用双手创造一个帝国——饲养一窝蚂蚁吧

在我们小时候，都有蹲在墙角观看蚂蚁的经历。它们身材虽小，却有着极为丰富的社会行为。当遇到一个食物时，会急忙相互交流，不一会儿就能引来一大批小伙伴共同协作搬运。也有一些蠢萌的大型个体，急急忙忙投入撕咬猎物或搬运食物的队伍中。但它们也许太过毛躁，经常还没看清就乱咬一通，甚至

蚁类因其多样的行为而富有魅力

将原本在猎物身上的工蚁直接咬成两半……这些富有魅力的小家伙，让人百看不厌。然而，蚂蚁在巢穴中是什么样子？它们将食物搬回巢穴又如何进行分工？深藏不露的蚁后到底长成什么样？这些在野外是很难观察到的。因此，如果我们自己家中就有一个蚁巢，那对于这些小家伙的一举一动便可以一清二楚了。

一些饲养蚂蚁的人群会在饲养箱中添上土壤，在野外获取较多工蚁放入箱中进行观察。但是，一个没有蚁后的蚁巢是没有发展与未来的。由于没有新蚁补充，待到这些工蚁寿命结束，这个"冒牌蚁巢"就会完全崩溃。因此，在这里将介绍从蚁后开始饲养的方法，慢慢用双手去制造一个帝国。

首先，你可能会问，蚁后都在蚁巢的最深处，我们怎么样才能获得呢？其实，随着目前饲养蚂蚁的热度越来越高，很多网络店铺都会出售各式各样的蚁后，供蚂

蚁爱好者挑选。但是，直接在网上购买太过容易，也没有太多的成就感，故在此建议自己前往野外进行寻找。

尼科巴弓背蚁的蚁后

这里先要澄清一个误区，去野外寻找蚁后并不是去挖掘蚁巢拼命搜索，这样既会破坏蚁巢，你也有可能付出惨痛的代价。所谓寻找蚁后，是在蚂蚁婚飞（繁殖蚁在空中交配）时，找到已经交配完毕将自己翅膀折断的蚁后。它们的特征很明显，折断翅膀的地方有明显的痕迹，还有因生长大量飞行肌而发达的胸部以及因怀卵而肥壮无比的腹部。它们会独自行走，身边并没有其他蚁类个体。

当你发现如上述特征的一只奇特蚂蚁时，那么很有可能就是怀卵的蚁后了。而遇到它们的时间，则根据不同蚁种的婚飞期来决定。例如，以北京地区而言，较为常见的日本弓背蚁 *Camponotus japoncus* 婚飞期为每年 5 ~ 6 月；收获蚁属 *Messor* 则在 4 ~ 5 月；铺道蚁属 *Tetramorium* 则在 6 ~ 8 月；举腹蚁属 *Crematogaster* 会在 4 月下旬至 5 月上旬。

遇到蚁后时，我们首先要用小型的容器将其饲养。这里推荐用化工用品店售卖的试管制作成试管巢进行蚁后的培育。制作方法极为简单：拿到试管后，在里面加入 2~3 毫升清水，并用脱脂棉按住，使其形成一个"小水仓"。这样一来，既可以让试管保湿，同时里面的水又不会淹到蚁后。水尽量选择可以饮用的矿泉水，因为有时蚁后还会在脱脂棉上吸吮补水。将蚁后装入试管巢后，再用一小段脱脂棉将口密封就可以了。

试管巢的参考样式

一般来说，新出现的蚁后体内储存了大量的营养物质，因此并不需要进行频繁喂食。试管巢并不是我们的终极目标，而是让蚁后开始产卵的临时住所。值得注意的是，试管巢在平时需要遮光处理，因为大部分蚂蚁是不能适应阳光直射的。另外，不要经常用手触碰或将试管巢拿起，因为极小的振动都有可能使蚂蚁受惊，让其情绪紧张。你也可以在试管巢两侧绑上一段皮筋，起到减震的效果。万事俱备后，你只需要静静地等待蚁后产卵，并创建出第一批工蚁啦！

当一个巢穴内有了几只工蚁后，你仍然可以选择继续让它们待在试管巢中。这时你可以逐渐在巢穴内加入一些食物，如较小的昆虫尸体。但切记不要过量放置，因为剩余的尸体有可能会发霉变质，从而污染整个蚁巢。如果一切正常，蚁后还会继续不断地产卵，越来越多的工蚁也会慢慢出现，当你觉着一个试管巢已经太过拥挤，便可以将它们转移到另一个大住所中了。

大的住所可以选择一根更粗更长的试管，也可以选择将几个试管巢一起放入在一个塑料盒内（注意，这里仅放置多个试管巢穴，而不是放置有多个蚁群的试管巢，所有试管巢需将开口处解封，但仍需有"小水仓"）。几个试管同时充当多个巢穴，塑料盒内则充当蚂蚁的活动区。这时要注意，要在塑料盒的顶部及四周涂抹防逃液，否则工蚁们可能会爬得哪里都是。防逃液可以在网络上直接购买，也可以利用滑石粉等细末与无水酒精融合，并用棉签涂抹到上述地方。无水酒精挥发得很快，不一会儿，这些极细微的粉末便可以均匀地附着在塑料盒表面了。另外，及时清理蚂蚁堆放的垃圾也是保证它们不出逃的重要条件。很多蚂蚁会在活动区域堆放垃圾，当垃圾的高度超过防逃带的高度，那所有的防逃措施都会土崩瓦解。另外，给蚂蚁一个舒适的环境也可大大降低它们的出逃概率。

细心照料它们，蚁巢的种群数量便会飞快上升。等到你的蚁巢已经有很多工蚁，即使多个试管巢都显得拥挤时，便可以将其挪到"豪华住宅"内了。这个豪华住宅可以说是蚂蚁最终的巢穴，可以在网络上直接购买。这是一个经过严密设计，由多个大蚁巢和超大活动区构成的人工蚁巢。在搬家时，可以将所有试管巢内的个体轻轻地倒入人工蚁巢的活动区中，刚倒入新环境时它们会惊慌失措，到处乱爬，但不

一会儿便会自己进入巢穴中，开始新的生活。由于人工蚁巢的巢穴空间很大，因此一开始可以只打开最底层的两个巢穴。蚁巢之间会有通道连接，在每一层会有一个细长的缝隙，用塑料纸片塞入缝隙便可以阻挡蚂蚁通过。随着蚁群数量越来越多，可以给它们开放越来越多的巢穴。到了这时，一个蚂蚁帝国就算

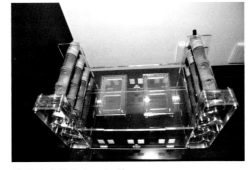

精美的多巢式人工蚁巢

基本建成了。回想当初只有孤零零的一只蚁后，在你的精心培育下逐渐发展，最终成为壮观万分的蚂蚁帝国，相信那种成就感一定会使你激动万分。

在饲养蚂蚁时可能会出现一些恼人的问题，在此也将常见问题的解决方法加以介绍。首先，由于蚁巢的空气相对不流通，且食物来源稳定，故而极有可能会出现发霉的现象。当你发现蚁巢内长满霉菌，你可以选择直接更换巢穴。如果不想这样做，那就需要你平时辛勤地维护了。经常清理活动区的食物残渣以及蚂蚁堆放的垃圾是十分必要的，因为有机质往往会成为培养霉菌的温床。另外，清理蚁巢内残留的垃圾同样较为繁琐。你可以使用镊子或咖啡勺等工具将蚁巢内的垃圾取出，也可以用湿润的棉球深入到巢穴内，将这些细小的垃圾粘出，但动作一定要尽可能的轻柔，不要伤害到巢穴内的蚂蚁，尤其不要伤害到蚁后。

另外，如果家中的卫生条件不算太好，同时蚁巢内的昆虫尸体又得不到及时的处理，在巢穴中还会出现螨虫。螨虫的身体多呈红色，会在一些蚂蚁足的关节或触角上攀附，很容易发现。一旦出现了螨虫，同样可以更换新的蚁巢，并对旧巢加以消毒处理。另外，蚂蚁身上的螨虫，可以用纱布包裹油性较大的有机物或动物尸体加以引诱。当这些螨虫从蚂蚁身上爬下来，进入到纱布包内，便可以将其消灭了。但是，这种方法往往不能一次就将附着在蚂蚁身上的螨虫全部消灭，可多重复引诱几次，直到你已找不到有被螨虫攀附的蚂蚁为止。

在饲养的过程中，你可能还会遇到各种各样的问题。这时你可询问一些有饲养经验的高手，也可以在网络论坛中寻找处理方法，相信只要有耐心和信心，就一定能克服各种问题。

在本节中，仅介绍了一些具有代表性的昆虫饲养方法。这些当然不是饲养昆虫的全部。如果你对其他的昆虫感兴趣，也想饲养以便观察、了解，可以查阅相关昆虫的专业饲养资料，或积极与虫友进行交流。当然，正所谓"道可道，非常道；名可名，非常名"。很多的饲养经验是不能一概而论的。各位读者一定要勇于尝试、敢于挑战，出现问题积极思考，加以分析。只有这样，昆虫饲养的经验与技术才会不断提升。

最后，还要提醒各位，一旦饲养，便要对它们终生负责。如果你只是一时兴起，饲养不久便提不起任何兴趣，总想将其赶快处理而饲养下一类群，那只能说明现阶段你还不具有饲养昆虫的能力，不如从一开始就不要盲目"入坑"。

第三节 拍摄昆虫

昆虫斑斓的体色、多样的形态以及复杂的生物学行为，使得大量热爱自然的人群为之倾倒。在野外，尤其是植物茂密的地方，会有形形色色的昆虫与我们邂逅。很多昆虫爱好者为了获得可以长期观赏它们的条件，对其进行采集，并制作成标本。

摄影同样可以将所遇到的昆虫永久保存

但是，标本的制作需要一定的技能要求，且随着标本量越来越多，在家中存放它们所需要的空间也会越来越大。除此以外，昆虫标本虽然可以细致地进行形态观察和研究，但往往其体色会因虫体的死亡逐渐变得黯淡，且标本并不能保存下昆虫活着时所特有的行为。那么，有没有一种方法，既可以对昆虫长期保存，又能使它们永保光鲜亮丽，且还能记录有趣的行为？

答案当然是肯定的！那便是前往野外拍摄它们，记录下这些生灵的美丽瞬间。当我们获得一张美丽的昆虫图片后，既可以长期观察这种昆虫的形态，同时还会封存一段美好的记忆！

然而，我们如何才能拍摄一张美丽的昆虫图片？在昆虫摄影时有哪些注意事项？获得图片后要如何处理和利用才能让自己的昆虫知识快速得到提升？在本节中，我会对昆虫摄影加以介绍，为各位喜欢昆虫摄影，或即将准备进行昆虫摄影的读者提供参考和指导。

在拍摄之前，有些原则和知识你必须了解

在对昆虫进行拍摄之前，有一些相关的原则和知识你必须要了解。昆虫摄影属于自然生态摄影的范畴，与其他摄影不同，自然生态摄影的场地就是大自然，而拍

摄的对象就是大自然中生存的各类生灵。因此，在你进行摄影的时候，一定要时刻想着动物福利以及环境的保护。如果一只动物因为你的拍摄而受到强烈惊吓、伤害甚至死亡，那么你的摄影将变得毫无意义。

因此，在拍摄昆虫和其他生物的时候，一定要切记无论何时都要为你的拍摄主体考虑。具体来讲，不可以为了拍摄昆虫图片而对其采取强制措施甚至伤害它们，如果在拍摄过程中昆虫不慎飞走，那也远比为了获得图片使其丧命强得多！当你在拍摄昆虫时，也不要因为植物的遮挡而对环境进行破坏。另外，你还要对一些意外情况事先做好预防措施。例如在人员比较集中的地方，你的摄影可能会引起围观，从而对拍摄主体带来一定的威胁。因此你需要事先想好应急办法，不要因你的拍摄对动物或植物造成间接伤害。

除此以外，你还应该充分地调查并了解你的拍摄对象，不可以由于自己的冲动和无知，对它们造成不必要的伤害，或激怒这些小家伙。例如，当你拍摄胡蜂时，在接近的过程中它也许并不会在意你的出现，但随着你和它的距离越来越近，胡蜂可能会开始不断地扇动翅膀。实际上，这是它对你的小小警告。如果你仍盲目接近，也许就会遭到这只已经被你惹怒的胡蜂攻击了。另外，当你拍摄胡蜂巢穴时，最好不要使用闪光灯。突然的灯光刺激会让整个蜂巢极度紧张，进而可能会产生十分危险的后果。

拍摄昆虫的器材选择

可以说，拍摄昆虫对器材的要求并不算太高。它不像鸟儿与哺乳动物，必须配以长焦镜头才能获得极佳的效果。大多数昆虫的体型较小，在使用器材时可以选择单反相机 + 微距镜头。

简单来说，微距镜头会起到一个"放大镜"的效果，可以帮助你清晰地拍摄到肉眼难以观察到的细节。如果你不想背着沉重的单反相机，或者目前的力量还不足以用手端稳单反相机，你也可以选择易于携带的微单相机或小数码相机。好在无论是微单还是小数码相机，基本上都有微距功能，也可以达到很好的拍摄效果。

另外，对于一些大型的昆虫，你还可以选择对焦距离较近的广角镜头。在拍摄昆虫的同时还可以将其所处的环境一同记录，同样可以获得极为美丽且富有气势的"生态大片"。

想要拍出美丽的照片，除了相机和镜头，还有一些摄影的配件也是必不可少的。

对于昆虫摄影来讲，你可以购买一个能将高度放置很低的三脚架。三脚架不仅可以很好地帮助你解决端不稳的问题，同时在一些光线较暗的地方还可以让你顺利进行慢快门的拍摄。

另外，外置闪光灯在昆虫摄影中也是一个几乎必不可少的装备。虽然有些相机配有机闪，但仅靠这个闪光灯进行拍摄会造成图片太过死板。用一个离机闪配合你的机闪进行两个光源的拍摄，往往会得到你意想不到的效果。如果你的机身本体不带有闪光灯，你可以尝试使用两个离机闪，这在拍摄中也许会更加便利。因为两个光源都可以根据你拍摄的环境自由布光，比起固定一个光源的机闪，可获得更多的拍摄创作空间。

除此以外，很多昆虫所处的环境较低，当你想要拍摄它们水平角度时往往会有一些不便。因此，购买一个直角取景器就会方便得多，这可以算是一个专业的配件。当然，除了拍摄所需配件外，如夜间寻虫所携带的头灯、防雨所用的雨伞等野外工具也最好全部配齐，在此不做赘述。

最后提醒一下，在进行生态摄影时，千万不要盲目地追求摄影器材的更新，如果确实有必要，再考虑进行置换

利用广角镜头拍摄的云粉蝶

多个闪光灯拍摄往往可以得到很好的效果

或升级。多将经费花在前往野外的路上，多多进行练习，用好你现有的这台相机，找到自己与装备之间最默契的配合点，就会有更多精彩的作品。

拿好相机，慢慢接近昆虫

大部分昆虫都是惧怕人类的，当你在接近它们时，稍有不慎便会让这些机警的小家伙逃之夭夭。因此，想要拍摄出一张美丽的昆虫照片，首先要学会如何接近它们。

在你发现昆虫之前，要先将自己的相机调整到"随时待命"的状态，以免好不容易有了拍摄时机，却因没准备好相机而造成遗憾。在寻找昆虫的时候，你需要顺便对相机进行试光。所谓试光，是指在光线环境相似的地方进行拍摄测试，当相机拍摄出你认为理想的照片后，保持这个参数不要再进行改变。若前往光线不同的环境后，重复试光操作即可。等发现昆虫后，可以直接进行拍摄。

当发现昆虫以后，切记不要快速地冲过去，这样一定会使昆虫直接逃离。在你接近昆虫时，可以尽量放低自己的身段，动作也要尽可能地慢下来，让昆虫察觉不到你的接近。另外，一定避免自己的影子划过昆虫。有很多昆虫对于突如其来的光线变化很敏感，当你的影子与昆虫相接触时，也许会使它们感到害怕而飞走。

还有一些昆虫种类和一些时机一定要把握，往往这时你可以与它们离得很近。首先，大部分具有良好拟态行为或具有警戒色的昆虫胆子较大，即使你已经离它们很近，这些昆虫也不会瞬间逃离。另外，当昆虫求偶、交配、取食及羽化时，往往不会对外界的干扰做出反应，或反应较为迟钝。一旦看到有昆虫正在专心于此，你接近它们的难度也就大大降低了。

拍摄昆虫的基本构图原则

拍摄昆虫的构图可以有各种各样的选择。例如，你可以利用微距镜头选取昆虫的头部进行一张大特写，也可以对准它们的全身进行一张标准照的拍摄，还可以利用广角镜头让昆虫与环境完美地融合。在拍摄的时候，只需要稍稍进行移动，就可以尝试出多种角度。

一般来说，如果没有特别的原因，尽量不要让拍摄主体位于照片正中央。可以利用摄影中经典的"4兴趣点"方法进行构图。所谓4个兴趣点，即假想将照片长宽各用2条线三等分，这4条线所相交的4个点即为4个兴趣点。将主体放在兴趣

蜻蜓的头、胸、腹在一个焦平面上

蜻蜓的头、胸、腹不在一个焦平面上

点上，会让观看者感到舒适。另外，最好将昆虫前方留下较多空间。例如，当一只昆虫的头部冲向左上方时，你可以将昆虫放置在右下兴趣点上，让照片没有过多压抑的感觉。

在拍摄昆虫全身形态时，还有一点十分重要，那就是"焦平面"的掌握。

所谓焦平面，就是相机对焦点所处的那个水平面。在焦平面上，所有的对焦都应是清晰的。当拍摄昆虫时，你需要尽可能多的将昆虫身体放入焦平面中。例如，在拍摄一只翅膀竖起的静止蝴蝶时，你需要将其翅膀侧面完全与你的镜头平行，这样就可以让翅膀上任何区域都清晰可见。同时，蝴蝶的头部侧面也会在这个焦平面中，因此这张照片就可以完美表达蝴蝶头部侧面与翅膀的形态。而相对于立体感较强的昆虫，如很多甲虫，它们没有太多的部位处在一个水平面上，那便可以让尽量多的身体部位处在你的焦平面中。如从甲虫上方斜 45°进行拍摄，使它的头部、胸部和鞘翅的大部分区域清晰；蜻蜓可从侧面拍摄，使其头、胸、腹部清晰即可。

在拍摄昆虫全身像时，还有几点需要注意。首先，不要让你的相机中出现奇怪的异物，如拍摄出一个很精彩的昆虫图片，但背景中"乱入"了一个矿泉水瓶，抑或是拍摄一只螳螂正在捕食，却同时将自己放在远处的摄影包一同照了进去……这样一来，所得到的照片便有一种"鸡肋"之感，食之无味，弃之可惜！当然，既然是拍摄昆虫全身像，就务必要做到虫体完整，不要出现"爆框"的现象，否则肯定会有多多少少的遗憾。

拍摄昆虫有趣的行为

昆虫摄影不仅要记录昆虫的外形和色彩，还有一项重要的内容便是记录昆虫有趣的行为。毕竟，这才是生态摄影的最大优势。当你看到昆虫正做一些特殊的行为时，例如求偶、交配、合作捕食、争斗或产卵，你可以在不影响它们的前提下进行连续拍摄。这样一来，便可以获得昆虫行为的套图，使整个照片富有鲜活性和故事性。这也会成为你研究昆虫时的宝贵资料。

挑战！拍摄飞行的昆虫

当你掌握了拍摄静止昆虫的技巧后，还可以给自己一项自我挑战！那便是尝试拍摄飞行时的昆虫。毕竟，昆虫在飞行时的姿态用肉眼难以捕捉，获得昆虫飞行的照片也会给你带来非常浓厚的新鲜感和成就感！

飞行时的昆虫一般有三种类型，第一类是善于悬停于空中的类群，如一些蜻蜓目昆虫和双翅目的蝇类。拍摄这类昆虫的飞行姿态最为容易，只要事先调整好光线，

飞行中的山西黑额蜓

在其悬停时迅速对焦，便和拍摄静止的昆虫方法类似。但是，即使是悬停，昆虫也不会长时间在一个地方不动，它们往往会在一处悬停几秒，再换至另一处悬停。这就需要在这短短几秒内完成一系列拍摄工作。

第二类是会沿着固定轨迹进行来回巡飞的类群，如很多大型蜻蜓目昆虫便是如此。在拍摄这类昆虫飞行时，你需要先仔细观察它们的飞行轨迹，找到规律，并将相机调成手动对焦模式，在它们巡飞的路线上选取一点等待拍摄。拍摄这类昆虫的难度会比拍摄悬停昆虫要大，因为它们仅会在一瞬间经过你的对焦处，必须在这个时间进行拍摄。当然，你也可以将相机调成自动对焦，从昆虫在远处时一直进行跟踪拍摄。如果没有拍摄成功也不用太灰心，只要你没有惊扰到它们，这些昆虫仍会继续巡飞，你也可以获得大量的拍摄机会。

第三类是拍摄昆虫飞行难度最大的类型。它们在空中没有规律进行飞行，且大多数昆虫飞行都是如此。拍摄这类昆虫飞行时，没有太多的技巧可言，需要的是持之以恒的耐心。另外，最好选择阳光充足的日子进行拍摄，因为只有光线条件良好，才可将快门速度调上去，且不影响画质。一般来说，1/1000 ～ 1/1600 的快门速度已经完全没有问题。另外，手动对焦是个不错的选择，当在取景框内发现拍摄主体时，可迅速调整对焦环，此时一定要记住对焦环远近的对焦方向。只要多多加以练习，多多尝试，相信一定可以拍摄出精美难得的昆虫飞行图片。

获得昆虫图片后，需要怎么保存

在获得昆虫图片后，可以将它们存入电脑，以便随时欣赏。在拷入电脑后，为了保险起见，还需要用一个专门的移动硬盘对照片进行备份处理，这是一个生态摄影人员所必须做的工作。毕竟，一张张美丽的图片都是你经过千辛万苦，跋山涉水才获得的成果。

对于图片的保存方法，你可以按照时间进行保存，也可以按照地点进行保存，只要能做到几年后还可以很快找到所需的照片就可以。在这里，推荐一种十分有意思的保存方法，这种方法操作起来虽然繁琐，但对提升昆虫识别能力大有裨益。

这种保存方法是根据动物的分类地位进行存储的。首先，选取一个空间较大的移动硬盘，在里面依照昆虫的分类阶元设立文件夹，并按照分类地位的逐渐缩小而设立子文件夹。例如，如果你拍摄到了一张美丽的玉带蜻 *Pseudothemis zonata*，你可以在移动硬盘内先建立一个大文件夹，取名动物界；再在这个文件夹内建立一个子文件夹，取名节肢动物门；再在这个文件夹内建立一个子文件夹，取名昆虫纲……以此类推，直到最后建立一个文件夹，取名玉带蜻，将图片放置进去即可。

当然，我们不可能将所拍摄的昆虫全部识别到种，这也没有关系，能鉴定到哪个阶元就先在哪个阶元中进行图片的存储。如果以后了解了这种昆虫的分类地位，再逐级进行子文件夹的设立。例如，你拍摄到了一只双翅目昆虫，但并不知道它隶属于哪个科，更别说种类了。这时就只需要将其放置在双翅目文件夹中即可。之后，如果你知道了它是隶属于大蚊科的成员，再在双翅目文件夹中建立大蚊科文件夹，并将图片转入，以此类推。

这种方法既可以让我们很快找到当时拍摄的物种，也可以促使你用多种方法对自己所拍摄到的昆虫进行鉴定，从而提高自己的昆虫识别能力。且在处理图片时，还会有一种有趣的体验，加深昆虫分类的印象。

除此以外，如果使用数码相机获得照片，在后期可以进行处理，包括色阶、饱和度、对比度、亮度以及锐度等的调整。但要注意，不可以利用一些修图软件将原本图片所表达的信息进行改动，例如为了达到一些目的将昆虫主体更换至其他生境等，这样便违反了生态摄影的基本准则。后期的处理只是为了让图片看起来更加美观，而不是"张冠李戴"的工具。

生态摄影的技巧和方法是不能完全用文字进行表达和论述的。想要拍摄出精美的图片，最好的方法就是多亲自实践，在经验的不断积累中提升自己。在拍摄图片时，不要有任何功利心。毕竟，享受自然，享受摄影带给我们的乐趣，才是最重要的！

后记：感谢大自然创造了昆虫

当蜻蜓在清晨的阳光下跃起，生命第一次飞向蓝天；当蟋蟀隐藏于石下振翅，生命第一次在地球上发出了声音——昆虫，是大自然的宠儿，也是生物演化的奇迹。这类在地球上最兴旺的定居者，直至今天仍然续写着属于自己的传说。

正是有了昆虫的存在，山野之间才有了百花怒放的斑斓；正是有了昆虫的存在，丛林之中才有了万物生灵的盎然；也正是有了昆虫的存在，整个地球才变得更加光鲜、灵动……

昆虫，它们以那一个个渺小的身躯，维持着整个生态系统的平衡。埃及人常说："是蜣螂，将每天初生的太阳举起。"而我们身边这些不起眼的小精灵，又何尝不是推动着整个世界？

这些千奇百怪的昆虫们，也深深地影响、改变了我的生活。从一个见到毛虫就不寒而栗的孩童，到如今行走于山水之间的自然守望者。昆虫，给予了我闲云野鹤般的自由，以及悠然自得的心境。我感恩于它们，也庆幸自己能和它们共享一片蓝天。

不仅如此，也正是因为它们，让我结交了一大批志同道合、无话不谈的挚友。我们一起在大自然中漫步，一起去发现、记录万物生灵的瑰丽。时光荏苒，虽不知已度过了多少个春秋，但彼此间留下的，却是最宝贵、最美好的记忆。

如果，你也和我们一样眷恋着昆虫、向往着自然，那么，即使我们从未谋面，却也早已是知音。正所谓"海内存知己，天涯若比邻。"我相信，有朝一日，当我们有缘彼此相识的时候，必定会如老友重逢一般相谈甚欢。

感谢大自然创造了昆虫，给生命的世界增添了一抹璀璨的光辉；感谢大自然创造了昆虫，在悠久的岁月中印刻了更精彩的地球记忆；感谢大自然创造了昆虫，让我可以因它们而继续闲适地在青山绿水间"虚度光阴"……

参 考 文 献

[1] 蔡邦华. 昆虫分类学 [M]. 修订版. 北京：化学工业出版社，2017.

[2] 彩万志，庞雄飞，花保祯，等. 普通昆虫学 [M]. 北京：中国农业大学出版社，2001.

[3] 彩万志，崔建新，刘国卿，等. 河南昆虫志：半翅目、异翅亚目 [M]. 北京：科学出版社，2017.

[4] 彩万志. 中国昆虫节日文化 [M]. 北京：中国农业出版社，1998.

[5] 陈尽，汪阗，刘磊. 在树枝上产卵的蜻蜓 [J]. 大自然，2010(4)：74-75.

[6] 陈世骧. 昆虫纲的历史发展 [J]. 昆虫学报，1955(1)：1-48.

[7] 陈树椿，何允恒. 中国䗛目昆虫 [M]. 北京：中国林业出版社，2008.

[8] 陈学新，何俊华，彩万志，等. 昆虫界的"四不象"——新建"螳䗛目"昆虫简介 [J]. 昆虫知识，2002(6)：468-470.

[9] 陈一心，马文珍. 中国动物志（昆虫纲）：三十五卷 革翅目 [M]. 北京：科学出版社，2004.

[10] 付新华. 故乡的微光：中国萤火虫指南 [M]. 长沙：湖南人民出版社，2013.

[11] 葛斯琴，杨星科，李文柱，等. 鞘翅目系统演化研究进展 [J]. 动物分类学报，2003(1)：599-605.

[12] 管致和. 蚜虫与植物病毒病害 [M]. 贵州：贵州人民出版社，1983.

[13] 黄复生. 中国缺翅目昆虫 [J]. 昆虫学报，1974(4)：423-427.

[14] 黄蓬英. 中国长翅目昆虫系统分类研究 [D]. 杨凌：西北农林科技大学，2005.

[15] 金大雄. 中国吸虱的分类和检索 [M]. 北京：科学出版社，1999.

[16] 蒋书楠. 中国天牛幼虫 [M]. 重庆：重庆出版社，1989.

[17] 李法圣. 中国啮目志：下册 [M]. 北京：科学出版社，2002.

[18] 李法圣. 中国啮目志：下册 [M]. 北京：科学出版社，2002.

[19] 李璐. 诗说虫语 [M]. 北京：中国社会科学出版社，2017.

[20] 刘广瑞，章有为，王瑞. 中国北方常见金龟子彩色图鉴 [M]. 北京：中国农业出版社，1997.

[21] 柳支英，陆宝麟. 医学昆虫学 [M]. 北京：科学出版社，1986.

[22] 卢川川. 婆罗洲丝蚁的耐寒性 [J]. 昆虫知识，1987(5)：31-32.

[23] 平正明，徐月莉，徐春贵. 贵州省等翅目四新种 [J]. 昆虫分类学报，1983(5)：151-158.

[24] 冉浩. 蚂蚁之美 [M]. 北京：清华大学出版社，2014.

[25] 隋敬之，孙洪国. 中国习见蜻蜓 [M]. 北京：农业出版社，1984.

[26] 唐志远，汪阗，陈尽，等. 酷虫野趣 [M]. 北京：电子工业出版社，2014.

[27] 田立新，杨莲芳，李佑文. 中国经济昆虫志：第四十九册 [M]. 北京：科学出版社，1996.

[28] 王书永. 我国发现了蚤蝼目昆虫 [J]. 昆虫知识，1987(2)：126-127.

[29] 汪阗. 北京蜻蜓生态鉴别手册 [M]. 武汉：武汉大学出版社，2013.

[30] 汪阗. 为何独爱山西黑额蜓 [J]. 森林与人类，2017(6)：46-51.

[31] 韦庚武，张浩淼. 蜻蟌之地 [M]. 北京：中国林业出版社，2015.

[32] 吴宏道. 惠州蜻蜓 [M]. 北京：中国林业出版社，2012.

[33] 吴厚永. 中国动物志（昆虫纲）：第一卷 [M]. 北京：科学出版社，2007.

[34] 吴继传. 中华鸣虫谱 [M]. 北京：北京出版社，2001.

[35] 吴燕如. 中国动物志（昆虫纲）：第二十卷 [M]. 北京：科学出版社，2000.

[36] 徐健，王放，吴立新，等. 自然摄影手册 [M]. 北京：中国林业出版社，2009.

[37] 杨定，姚刚，崔维娜. 中国蜂虻科志 [M]. 北京：中国农业大学出版社，2012.

[38] 杨集昆. 集昆记 [M]. 北京：中国农业大学出版社，2005.

[39] 杨集昆. 中国栉螳属记述 [J]. 动物分类学报，1964(1)：76-83.

[40] 尹文英，梁爱萍. 有关节肢动物分类的几个问题 [J]. 动物分类学报，1998(4)：337-341.

[41] 尹文英，宋大祥，杨星科. 六足动物（昆虫）系统发生的研究 [M]. 北京：科学出版社，2008.

[42] 袁锋，张雅林，冯纪年，等. 昆虫分类学 [M]. 北京：中国农业出版社，1996.

[43] 张维球. 中国针尾蓟马亚科种类描述 [J]. 华南农学院学报，1980(3)：43-55.

[44] 张巍巍. 昆虫家谱 [M]. 重庆：重庆大学出版社，2014.

[45] 张巍巍. 凝固的时空 [M]. 重庆：重庆大学出版社，2017.

[46] 张巍巍，李元胜. 中国昆虫生态大图鉴 [M]. 重庆：重庆大学出版社，2011.

[47] 赵修复. 中国春蜓分类 [M]. 福州：福建科学技术出版社，1990.

[48] 郑乐怡，归泓. 昆虫分类：上册 [M]. 南京：南京师范大学出版社，1999.

[49] 郑乐怡，归泓. 昆虫分类：下册 [M]. 南京：南京师范大学出版社，1999.

[50] 郑哲民. 蝗虫分类学 [M]. 西安：陕西师范大学出版社，1993.

[51] 郑作新，张荣祖. 中国动物地理区划 [M]. 北京：科学出版社，1959.

[52] 中国农业百科全书编辑部. 中国农业百科全书：昆虫卷 [M]. 北京：中国农业出版社，1990.

[53] 周长发，苏翠荣，归鸿. 中国蜉蝣概述 [M]. 北京：科学出版社，2015.

[54] 周尧. 中国蝶类志：上册 [M]. 郑州：河南科学技术出版社，2000.

[55] 周尧. 中国蝶类志：下册 [M]. 郑州：河南科学技术出版社，2000.

[56] 周尧. 中国蝴蝶原色图鉴 [M]. 郑州：河南科学技术出版社，1999.

[57] 周尧. 周尧昆虫图集 [M]. 郑州：河南科学技术出版社，2002.

[58] 朱弘复，王林瑶. 中国动物志（昆虫纲）：第五卷 [M]. 北京：科学出版社，1996.

[59] 朱笑愚，吴超，袁勤. 中国螳螂 [M]. 北京：西苑出版社，2012.

[60] 邹树文. 中国昆虫学史 [M]. 北京：科学出版社，1981.

[61] 谷兰，克兰斯顿. 昆虫学概论 [M]. 3 版. 彩万志，花保祯，宋敦伦等，译. 北京：中国农业大学出版社，2009.

[62] 村井貴史，伊藤ふくお. バッタ・コオロギ・キリギリス生態図鑑 [M]. 札幌：北海道大学出版会，2011.

[63] 大林延夫. 里山の昆虫ハンドブック [M]. 东京：NHK 出版，2010.

[64] 井上清，谷幸三. トンボのすべて [M]. 大阪：トンボ出版，2005.

[65] 铃木知之. 虫の卵ハンドブック [M]. 东京：文一総合出版，2012.

[66] 尾园晓，川岛逸郎，二桥亮. 日本のトンボ [M]. 东京：文一総合出版，2012.

[67] 爱德华·威尔逊. 昆虫的社会 [M]. 王一民，译. 重庆：重庆出版社，2007.

[68] 法布尔. 昆虫记 [M]. 鲁京明，译. 广州：花城出版社，2001.

[69] 维尔弗里德·布兰特. 林奈传 [M]. 徐保军，译. 北京：商务印书馆，2017.